Juglans

"十三五"国家重点图书出版规划项目
"中国果树地方品种图志"丛书

中国核桃
地方品种图志

曹尚银　李好先　等　著

中国林业出版社

"十三五"国家重点图书出版规划项目
"中国果树地方品种图志"丛书

Juglans

中国核桃
地方品种图志

图书在版编目（CIP）数据

中国核桃地方品种图志 / 曹尚银等著. —北京：中国林业
出版社, 2017.12
（中国果树地方品种图志丛书）

ISBN 978-7-5038-9402-2

Ⅰ.①中… Ⅱ.①曹… Ⅲ.①核桃—品种志—中国—
图集 Ⅳ.①S664.102.92-64

中国版本图书馆CIP数据核字(2017)第302740号

责任编辑：何增明 张 华
出版发行：中国林业出版社（100009 北京西城区刘海胡同7号）
电　　话：010-83143517
印　　刷：固安县京平诚乾印刷有限公司
版　　次：2018年1月第1版
印　　次：2018年1月第1次印刷
开　　本：889mm×1194mm 1/16
印　　张：30.5
字　　数：950千字
定　　价：488.00元

《中国核桃地方品种图志》
著者名单

主著者： 曹尚银　李好先

副主著者： 骆　翔　牛　娟　张富红　周厚成　马和平　曹秋芬　房经贵　尹燕雷　李天忠
　　　　　　孟玉平　薛　辉　王　企

著　者（以姓氏笔画为序）

卜海东	于　杰	于丽艳	于海忠	上官凌飞	马小川	马和平	马学文	马贯羊	马彩云
王　企	王　晨	王文战	王圣元	王亚芝	王亦学	王春梅	王胜男	王振亮	王爱德
王斯妤	牛　娟	尹燕雷	邓　舒	卢明艳	卢晓鹏	冯立娟	兰彦平	纠松涛	曲　艺
曲雪艳	朱　博	朱　壹	朱旭东	刘　丽	刘　恋	刘　猛	刘少华	刘贝贝	刘伟婷
刘众杰	刘国成	刘佳琴	刘春生	刘科鹏	刘雪林	次仁朗杰	汤佳乐	孙　乾	孙其宝
纪迎琳	严　潇	李　锋	李天忠	李永清	李好先	李红莲	李贤良	李泽航	李帮明
李晓鹏	李章云	李馨玥	杨选文	杨雪梅	肖　蓉	吴　寒	吴传宝	邹梁峰	冷翔鹏
宋宏伟	张　川	张　懿	张久红	张子木	张文标	张伟兰	张全军	张冰冰	张克坤
张利超	张青林	张建华	张春芬	张俊畅	张艳波	张晓慧	张富红	张靖国	陈　璐
陈利娜	陈英照	陈佳琪	陈楚佳	苑兆和	范宏伟	罗正荣	罗东红	罗昌国	岳鹏涛
周　威	周厚成	郑　婷	郎彬彬	房经贵	孟玉平	赵弟广	赵艳莉	赵晨辉	郝　理
郝兆祥	胡清波	钟　敏	钟必凤	侯丽媛	俞飞飞	姜志强	姜春芽	骆　翔	秦　栋
秦英石	袁　晖	袁平丽	袁红霞	聂　琼	聂园军	贾海锋	夏小丛	夏鹏云	倪　勇
徐小彪	徐世彦	徐雅秀	高　洁	郭　磊	郭会芳	郭俊英	郭俊杰	唐超兰	涂贵庆
陶俊杰	黄　清	黄春辉	黄晓娇	黄燕辉	曹　达	曹尚银	曹秋芬	戚建锋	康林峰
梁　建	梁英海	葛翠莲	董文轩	董艳辉	敬　丹	韩伟亚	谢　敏	谢恩忠	谢深喜
廖　娇	廖光联	谭冬梅	熊　江	潘　斌	薛　辉	薛华柏	薛茂盛	霍俊伟	

总序一

Foreword One

　　果树是世界农产品三大支柱产业之一，其种质资源是进行新品种培育和基础理论研究的重要源头。果树的地方品种（农家品种）是在特定地区经过长期栽培和自然选择形成的，对所在地区的气候和生产条件具有较强的适应性，常存在特殊优异的性状基因，是果树种质资源的重要组成部分。

　　我国是世界上最为重要的果树起源中心之一，世界各国广泛栽培的梨、桃、核桃、枣、柿、猕猴桃、杏、板栗等落叶果树树种多源于我国。长期以来，人们习惯选择优异资源栽植于房前屋后，并世代相传，驯化产生了大量适应性强、类型丰富的地方特色品种。虽然我国果树育种专家利用不同地理环境和气候形成的地方品种种质资源，已改良培育了许多果树栽培品种，但迄今为止尚有大量地方品种资源包括部分农家珍稀果树资源未予充分利用。由于种种原因，许多珍贵的果树资源正在消失之中。

　　发达国家不但调查和收集本国原产果树树种的地方品种，还进入其他国家收集资源，如美国系统收集了乌兹别克斯坦的葡萄地方品种和野生资源。近年来，一些欠发达国家也已开始重视地方品种的调查和收集工作。如伊朗收集了872份石榴地方品种，土耳其收集了225份无花果、386份杏、123份扁桃、278份榛子和966份核桃地方品种。因此，调查、收集、保存和利用我国果树地方品种和种质资源对推动我国果树产业的发展有十分重要的战略意义。

　　中国农业科学院郑州果树研究所长期从事果树种质资源调查、收集和保存工作。在国家科技部科技基础性工作专项重点项目"我国优势产区落叶果树农家品种资源调查与收集"支持下，该所联合全国多家科研单位、大专院校的百余名科技人员，利用现代化的调查手段系统调查、收集、整理和保护了我国主要落叶果树地方品种资源（梨、核桃、桃、石榴、枣、山楂、柿、樱桃、杏、葡萄、苹果、猕猴桃、李、板栗），并建立了档案、数据库和信息共享服务体系。这项工作摸清了我国果树地方品种的家底，为全国性的果树地方品种鉴定评价、优良基因挖掘和种质创新利用奠定了坚实的基础。

　　正是基于这些长期系统研究所取得的创新性成果，郑州果树研究所组织撰写了"中国果树地方品种图志"丛书。全书内容丰富、系统性强、信息量大，调查数据翔实可靠。它的出版为我国果树科研工作者提供了一部高水平的专业性工具书，对推动我国果树遗传学研究和新品种选育等科技创新工作有非常重要的价值。

中国农业科学院副院长
中国工程院院士　　吴孔明

2017年11月21日

总序二

Foreword Two

　　中国是世界果树的原生中心，不仅是果树资源大国，同时也是果品生产大国，果树资源种类、果品的生产总量、栽培面积均居世界首位。中国对世界果树生产发展和品种改良做出了巨大贡献，但中国原生资源流失严重，未发挥果树资源丰富的优势与发展潜力，大宗果树的主栽品种多为国外品种，难以形成自主创新产品，国际竞争力差。中国已有4000多年的果树栽培历史，是果树起源最早、种类最多的国家之一，拥有世界总量3/5果树种质资源，世界上许多著名的栽培种，如白梨、花红、海棠果、桃、李、杏、梅、中国樱桃、山楂、板栗、枣、柿子、银杏、香榧、猕猴桃、荔枝、龙眼、枇杷、杨梅等许多树种原产于中国。原产中国的果树，经过长期的栽培选择，已形成了生态类型众多的地方品种，对当地自然或栽培环境具有较好的适应性。一般多为较混杂的群体，如发芽期、芽叶色泽和叶形均有多种变异，是系统育种的原始材料，不乏优良基因型，其中不少在生产中还在发挥着重要作用，主导当地的果树产业，为当地经济和农民收入做出了巨大贡献。

　　我国有些果树长期以来在生产上还应用的品种基本都是各地的地方品种（农家品种），虽然开始通过杂交育种选育果树新品种，但由于起步晚，加上果树童期和育种周期特别长，造成目前我国生产上应用的果树栽培品种不少仍是从农家品种改良而来，通过人工杂交获得的品种仅占一部分。而且，无论国内还是国外，现有杂交品种都是由少数几个祖先亲本繁衍下来的，遗传背景狭窄，继续在这个基因型稀少的池子中捞取到可资改良现有品种的优良基因资源，其可能性越来越小，这样的育种瓶颈也直接导致现有品种改良潜力低下。随着现代育种工作的深入，以及市场对果品表现出更为多样化的需求和对果实品质提出更高的要求，育种工作者越来越感觉到可利用的基因资源越来越少，品种创新需要挖掘更多更新的基因资源。野生资源由于果实经济性状普遍较差，很难在短期内对改良现有品种有大的作为；而农家品种则因其相对优异的果实性状和较好的适应性与抗逆性，成为可在短期内改良现有品种的宝贵资源。为此，我们还急需进一步加大力度重视果树农家品种的调查、收集、评价、分子鉴定、利用和种质创新。

　　"中国果树地方品种图志"丛书中的种质资源的收集与整理，是由中国农业科学院郑州果树研究所牵头，全国22个研究所和大学、100多个科技人员同时参与，首次对我国果树地方品种进行较全面、系统调查研究和总结，工作量大，内容翔实。该丛书的很多调查图片和品种性状资料来之不易，许多优异、濒危的果树地方品种资源多处于偏远的山区村庄，交通不便，需跋山涉水、历经艰难险阻才得以调查收集，多为首次发表，十分珍贵。全书图文并茂，科学性和可读性强。我相信，此书的出版必将对我国果树地方品种的研究和开发利用发挥重要作用。

中国工程院院士　東怀瑞

2017年10月25日

总前言

General Preface

果树地方品种（农家品种）具有相对优异的果实性状和较好的适应性与抗逆性，是可在短期内改良现有品种的宝贵资源。"中国果树地方品种图志"丛书是在国家科技部科技基础性工作专项重点项目"我国优势产区落叶果树农家品种资源调查与收集"（项目编号：2012FY110100）的基础上凝练而成。该项目针对我国多年来对果树地方品种重视不够，致使果树地方品种的家底不清，甚至有的濒临灭绝，有的已经灭绝的严峻状况，由中国农业科学院郑州果树研究所牵头，联合全国多家具有丰富的果树种质资源收集保存和研究利用经验的科研单位和大专院校，对我国主要落叶果树地方品种（梨、核桃、桃、石榴、枣、山楂、柿、樱桃、杏、葡萄、苹果、猕猴桃、李、板栗）资源进行调查、收集、整理和保护，摸清主要落叶果树地方品种家底，建立档案、数据库和地方品种资源实物和信息共享服务体系，为地方品种资源保护、优良基因挖掘和利用奠定基础，为果树科研、生产和创新发展提供服务。

一、我国果树地方品种资源调查收集的重要性

我国地域辽阔，果树栽培历史悠久，是世界上最大的栽培果树植物起源中心之一，素有"园林之母"的美誉，原产果树种质资源十分丰富，世界各国广泛栽培的如梨、桃、核桃、枣、柿、猕猴桃、杏、板栗等落叶果树树种都起源于我国。此外，我国从世界各地引种果树的工作也早已开始。如葡萄和石榴的栽培种引入中国已有2000年以上历史。原产我国的果树资源在长期的人工选择和自然选择下形成了种类纷繁的、与特定地区生态环境条件相适应的生态类型和地方品种；而引入我国的果树材料通过长期的栽培选择和自然驯化选择，同样形成了许多适应我国自然条件的生态类型或地方品种。

我国果树地方品种资源种类繁多，不乏优良基因型，其中不少在生产中还在发挥着重要作用。比如'京白梨''莱阳梨''金川雪梨'；'无锡水蜜''肥城桃''深州蜜桃''上海水蜜'；'木纳格葡萄'；'沾化冬枣''临猗梨枣''泗洪大枣''灵宝大枣'；'仰韶杏''邹平水杏''德州大果杏''兰州大接杏''郯城杏梅'；'天目蜜李''绥棱红'；'崂山大樱桃''滕县大红樱桃''太和大紫樱桃''南京东塘樱桃'；山东的'镜面柿''四烘柿'，陕西的'牛心柿''磨盘柿'，河南的'八月黄柿'，广西的'恭城水柿'；河南的'河阴石榴'等许多地方品种在当地一直是主栽优势品种，其中的许多品种生产已经成为当地的主导农业产业，为发展当地经济和提高农民收入做出了巨大贡献。

还有一些地方果树品种向外迅速扩展，有的甚至逐步演变成全国性的品种，在原产地之外表现良好。比如河南的'新郑灰枣'、山西的'骏枣'和河北的'赞皇大枣'引入新疆后，结果性能、果实口感、品质、产量等表现均优于其在原产地的表现。尤其是出产于新疆的'灰枣'和'骏枣'，以其绝佳的口感和品质，在短短5～6年的时间内就风靡全国市场，其在新疆的种植面积也迅速发展逾3.11万hm^2，成为当地名副其实的"摇钱树"。分布范围更广的当属'砀山酥梨'，以

其出色的鲜食品质、广泛的栽培适应性，从安徽砀山的地方性品种几十年时间迅速发展成为在全国梨生产量和面积中达到1/3的全国性品种。

果树地方品种演变至今有着悠久的历史，在漫长的演进过程中经历过各种恶劣的生态环境和毁灭性病虫害的选择压力，能生存下来并获得发展，决定了它们至少在其自然分布区具有良好的适应性和较为全面的抗性。绝大多数地方品种在当地栽培面积很小，其中大部分仅是散落农家院中和门前屋后，甚至不为人知，但这里面同样不乏可资推广的优良基因型；那些综合性状不够好、不具备直接推广和应用价值的地方品种，往往也潜藏着这样或那样的优异基因可供发掘利用。

自20世纪中叶开始，国内外果树生产开始推行良种化、规模化种植，大规模品种改良初期果树产业的产量和质量确实有了很大程度的提高；但时间一长，单一主栽品种下生物遗传多样性丧失，长期劣变积累的负面影响便显现出来。大面积推广的栽培品种因当地的气候条件发生变化或者出现新的病害受到毁灭性打击的情况在世界范围内并不鲜见，往往都是野生资源或地方品种扮演救火英雄的角色。

20世纪美国进行的美洲栗抗栗疫病育种的例子就是证明。栗疫病由东方传入欧美，1904年首次见于纽约动物园，结果几乎毁掉美国、加拿大全部的美洲栗，在其他一些国家也造成毁灭性的影响。对栗疫病敏感的还有欧洲栗、星毛栎和活栎。美国康涅狄格州农业试验站从1907年开始研究栗疫病，这个农业试验站用对栗疫病具有抗性的中国板栗和日本栗作为亲本与美洲栗杂交，从杂交后代中选出优良单株，然后再与中国板栗和日本栗回交。并将改良栗树移植进野生栗树林，使其与具有基因多样性的栗树自然种群融合，产生更高的抗病性，最终使美洲栗产业死而复生。

我国核桃育种的例子也很能说明问题。新疆核桃大多是实生地方品种，以其丰产性强、结果早、果个大、壳薄、味香、品质优良的特点享誉国内外，引入内地后，黑斑病、炭疽病、枝枯病等病害发生严重，而当地的华北核桃种群则很少染病，因此人们认识到华北核桃种群是我国核桃抗性育种的宝贵基因资源。通过杂交，华北核桃与新疆核桃的后代在发病程度上有所减轻，部分植株表现出了较强的抗性。此外，我国从铁核桃和普通核桃的种间杂种中选育出的核桃新品种，综合了铁核桃和普通核桃的优点，既耐寒冷霜冻，又弥补了普通核桃在南方高温多湿环境下易衰老、多病虫害的缺陷。

'火把梨'是云南的地方品种，广泛分布于云南各地，呈零散栽培状态，果皮色泽鲜红艳丽，外观漂亮，成熟时云南多地农贸市场均有挑担零售，亦有加工成果脯。中国农业科学院郑州果树研究所1989年开始选用日本栽培良种'幸水梨'与'火把梨'杂交，育成了品质优良的'满天红''美人酥'和'红酥脆'三个红色梨新品种，在全国推广发展很快，取得了巨大的社会、经济效益，掀起了国内红色梨产业发展新潮，获得了国际林产品金奖、全国农牧渔业丰收奖二等奖和中国农业科学院科技成果一等奖。

富士系苹果引入中国，很快在各苹果主产区形成了面积和产量优势。但在辽宁仅限于年平均气温10℃，1月平均气温-10℃线以南地区栽培。辽宁中北部地区扩展到中国北方几省区尽管日照充足、昼夜温差大、光热资源丰富，但1月平均气温低，富士苹果易出现生理性冻害造成抽条，无法栽培。沈阳农业大学利用抗寒性强、大果、肉质酸酥、耐贮运的地方品种'东光'与'富士'进行杂交，杂交实生苗自然露地越冬，以经受冻害淘汰，顺利选育出了适合寒地栽培的苹果品种'寒富'。'寒富'苹果1999年被国家科技部列入全国农业重点开发推广项目，到目前为止已经在内蒙古南部、吉林珲春、黑龙江宁安、河北张家口、甘肃张掖、新疆玛纳斯和西藏林芝等地广泛栽培。

地方品种虽然重要，但目前许多果树地方品种的处境却并不让人乐观！我们在上马优良新品种和外引品种的同时，没有处理好当地地方品种的种质保存问题，许多地方品种因为不适应商业化的要求生存空间被挤占。如20世纪80年代巨峰系葡萄品种和21世纪初'红地球'葡萄的大面积推广，造成我国葡萄地方品种的数量和栽培面积都在迅速下降，甚至部分地方品种在生产上的消失。20世纪80年代我国新疆地区大约分布有80个地方品种或品系，而到了21世纪只有不到30个地方品种还能在生产上见到，有超过一半的地方品种在生产上消失，同样在山西省清徐县曾广泛分布的古老品种'瓶儿'，现在也只能在个别品种园中见到。

加上目前中国正处于经济快速发展时期，城镇化进程加快，因为城镇发展占地、修路、环境恶化等原因，许多果树地方品种正在飞速流失，亟待保护。以山西省的情况为例：山西有山楂地方品种'泽州红''绛县粉口''大果山楂''安泽红果'等10余个，近年来逐年减少；有板栗地方品种10余个，已经灭绝或濒临灭绝；有柿子地方品种近70个，目前60%已灭绝；有桃地方品种30余个，目前90%已经灭绝；有杏地方品种70余个，目前60%已灭绝，其余濒临灭绝；有核桃地方品种60余个，目前有的已灭绝，有的濒临灭绝，有的品种名称混乱；有2个石榴地方品种，其中1个濒临灭绝！

又如，甘肃省果树资源流失非常严重。据2008年初步调查，发现5个树种的103个地方果树珍稀品种资源濒临流失，研究人员采集有限枝条，以高接方式进行了抢救性保护；7个树种的70个地方果树品种已经灭绝，其中梨48个、桃6个、李4个、核桃3个、杏3个、苹果4个、苹果砧木2个，占原《甘肃果树志》记录品种数的4.0%。对照《甘肃果树志》（1995年），未发现或已流失的70个品种资源主要分布在以下区域：河西走廊灌溉果树区未发现或已灭绝的种质资源6个（梨品种2个、苹果品种4个）；陇西南冷凉阴湿果树区未发现或灭绝资源10个（梨资源7个、核桃资源3个）；陇南山地果树区未发现或流失资源20个（梨资源14个、桃资源4个、李资源2个）；陇东黄土高原果树区未发现或流失资源25个（梨品种16个、苹果砧木2个、杏品种3个、桃品种2个、李品种2个）；陇中黄土高原丘陵果树区未发现或已流失的资源9个，均为梨资源。

随着果树栽培良种化、商品化发展，虽然对提高果品生产效益发挥了重要作用，但地方品种流失也日趋严重，主要表现在以下几个方面：

1. 城镇化进程的加快，随着传统特色产业地位的丧失，地方品种逐渐减少

近年来，随着城镇化进程的加快，以前的郊区已经变成了城市，以前的果园已经难寻踪迹，使很多地方果树品种随着现代城市的建设而丢失，或正面临丢失。例如，甘肃省兰州市安宁区曾经是我国桃的优势产区，但随着城镇化的建设和发展，桃树栽培面积不到20世纪80年代的1/5，在桃园大面积减少的同时，地方品种也大幅度流失。兰州'软儿梨'也是一个古老的品种，但由于城镇化进程的加快，许多百年以上的大树被砍伐，也面临品种流失的威胁。

2. 果树良种化、商品化发展，加快了地方品种的流失

随着果树栽培良种化、商品化发展，提高了果品生产的经济效益和果农发展果树的积极性，但对地方品种的保护和延续造成了极大的伤害，导致了一些地方品种逐渐流失。一方面是新建果园的统一规划设计，把一部分自然分布的地方品种淘汰了；另一方面，由于新品种具有相对较好的外观品质，以前农户房前屋后栽植的地方品种，逐渐被新品种替代，使很多地方品种面临灭绝流失的威胁。

3. 国家对果树地方品种的保护宣传力度和配套措施不够

依靠广大农民群众是保护地方品种种质资源的基础。由于国家对地方品种种质资源的重要性和保护意义宣传力度不够，农民对地方品种保护的认知不到位，导致很多地方品种在生产和生活中不经意地流失了。同时，地方相关行政和业务部门，对地方品种的保护、监管、标示力度不够，没有体现出地方品种资源的法律地位，导致很多地方品种濒临灭绝和正在灭绝。

发达国家对各类生物遗传资源（包括果树）的收集、研究和利用工作极为重视。发达国家在对本国生物遗传资源大力保护的同时，还不断从发展中国家大肆收集、掠夺生物遗传资源。美国和前苏联都曾进行过系统地国外考察，广泛收集外国的植物种质资源。我国是世界上生物遗传资源最丰

富的国家之一，也是发达国家获取生物遗传资源的重要地区，其中最为典型的案例当属我国大豆资源（美国农业部的编号为PI407305）流失海外，被孟山都公司研究利用，并申请专利的事件。果树上我国的猕猴桃资源流失到新西兰后被成功开发利用，至今仍然有大量的国外公司组织或个人到我国的猕猴桃原产地大肆收集猕猴桃地方品种资源和野生资源。甚至连绝大多数外国人现在都还不甚了解的我国特色果树——枣的资源也已经通过非正常途径大量流失到了国外！若不及时进行系统的调查摸底和保护，那种"种中国豆，侵美国权"的荒诞悲剧极有可能在果树上重演！

综上所述，我国果树地方品种是具有许多优异性状的资源宝库，目前正以我们无法想象的速度消失或流失；应该立即投入更多的力量，进行资源调查、收集和保护，把我们自己的家底摸清楚，真正发挥我国果树种质资源大国的优势。那些可能由于建设或因环境条件恶化而在野外生存受到威胁的果树地方品种，不能在需要抢救时才引起注意，而应该及早予以调查、收集、保存。要对我国落叶果树地方品种进行调查、收集和保存，有多种策略和方法，最直接、最有效的办法就是对优势产区进行重点调查和收集。

二、调查收集的方式、方法

按照各树种资源调查、收集、保存工作的现状，重点调查资源工作基础薄弱的树种（石榴、樱桃、核桃、板栗、山楂、柿），对已经具有较好资源工作基础和成果的树种（梨、桃、苹果、葡萄）做补充调查。根据各树种的起源地、自然分布区和历史栽培区确定优势产区进行调查，各树种重点调查区域见本书附录一。各省（自治区、直辖市）主要调查树种见本书附录二。

通过收集网络信息、查阅文献资料等途径，从文字信息上掌握我国主要落叶果树优势产区的地域分布，确定今后科学调查的区域和范围，做好前期的案头准备工作。

实地走访主要落叶果树种植地区，科学调查主要落叶果树的优势产区区域分布、历史演变、栽培面积、地方品种的种类和数量、产业利用状况和生存现状等情况，最终形成一套系统的相关科学调查分析报告。

对我国优势产区落叶果树地方品种资源分布区域进行原生境实地调查和GPS定位等，评价原生境生存现状，调查相关植物学性状、生态适应性、栽培性能和果实品质等主要农艺性状（文字、特征数据和图片），对优良地方品种资源进行初步评价、收集和保存。

对叶、枝、花、果等性状按各种资源调查表格进行记载，并制作浸渍或腊叶标本。根据需要对果实进行果品成分的分析。

加强对主要生态区具有丰产、优质、抗逆等主要性状资源的收集保存。注重地方品种优良变异株系的收集保存。

主要针对恶劣环境条件下的地方品种，注重对工矿区、城乡结合部、旧城区等地濒危和可能灭绝地方品种资源的收集保存。

收集的地方品种先集中到资源圃进行初步观察和评估，鉴别"同名异物"和"同物异名"现象。着重对同一地方品种的不同类型（可能为同一遗传型的环境表型）进行观察，并用有关仪器进行简化基因组扫描分析，若确定为同一遗传型则合并保存。对不同的遗传型则建立其分子身份鉴别标记信息。

已有国家资源圃的树种，收集到的地方品种入相应树种国家种质资源圃保存，同时在郑州、随州地区建立国家主要落叶果树地方品种资源圃，用于集中收集、保存和评价有关落叶果树地方品种资源，以确保收集到的果树地方品种资源得到有效的保护。郑州和随州地处我国中部地区，中原之腹地，南北交汇处，既无北方之严寒，又无南方之酷热。因此，非常适宜我国南北各地主要落叶果树树种种质资源的生长发育，有利于品种资源的收集、保存和评价。

利用中国农业科学院郑州果树研究所优势产区落叶果树树种资源圃保存的主要落叶果树树种

地方品种资源和实地科学调查收集的数据，建立我国主要落叶果树优良地方品种资源的基本信息数据库，包括地理信息、主要特征数据及图片，特别是要加强图像信息的采集量，以区别于传统的单纯文字描述，对性状描述更加形象、客观和准确。

对我国优势产区落叶果树优良地方品种资源进行一次全面系统梳理和总结，摸清家底。根据前期积累的数据和建立的数据库（http://www.ganguo.net.cn），开发我国主要落叶果树优良地方品种资源的GIS信息管理系统。并将相关数据上传国家农作物种质资源平台（http://www.cgris.net），实现果树地方品种资源信息的网络共享。

工作路线见本书附录三。工作流程见本书附录四。要按规范填写调查表。调查表包括：农家品种摸底调查表、农家品种申报表、农家品种资源野外调查简表、各类树种农家品种调查表、农家品种数据采集电子表、农家品种调查表文字信息采集填写规范。农家品种标本、照片采集按规范填写"农家品种资源标本采集要求"表格和"农家品种资源调查照片采集要求"表格。调查材料提交也须遵照规范。编号采用唯一性流水线号，即：子专题（片区）负责人姓全拼+名拼音首字母+采集者姓名拼音首字母+流水号数字。

本次参加调查收集研究有22个单位，分布在我国西南、华南、华东、华中、华北、西北、东北地区，每个单位除参加过全国性资源考察外，他们都熟悉当地的人文地理、自然资源，都对当地的主要落叶果树资源了解比较多，对我们开展主要落叶果树地方品种调查非常有利，而且可以高效、准确地完成项目任务。其中包括2个农业部直属单位、4个教育部直属大学（含2所985高校）、10个省属研究所和大学，100多名科技人员参加调查，科研基础和实力雄厚，参加单位大多从事地方品种相关的调查、利用和研究工作，对本项目的实施相当熟悉。还有的团队为了获得石榴最原始的地方品种材料，尽管当地有关专业部门说，近期雨季不能到有石榴地方品种的地区调查，路险江深，有生命危险，可他们还是冒着生命危险，勇闯交通困难的西藏东南部三江流域少人区调查，获得了可贵的地方品种资源。

通过5年多的辛勤调查、收集、保存和评价利用工作，在承担单位前期工作的基础上，截至2017年，共收集到核桃、石榴、猕猴桃、枣、柿子、梨、桃、苹果、葡萄、樱桃、李、杏、板栗、山楂等14个树种共1700余份地方品种。并积极将这些地方品种资源应用于新品种选育工作，获得了一批在市场上能叫得响的品种，如利用河南当地的地方品种'小火罐柿'选育的极丰产优质小果型柿品种'中农红灯笼柿'，以其丰产、优质、形似红灯笼、口感极佳的特色，迅速获得消费者的认可，并获得河南省科技厅科技进步一等奖和河南省人民政府科技进步二等奖。

"中国果树地方品种图志"丛书被列为"十三五"国家重点出版物规划项目。成书过程中，在中国农业科学院郑州果树研究所、湖南农业大学等22个单位和中国林业出版社的共同努力和大力支持下，先后于2017年5月在河南郑州、2017年10月25日至11月5日在湖南长沙、11月17～19日在河南郑州召开了丛书组稿会、统稿会和定稿会，对书稿内容进行了充分把关和进一步提升。在上述国家科技部基础性工作专项重点项目启动和执行过程中，还得到了该项目专家组束怀瑞院士（组长）、刘凤之研究员（副组长）、戴洪义教授、于泽源教授、冯建灿教授、滕元文教授、卢春生研究员、刘崇怀研究员、毛永民教授的指导和帮助，在此一并表示感谢！

曹尚银

2017年11月17日于河南郑州

前言
Preface

　　核桃（*Juglans regia* L.）属胡桃科（Juglandaceae）核桃属（*Juglans*），是核桃属中栽培最为广泛的种。核桃是一种果材兼用的落叶树种。目前，胡桃科在全世界大概有23个种。世界的核桃种植分布在亚洲、欧洲、拉丁美洲、非洲和大洋洲等大洲的53个国家和地区。中国核桃的栽培历史悠久，种质资源丰富，形成了众多特异优良的地方品种。我国核桃的分布很广，辽宁、天津、北京、河北、山东、 山西、陕西、宁夏、青海、甘肃、新疆、河南、安徽、江苏、 湖北、湖南、广西、四川、贵州、云南及西藏等21个省（自治区、直辖市）都有分布。内蒙古、浙江及福建等省（自治区）有少量引种或栽培。主要产区在云南、陕西、山西、四川、河北、甘肃、新疆等省（自治区）。核桃是我国经济树种中分布最广的树种之一。 核桃在我国的水平分布范围：从北纬21°08'32"的云南勐腊县到北纬44°54'的新疆博乐市，纵越纬度23°25'；西起东经75°15'的新疆塔什库尔干，东至东经124°21'的辽宁丹东，横跨经度49°06'。核桃在我国的垂直分布，从海平面以下约30m的新疆吐鲁番布拉克村到海拔4200m的西藏拉孜，相对高差达4230m。核桃树体高大，枝叶繁茂，根系发达，用于城乡道路绿化具有防尘、净化空气和环保作用；在山丘、坡麓、梯田堰边栽植有涵养水源、保持水土的作用。

　　核桃是重要的坚果和木本粮油树种，位列世界四大干果（核桃、扁桃、腰果和榛子）之首。核桃又是优良的用材树种、生态先锋树种和生物质能源战略树种。核桃木材质地坚韧，纹理美观，耐冲击性强，适合制作各做高档家具、枪托和高档工艺品。核桃被医学界公认为抗衰老食品，并素有"长寿果"的美誉。传统医学认为核桃性温、味甘、无毒，有健胃、补血、润肺、养神等功效。核桃仁中富含蛋白质、脂肪、纤维素、维生素等营养要素，含有最适宜人体健康的 ω-3脂肪酸、褪黑激素、生育酚和抗氧化剂等，可有效减缓和预防心脏病、癌症、动脉疾病、糖尿病、高血压、肥胖症和临床抑郁症的发生。

　　地方品种（农家品种）是在特定地区经过长期栽培和自然选择而形成的品种，对所在地区的气候和生产条件一般具有较强的适应性，并包含有丰富的基因型，具有丰富的遗传多样性，常存在特殊优异的性状基因，是果树品种改良的重要基础和优良基因来源。由于社会历史的原因，我国果树生产大都以农户生产方式存在，果园面积小，经济效益低。这种农户型的生产方式有着种种弊端，但同时也为自然突变所产生的优良品种提供了可以生存的空间。农户对于自家所生产的品种比较熟悉，通过自然实生、芽变或自然变异所产生的优良性状的果树品种能够被保留下来，在不经意间被选育出来，成为地方品种。但由于这种方式所产生的品种没有经过任何形式的鉴定评价，每种品种的数量稀少，很容易随着时间的流逝而灭绝。

　　《中国核桃地方品种图志》是首次对中国核桃地方品种进行了比较全面、系统调查研究的阶段性总结，为研究核桃的起源、演化、分类及核桃资源的开发利用提供较完整的资料，将对促进我国核桃产业发展和科学研究产生重要的作用。作为核桃地方品种图志，其内容重点放在核桃种质资源的地理分布，特异生产特性和品种资源的描述。本书重点增加调查人及其联系方式、地理信息等。我们携带笔记本电脑和高性能的数码相机进行考察，把品种图像较为准确和形象地记录下来；并通过GPS定位导航设备和GIS软件系统对每个地方品种的生境和其代表株进行精确定位和信息采集，以达到品种的可追踪性。本书图像大部分均在种质原产地采集，包括大生境、小生境、单株、花、果、叶、枝条等信息，力求还原种质的本来面貌。

　　本书主体内容分为总论和各论两部分。各论按照东部片区、西部片区、南部片区、北部片区、中部片区等五个片区分别介绍其资源分布情况；对于每份资源，从基本信息（包括提供人、调查人、位置信息、地理数据、样本类型等）、生境信息、植物学信息、果实经济性状、生物学信息和品种评价等方面入手，切实展示该品种资源的特征特性，以便于育种工作者辨识并加以有效利用。调查编号根据片区负责人姓全拼+名缩写+采集者姓名的首字母+3位数字编号的形式，便于辨识和后期品种追踪调查。每个品种都有一个品种俗称；若有相同的名字，用调查地点的名字加以区分；相同的地点的加数字予以区分；多个品种可以按照数字依次编写。本书所配照片在总论中都一一标出拍摄人或提供人姓名，各论里照片都是各片区调查人拍照提供，由于人数较多，就不一一列出。

　　本书共收集206份核桃地方品种资源，希望本书的出版能为核桃地方品种的利用及地理分布研究提供较为全面、完整的资料，促进核桃地方品种科研与生产的发展。

著者
2017年8月

目 录

Contents

中国核桃地方品种图志

总论

第一节
核桃地方品种调查与收集的重要性

核桃（*Juglans regia* L.）属于胡桃科（Juglandaceae）核桃属（*Juglans* L.）。

核桃原产于中亚到东欧地区，包括中国新疆和西藏、哈萨克斯坦、乌兹别克斯坦、尼泊尔、印度北部、巴基斯坦西部、阿富汗、土库曼斯坦、伊朗、阿塞拜疆、亚美尼亚、格鲁吉亚和土耳其东部地区。在汉武帝时期核桃由中亚地区传入中国东部，后传入朝鲜和日本。几千年前，希腊商人将核桃从伊朗（古称"波斯"）传入土耳其，随后又传向西欧和北非，所以西方称之为"波斯核桃"（Persian walnut）。大航海时代开始后，核桃被引入英国，之后，便由英国商船将核桃转运世界各地，所以又称其为"英国核桃"（English walnut）。西班牙人将核桃带入南美智利，传教士又将核桃引入美国加利福尼亚州。从此，欧亚、南北美洲、非洲、澳大利亚和新西兰都有核桃栽培（郗荣庭等，1996）。

果树种质资源是重要基因库，自20世纪60年代以来，逐渐得到了各国政府的重视，并陆续开展了种质资源的收集、保存和鉴定工作，通过建立资源圃加以保存。果树产业作为世界农产品生产三大项之一，一直都受到各国政府的重视和支持。种质资源是指培育新品种所用的原始材料，包括栽培品种、半栽培品种、野生类型及人工创造的新类型。其作为基础理论研究、培育新品种等重要的资源，不仅可以保留濒临灭绝的物种，保存对人类和自然具有重要、甚至是未知作用的基因，而且可以为其他学科的研究和科技创新提供研究材料和重要的科学数据。因此，各国都积极地进行收集、鉴定和保存工作。例如，国际植物遗传资源研究所、美国国家植物遗传资源中心、日本国立遗传资源中心等都是各国收集、保存和研究种质资源的专门部门。

地方品种是指那些没有经过现代育种手段改进的，在局部地区栽培的品种，还包括那些过时的和零星分布的品种。其在特定地区经过长期栽培和自然选择而形成的品种，对所在地区的气候和生产条件一般具有较强的适应性，并包含有丰富的基因型，具有丰富的遗传多样性，常存在特殊优异的性状基因，是果树品种改良的重要基础和优良基因来源。这类种质资源往往由于优良新品种的大面积推广而被逐步淘汰，它们虽然在某些方面不符合市场的需求，或者适应性不够广泛，但往往具有某些罕见的特性，如适应特定的地方生态环境，特别是抗某些病虫害，或适合当地特殊的习惯要求以及具备一些在目前看来还不特别重要的某些潜在有利性状。因此在种质资源收集时，需要特别加以重视。发达国家已经将其原产果树树种的地方品种进行了详细的调查和收集。

种质资源是果树育种的重要基础。在核桃种质资源的收集方面，作为农业发展的强国美国走在世界前列。自20世纪30年代开始，美国开始成立了由加利福尼亚州大学戴维斯分校Gale H. McGranahan博士领衔的核桃改良项目（Walnut improvement program）持续至今，此后美国农业部（USDA）于1981年在加利福尼亚州戴维斯设有国家种质资源库（National Clonal Germplasm Repository，NCGR），收集和保存有大量的核桃及其近缘种近654份（表1），此外在艾奥瓦州（黑核桃，在Ames）、俄勒冈州等还有大小不等的黑核桃种质圃。在经过将近50年的国内核桃种质资源的调查和收集后，核桃的砧木和品种培育逐渐遇到了瓶颈，美国于1988—1992年和1995—2000年陆续在全球范围内进行了普通核桃及其近缘种的种质资源的收集和整理（表2），前期主要侧重于生物

图1 核桃种质资源调查（Chuck Leslie 供图）

图2 核桃果实调查（Chuck Leslie 供图）

表1 美国国家种质资源圃胡桃科种质资源收集的种类和数量

属	种类	保存数量	保存地点
核桃属 Juglans	ailantifolia	15	加利福尼亚州戴维斯分校
	australis	6	加利福尼亚州戴维斯分校
	californica	30	加利福尼亚州戴维斯分校
	cinerea	3	加利福尼亚州戴维斯分校
	hindsii	18	俄勒冈州 Corvallis
	hirsuta	4	加利福尼亚州戴维斯分校
	hybr	11	加利福尼亚州戴维斯分校
	jamaicensis	1	加利福尼亚州戴维斯分校
	major	33	加利福尼亚州戴维斯分校
	mandshurica	23	加利福尼亚州戴维斯分校
	microcarpa	23	加利福尼亚州戴维斯分校
	mollis	4	加利福尼亚州戴维斯分校
	neotropica	4	加利福尼亚州戴维斯分校
	nigra	27	爱荷华州 Ames
	olanchana	7	加利福尼亚州戴维斯分校
	regia	446	加利福尼亚州戴维斯分校
	sigillata	4	加利福尼亚州戴维斯分校
	spp.	3	加利福尼亚州戴维斯分校
	steyermarkii	4	加利福尼亚州戴维斯分校
	hopeiensis	1	加利福尼亚州戴维斯分校
枫杨属 Pterocarya	fraxinifolia	18	加利福尼亚州戴维斯分校
	stenoptera	7	加利福尼亚州戴维斯分校

表2 美国国家种质资源圃胡桃科种质资源收集的国家和数量

年份	收集国家	收集的种	收集数量
1983	日本	J. ailantifolia	11
1984	墨西哥	J. major	20
		J. microcarpa	3
		J. olanchana	2
1987	墨西哥	J. mollis	6
		J. pyriformis	1
1988	巴基斯坦	J. regia	45
1989	厄瓜多尔	J. neotropica	2
1990	中国	J. regia	55
1990	美国	J. cinerea	14
1990	吉尔吉斯斯坦	J. regia	74
1995	中国	J. regia	16
1999	阿根廷	J. australis	16
2000	乌克兰	J. regia	43

注：数据参考文献（吴国良等，2009）

学特性等的观察研究，涉及的群体包含524个品种。在此工作基础上，结合结果习性、产量和抗病虫习性观察，对诸如单果质量、出仁率、仁色及缝合线强度等坚果经济性状进行了综合观察和测定（图1、图2）这些工作为近年来的育种工作提供了强有力的基础（Gale H. McGranahan，2009）。

目前这些收集到的种质资源都以活体形式进行备份保存，一份以成年大树的形式保存在大田基因库（图3），另一份以试管苗或容器苗的形式保存于温室（图4）。这些材料所包含的基因信息通过档案存入电子计算机管理，避免混淆，随时更新和方便查阅。这些基因资源包含丰富的育种信息，是未来核桃育种改良的基础（陆斌和宁德鲁，2011）。通过多年的收集，目前已经获得了不同类型的核桃特异种质资源，这些种质存在不同的表型类型，但用于生产上的特性主要有果实大小、早实性、早熟性、果仁颜色、出仁率等（图5、图6）。利用特异种质资源的部分特性进行育种，可以创制出不同的品种，如红仁核桃（图7）。

阿根廷核桃产业发展迅速，是南美新兴国家（图8）。因此对于新品种的需要也在逐步增加，种

图3 美国加利福尼亚州核桃种质资源保存圃（Chuck Leslie 供图）

图4 美国加利福尼亚州核桃种质资源温室保存（Chuck Leslie 供图）

图5 美国核桃种质资源果实不同类型（Chuck Leslie 供图）

图6 核桃种质资源核仁不同类型（Chuck Leslie 供图）

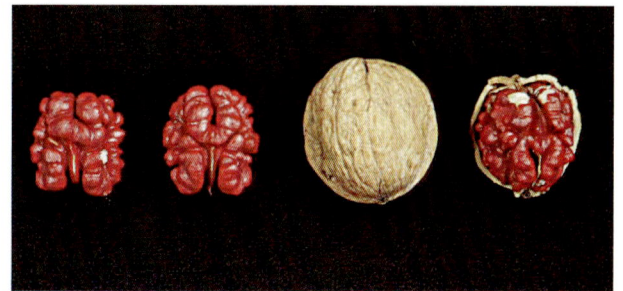

图7 美国红仁核桃品种 'Robert Livermore'（Chuck Leslie 供图）

图8 阿根廷国家核桃标准化幼树果园（Luis Iannamico 供图）

质资源的保存数量是限制品种培育的重要因素，2013年以来也陆续加强了核桃种质资源的收集力度并建设新的资源圃予以保存（图9）。意大利也是核桃的重要栽培国家，但主要是以用材为主，加强对于生长量大的核桃种质资源收集力度，收集那些具有生长快、干性强、抗病性强的种质资源（图10）。土耳其也是世界上核桃栽培和产量排名前十的国家，核桃种质资源丰富，近年来收集了大量的核桃特色种质资源（图11~图13）。

种质资源除了培育新品种以外，还可以用于砧木的育种。全世界有上亿株的实生核桃树，蕴藏有较多的抗病基因资源，从丰富的核桃种质资源中进行筛选，最终确定优良的抗病基因型。美国加利福尼亚州大学戴维斯分校早在20世纪50年代就进行抗根瘤病（Crown Gall）、疫霉病（Phytophthora）、黑线病（Blackline disease）和根线虫病（Nematode）等的育种工作，并取得了一定的成效（图14）。

种质资源的收集和研究对于核桃的栽培和品种改良产生巨大的推动作用。美国加利福尼亚州大学的核桃育种计划起始于1948年，产生了诸如'强特勒'（图15）'豪沃德'（图16）'维纳'（图17）'土莱尔'（图18）'希尔'（图19）的等众多新品种（表3）。自20世纪70年代后，美国核桃栽培业开始了大规模的品种改良，主栽品种主要是'培尼''哈特利'（图20）'福兰克蒂'，同时积极发展以'Sexton'（图21）'Gillet'（图22）和'Fode'（图23）为代表的新品种，完全实现了良种化栽植（图24、图25）。因此，其核桃产业的产量和质量均有很大程度提高，一跃成为世界核桃生产的大国和强国，也是核桃出口的大国。

图9 阿根廷国家核桃种质资源圃（Luis Iannamico 供图）

图10 意大利核桃种质资源收集（Neus Aletà 供图）

图11 土耳其千年核桃古树（Yasar Akca供图）

图12 土耳其核桃种质资源1（Yasar Akca 供图）

图13 土耳其核桃种质资源2（Yasar Akca 供图）

图14 美国加利福尼亚州大学戴维斯分校核桃砧木育种（Chuck Leslie 供图）

图15 '强特勒'核桃

图16 '豪沃德'核桃

图17 '维纳'核桃

图18 '土莱尔'核桃

图19 '希尔'核桃

图20 '哈特利'核桃

图21 'Sexton'核桃

图22 'Gillet'核桃

图23 'Fode'核桃

表3 美国加利福尼亚州核桃主栽品种特性

品种	结实与产量	成熟期	坚果重(g)	果壳	仁重(g)	出仁率(%)	果仁性状	品种评价
Chandler	侧枝坐果，丰产	10月8日	13.2	椭圆形，光滑，色浅，皮薄	6.5	49	颜色很淡，容易从壳中取出，但果仁不充实	极常见品种，颜色佳，虫害较少，相对晚熟
Cisco	枝端坐果，产量适中	10月12日	14.2	壳的密封性良好，较硬	14.8	44	颜色多样，一般情况下颜色较浅	仅用作'Chandler''Howard'品种的授粉植株
Eureka	枝端坐果，产量较好	9月29日	15.2	壳的两端长而圆，密封性良好，较硬	7.4	49	果仁颜色不好	中熟品种，具有多种长度的果壳
Fernette	侧枝坐果，丰产	10月13日	14.9	硬壳	7.5	50	颜色很淡	法国品种，具有大量花粉，较'Franquette'品种早熟
Forde	侧枝坐果，丰产	10月8日	15.5	硬壳，大小适中	8.1	52	果仁丰满，色浅，容易从壳中取出	果仁丰满，色浅，容易从壳中取出，果实成熟时外壳无法开裂，具有枯萎病抗性，晚熟
Franquette	枝端坐果，产量较好	10月17日	11	壳较薄，密封性良好	5.5	50	品质良好，颜色很淡	古老品种，晚熟，主要用作'Chandler'和'Hartley'品种的授粉植株
Gillet	侧枝坐果，丰产	9月27日	15.2	壳大，密封性较差	7.7	51	色浅，容易从壳中取出	中熟品种，果实大，较抗枯萎病
Hartley	枝端坐果，产量适中	10月4日	14.3	经典壳型	6.5	45	带壳使用	经典的贩售品种，果实三角形，易受deep bark canker（一种溃疡病）危害
Howard	侧枝坐果，丰产	9月28日	14.3	壳大，硬，密封性良好，表面稍微粗糙	7.2	51	色浅，但随着贮藏时间延长颜色会变深	果实大，为带壳销售品种，在Jan Joaquin Valley长势不好
Ivanhoe	侧枝坐果，丰产，早熟	9月13日	12.8	壳表面光滑，薄皮	7.3	57	色极浅，容易从壳中取出	不抗枯萎病，早熟品种，颜色佳，雌花开花早于雄花，推荐在San Joaquin Valley种植
Payne/Ashley	侧枝坐果，产量适中	9月15日	12.9	外观良好，硬壳	6.4	50	色浅，品质良好，容易从壳中取出	早熟品种，极易受枯萎病侵害，DNA标记显示'Ashley'和'Payne'是同一个品种
Poe	枝端坐果，产量较好	10月4日	13.7	皮厚，果仁填充效果不好	5.6	41	果仁小，适于做香料	种植于Lake Co的特殊品种，用于制作香料
Robert Livermore	侧枝坐果，产量适中	9月29日	12.9	硬壳，较小，色深	6.4	50	红色果仁皮	果仁均具有红色果皮
Serr	侧枝结果较多，产量不稳定	9月19日	14.4	薄皮，密封性良好，果仁填充效果好	8.1	56	色浅，品质极好	品质好，产量高，但是授粉过量易落花
Sexton	侧枝坐果，高产，早熟	10月1日	15.6	壳面光滑，大而圆，硬	8.3	53	仁大，色浅，容易从壳中取出	枝条分叉，花朵成簇
Solano	侧枝坐果，丰产	9月24日	14.6	外观及硬度良好，适合带壳使用	7.9	54	色极浅，容易从壳中取出	色泽好，直立生长
Sunland	侧枝坐果，产量不稳定	9月27日	17.9	大而卵圆形，壳硬，果仁填充效果好	9.8	55	品质良好，果仁大而丰满	产量高，易落果，果实含油量低
Tehama	侧枝坐果，高产	9月25日	14.1	硬壳，密封性较差	6.8	48	色浅，果仁填充效果不好	主要作为'希尔'品种的授粉植株
Tulare	侧枝坐果，丰产	9月28日	14.1	壳硬度适中	7.6	53	色浅，果仁填充效果好	生长旺盛，中熟，产量好，笔直生长，易受秋冬季节低温危害
Vina	侧枝坐果，丰产	9月23日	12.6	壳硬，密封性良好，能够带壳使用	6.2	49	色浅	高产，但果仁颜色及枝条形状不尽如人意

注：数据来源于UCDAVIS FRUIT & NUT RESEARCH & INFORMATION

图24 美国加利福尼亚州幼龄核桃树生产园1
（Chuck Leslie 供图）

图25 美国加利福尼亚州幼龄核桃树生产园2
（Chuck Leslie 供图）

第二节
我国核桃地方品种的种类和分布

核桃在我国又称胡桃、羌桃、万岁子（郗荣庭和张毅萍，1992），是世界上重要的坚果树种。我国是核桃属的分布区中心之一（奚声珂，1987），也是核桃的起源中心之一（郗荣庭和张毅萍，1992）。核桃属约有23种，其中原产我国的有5个种。其中分布广、栽培较多的有两个种，即普通核桃（*J. regia* L.）和铁核桃（*J. sigillata* Dode）。核桃遍及中国南北；铁核桃又名泡核桃、漾濞核桃、茶核桃、深纹核桃，主要分布在西南地区（云南、贵州、四川西部及西藏南部最为集中）。两个种构成了中国栽培核桃的主体，分布（含栽培）范围主要包括辽宁、天津、北京、河北、山东、山西、陕西、宁夏、青海、甘肃、新疆、河南、安徽、江苏、湖北、湖南、广西、四川、贵州、云南和西藏共21个省（自治区、直辖市）。内蒙古、浙江及福建等省（自治区）只有少量引种或栽培。因此，核桃是中国经济树种中分布广泛的树种之一（郗荣庭和张毅萍，1991）。

除上述2种，利用较多的还有核桃楸和华北核桃。核桃楸（*J. manshurica* Max.）原产于我国华北和东北山地，适应性广，耐寒性强，是重要的抗寒砧木育种材料（沈德绪，1992）。河北核桃又称麻核桃（*J. hopeiensis* Hu），是核桃和核桃楸的天然杂交后代，主要分布在华北地区，用作休闲和工艺品（图26）。

我国有实生核桃树2亿多株，每株树均为异花授粉所产生的一个独特的基因型，也就是自然杂交的杂种后代，这个庞大的实生种群是自然留给我们的财富，提供了丰富的地方品种资源。对于这个庞大的、类型各异的实生群体，长期以来形成了多种核桃种质资源的分类方式。1974年陕西果树研究所汇总命名核桃地方品种373个，俞德俊（1979）按照核仁特性将核桃分为露仁、绵、夹、穗状和隔年核桃五个实生类型，杨文衡（1984）根据结果的年限将其分为早实和晚实两大类型，有对每个类型根据壳厚度分为纸皮、薄皮和厚皮三个类型。奚声珂（1987）为了使核桃种质分类能在最大程度上反映遗传基础的一致，提出了以划分地理生态型作为核桃栽培种群分类的基础，将我国的核桃初步划分成新疆核桃、华北山地核桃、秦巴山地核桃和西藏高地四个地理生态型。在此基础上，吴燕民等（2000）应用RAPD分子标记对我国栽培核桃不同地理生态型的研究表明：新疆核桃为我国栽培核桃的一个地理生态型；华北山地核桃和秦巴山地核桃属

图26 核桃（左）、核桃楸（中）、麻核桃（右）（曹尚银、王国平、郝艳宾供图）

图27 '辽宁1号'核桃（李好先 供图） 　图28 '辽宁4号'核桃（李好先 供图） 　图29 '辽宁5号'核桃（李好先 供图）

图30 河南郑州露仁核桃'中核4号'　　图31 早实核桃'中核1号'　　　　图32 早实核桃'中核2号'
（曹尚银 供图）　　　　　　　　　（曹尚银 供图）　　　　　　　　（曹尚银 供图）

一个地理生态型下的两个不同亚群；西藏高地核桃不仅在聚类图上被划为一大类，而且遗传距离与其他类群相差甚远。此外，王磊等（1998）应用聚类分析和主坐标分析法对新疆野核桃种质资源进行了数量分类研究，证明了新疆野核桃种自然演化的阶段性和丰富的遗传类型。

在核桃地方品种的命名上，由于我国核桃分布地域广阔，品种类型繁多，命名依据各异。主要包括：其一，按产地命名。如陕西陈仓核桃、河北石门核桃、山西汾州核桃、新疆核桃、西藏核桃、'辽宁1号'核桃（图27）、'辽宁4号'核桃（图28）、山东'上宋6号'、'辽宁5号'核桃（图29）、'河南1号'核桃等。其二，按坚果壳皮厚度命名，如软皮核桃、纸皮核桃、中壳核桃、薄壳核桃、厚壳核桃等。其三，按坚果形状命名，如圆核桃、长圆核桃、鸡蛋核桃、柿子核桃、心形核桃、扁核桃、尖核桃等。其四，按坚果大小命名，如巨核桃、大果核桃、小果核桃、珍珠核桃等。其五，按坚果外部特征命名，如麻核桃、光壳核桃、露仁核桃（图30）、花窗核桃等。其六，按开始结实年龄命名，如隔年核桃、早实核桃（图31、图32）、晚实核桃等。其七，按果实成熟期

命名，如早熟核桃、白露核桃、晚核桃等。其八，按某些特殊性状命名，如穗状核桃（图33）、短枝核桃（图34、图35）、葡萄状核桃、串状核桃、鸡爪核桃、二季核桃、白水核桃、红核桃、油核桃、细香核桃等。其九，按取仁难易命名。如绵核桃、夹绵核桃、夹核桃、全仁核桃等，因而造成目前品种类型名称多种多样，很不规范化。其他还有根据个别形状和特点命名的，如泡核桃、米核桃、丰产核桃、木马核桃、石头核桃、鸡蛋核桃、牦牛核桃、乌鸦核桃等。这些繁杂的名称反映了我国核桃品种类型的多样性和丰富的种质资源。但是由于较多存在同名异物或同物异名现象，对于核桃品种类型种质资源的收集、保存和开发利用带来一定的困难。因此，通过品种资源调查，对栽培核桃品种类型进行归纳和分类，对开展核桃品种整理、选育和利用是十分必要的（王红霞等，2007）。

在我国，核桃栽培历史悠久，栽培面积大，产量较高的有新疆、河北、山西、陕西、山东、四川、甘肃、云南、西藏、青海、河南、贵州、安徽等省（自治区），栽培面积占90%左右，产量占95%以上，是我国核桃地方品种分布和栽培的主产区。

图33　山东穗状核桃（侯立群　供图）

图34　短枝核桃'中核短枝'（曹尚银　供图）

一　新疆核桃地方品种优势分布调查区

新疆是我国重要的核桃产区，也是世界核桃的起源中心之一。经过长期的历史演化和实生栽培，核桃种质资源丰富，形成了大量的野生类型及栽培种类型。考古工作者在巴楚县脱库孜萨来南北朝时期古址和吐鲁番阿斯塔那唐朝古墓中都发掘出核桃等物，说明新疆早在1300～1500年前就已有核桃栽培。本区分布区域广泛，从南疆的于田到北疆的博乐，自西端的塔什库尔干到东部的哈密，由海拔47m的吐鲁番至海拔2300m的皮山县桑珠乡都有核桃分布。其主要栽培区域有和田、叶城、库车、若羌、伊犁等。新疆是我国核桃的起源地之一，种群类型丰富。在新疆伊犁谷地巩留县以南凯特明山东端的前山峡谷中的前山地带，海拔1280～1700m，还分布着天然野核桃林，其中包含有多种种质类型。调查发现伊犁哈萨克自治州巩留县仍保留大量的野核桃种群（图36），并依梯度分布，最上面是野山杏，向下是野苹果，最下面位于沟底的是野核桃，在光照下呈现绿色

（图37、图38）。王磊等认为新疆野核桃是栽培核桃的直系祖先（图39），具有栽培品种的优良特性，在形态和品质上与栽培核桃极其相似，它们既可直接利用又可作为育种材料，在研究栽培核桃的起源、演化上具有重要价值（王磊等，1998）。

新疆核桃主要分布在天山南麓与昆仑山北麓，多以林粮间作的形式生长在塔里木盆地边缘的绿洲上。主产县有和田、叶城、喀什、阿克苏、乌什、库车、哈密等（图40、图41），该区常年天气干燥，降水稀少，光照时间长，全年高于10℃的积温在4000小时以上，生长期可达225天。目前发现的栽培品种中的一些独特性状，如早实性、二次开花特性、短枝性和穗状花序等特性，在实生种群中均存在。新疆核桃的境内分布也是不连续的，呈现出相对稳定的独具特色的实生种群。主要有：①早实核桃（也称隔年核桃），原产地南疆，阿克苏地区分布较为集中（图42），其实生苗第二年即可开花结果，发枝力强，多发二次枝，常见二次果，双果和三果居多（图43）；②穗状核桃，在南疆各地均有分布，果序着生3个以上的果实，呈穗状果序。一般具有早实性、短枝矮化特性（图44）；③大果核桃，原产地和田、皮山等地，具有树势旺、树体高大、坚果大等特性，可用作木材和坚果兼用树种（图45）。

目前新疆优质核桃种植面积已达32.2万hm²，挂果面积20.7万hm²，年产量30.48万t，位居全国第三位。新疆地处东经73°40'～96°18'、北纬34°25'～48°10'之间。气温温差较大，日照时间充足（年日照时间达2500～3500小时），降水量少，气候干燥。新疆年平均降水量为150mm左右，但各地降水量相差很大，南疆的气温高于北疆，北疆的降水量高于南疆。最冷月（1月）平均气温在准噶尔盆地为-20℃以下，该盆地北缘的富蕴县绝对最低气温曾达到-50.15℃，是全国最冷的地区之一。新疆远离海洋，深居内陆，四周有高山阻隔，海洋气流不易到达，形成明显的温带大陆性气候，年平均降水量为145mm。

主要栽培品种是从30个新疆核桃地方品种中选育出的优良品种（系）：'温185'（图46）'新新2号'（图47）'新疆179'（图48）'新萃丰'（图49）四个品种。特点：①结果早，嫁接第二年开始开花结果，6～8年进入丰产期；②丰产性强，盛果期冠影平方米产仁量达209～569.7kg以上；③品质优良，

图35 短枝核桃'中核短枝'（曹尚银 供图）

图37 新疆巩留县野核桃树（曹秋芬 供图）

图38 新疆巩留县野核桃树梯度分布（曹秋芬 供图）

图36　新疆野核桃林群落（李好先　供图）

图39　新疆巩留县野核桃沟（孟玉平　供图）

图40　新疆庙尔沟核桃古树（孟玉平　供图）

出仁率50%～65.9%，最高达74%；④核仁含油率高、油质好，一般在65%～72%，最高达75.8%。栽培模式：①林农间作栽培，核桃与棉花、粮食间作是新疆核桃的主要栽培模式，占到核桃栽培总面积的90%以上；②园式栽培。主要栽培区域是南疆阿克苏地区、喀什地区、和田地区为主的集中种植区和产业带。

图41 新疆阿克苏核桃地方品种调查（孟玉平 供图）

图42 新疆阿克苏百年核桃园（孟玉平 供图）

图43 双果和三果结果状（曹尚银 供图）

图44 新疆穗状核桃品种结果状（曹尚银 摄影）

图45 新疆哈密核桃古树（曹秋芬 供图）

图46 早实核桃'温 185'（曹尚银 供图）

图47 早实核桃'新新2号'（曹尚银 供图）

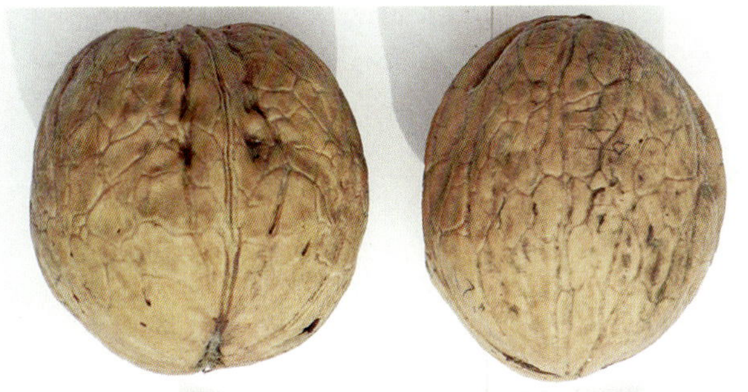

图48 早实核桃'新疆 179'（曹尚银 供图）

图49 早实核桃'新萃丰'（曹尚银 供图）

二 河北核桃地方品种优势分布调查区

河北省核桃资源丰富，分布范围广。垂直分布范围为海拔20～1400m，位置分布为东经113°50'～119°35'、北纬36°35'～40°29'（图50）。宋晨歌等（2015）通过对河北115株核桃地方品种的产地条件（地名包括小地名、户主名、生境、树龄、经营管理情况）、生长性状（树势、树姿、树形、树高、冠幅、干高、胸径）、叶果特征、花果期、结实状况（果枝率、产量情况、坚果形状、大小、种仁颜色）等指标的调查，及坚果外形指标（纵、横、棱径、单果重、壳厚、出仁率）和种仁的营养物质含量（脂肪、蛋白质）的测定，得出了如下结果：该区核桃有集中分布区域，且具有区域性特点；适应性强，在花岗岩、石灰岩和片麻岩三种岩石类型为土壤母质的土壤上均可生长（图51）；大部分种质资源生长在30～80cm的薄土层中；山体的阳坡和阴坡，两山之间的沟壑中均可生长；大部分种质属无人管理或粗放管理，且保持较强的树势（图52、图53）；大部分资源树形开展，树高集中在9～16m，长势中庸，单枝结果数多为1～2个；百年以上的核桃占所调查种质的1/3，且为实生核桃，树势仍然强壮；坚果壳厚度在0.78～1.91mm之间，出仁率在28%～69%之间，取仁容易，种仁呈黄白、黄和黄褐3种色（图54）。种仁含脂肪范围为47.27%～72.36%之间，蛋白含量在10.15%～24.31%之间。具有良好的商品性状。调查发现部分特异性状核桃种质资源，包括白水核

图50 河北核桃种群分布（齐国辉 供图）

图51 河北赞皇核桃地方品种（李好先 供图）

图52 河北阜平核桃地方品种（李好先 供图）

图53 河北阜平核桃丰产结果状（李好先 供图）

图54 河北石门核桃（曹尚银 供图）

图55 河北核桃标准示范园（齐国辉 供图）

图56 山东核桃定植园（侯立群 供图）

桃、穗状核桃、抗寒核桃、物候期晚核桃、长果形核桃和高脂肪含量核桃等。

据河北省林业局统计，2012年河北省核桃栽培面积14.4万hm²，结果园面积5.8万hm²，总产量9.6591万t（图55）。从产量看，石家庄市的产量最大，2011年31613t，且处于逐年增长的状态，占河北省总产量的比例达到32.63%。其次是邯郸市，产量占河北省总产量的19.63%；排名第三的是邢台市，占河北省总产量的14.94%。从种植面积看，石家庄仍然占据河北省的核桃种植面积的首位，邯郸市紧随其后排名第二，邢台市排名第三，保定市排名第四，后三位为唐山市、承德市与张家口市。在悠久的栽培历史过程中，形成了许多优良的核桃种质资源和地方品种，如'石门核桃'，已形成地理标识产品，从新中国成立起就远销国内外。河北省的主要核桃产区位于太行山和燕山山区，主要涉及石家庄、唐

山、秦皇岛、邯郸、邢台、保定、张家口、承德和廊坊。其中太行山南部核桃老栽培区发展较快，栽培范围涉及涉县、武安、峰峰矿区等；最近几年，燕山南麓的遵化、迁安、卢龙及周围地区良种核桃也有较大发展。

三 山东核桃地方品种优势分布调查区

核桃是山东栽培历史悠久、种质资源丰富的古老果树种类之一。据国家林业局统计，2011年山东核桃产量为7.3万t，至2013年核桃产量增至10.04万t，位居全国第7位。山东核桃栽培的范围比较集中，包括以泰山为中心的泰安、历城、长清、肥城、东平、新泰、莱芜、章丘等地；以鲁山为中心的青州、临朐、沂源、沂水等地和以尼山为中心的平邑、费县、滕州、邹城、枣庄、苍山等地，都建

设了标准化定植园（图56）。

张美勇等（2008）依据核桃不同品种类型的生长结果习性及各地的气温、日照、土壤、降水等自然因素，将山东核桃栽培区域划分为6个产区，分别为：鲁中山地区，即山东中心地带的泰沂山区，包括济南、淄博两市的胶济铁路以南部分，莱芜市及泰安市（除东平外）全部和潍坊市的临朐，以及青州的南部山区，是山东省重要的干果产区；鲁南山丘区，为鲁中山地以南，津浦铁路以东，以沂水、蒙山山背为分水岭，地势西北高，逐渐向东南缓降，中部为丘陵，南为平原，包括临沂与枣庄两市的全部，济宁市的曲阜（图57）、泗水与邹城；胶东丘陵区，包括威海、烟台、青岛三市全部，日照市

区及五莲县，诸城市的东南部山区；胶潍平原区，包括潍坊市的寒亭、坊子、寿光、昌乐、高密及青州与诸城的北部和平度西南部的平地；鲁西南平原区，包括菏泽、济宁市津浦铁路以西的绝大部分以及泰安市的东平；鲁西北平原区，包括聊城、德州两市全部和滨州市的阳信、惠民、博兴、无棣的一部分以及济南市的济阳和淄博市的高青（图58）。山东有丰富的核桃种质资源，从地方品种中培育出众多生产上应用的优良品种，有'香玲'（图59）'鲁光'（图60）'鲁果2号'（图61）'鲁果5号'（图62）'鲁果7号'（图63）'鲁果8号'（图64）'鲁核1号'（图65）'丰辉'（图66）'岱丰'（图67）'岱香'（图68）等栽培品种。

图57 山东曲阜核桃林（王新梁 供图）

图58 山东核桃连片栽培（王新梁 供图）

（四）山西核桃地方品种优势分布调查区

核桃在山西省栽培据记载也有2000多年的历史。据佟屏西编著的《果树史话》记载："山西省汾阳县有1株800年生的老核桃树，至今仍枝繁叶茂，结实累累"，这充分说明山西省栽培核桃的历史悠久。山西省作为我国核桃主产区之一，栽培历史悠久，栽植范围广泛，在长期栽培过程中，形成了许多类型和地方品种。山西核桃分布区多集中在太行吕梁的干旱丘陵山区，包括吕梁市的中阳、离石、孝义、方山、交口、交城、临县、石楼，晋中的灵石、介休、寿阳、祁县，长治的黎城、屯留、襄垣、沁县、潞城、武乡，临汾的安泽、乡宁、浮山、襄汾、洪洞、尧都等地核桃面积也在快速发展。太行山区晋中市的左权等地，长治市的主要核桃产地在黎城、平顺一带。现将山西核桃归类如下：

（1）**晚实核桃群** 为山西核桃的栽培主体，占全省栽培株数的90%以上。吕梁市孝义市下堡镇赵西沟村1株500年生的核桃古树，树干入土深埋3m，冠幅29m×29m，常年结果100kg。此类群树体高大，抗逆性强，适宜林粮间作，内分4个亚群：①露仁核桃：果壳薄，壳面有小孔穴，用手轻捏可碎，出仁率65%以上，坚果小至中等，由于核桃外露，易污染变质，且易受鸟鼠之害，经济价值低，不宜选种及发展。本亚群多数地区有栽培，但株数不多，不及总株数的1%。②绵核桃：果壳厚度由纸皮至厚皮，坚果由小至大，壳面较光滑，刻沟浅而少，横

图59 早实核桃 '香玲'（李好先 供图）

图60 '鲁光' 核桃（李好先 供图）

图61 '鲁果2号' 核桃（李好先 供图）

图62 '鲁果5号' 核桃（李好先 供图）

图63 '鲁果7号' 核桃（李好先 供图）

图64 '鲁果8号' 核桃（李好先 供图）

图65 '鲁核1号' 核桃（李好先 供图）

图66 '丰辉' 核桃（李好先 供图）

图67 '岱丰' 核桃（李好先 供图）

图68 '岱香' 核桃（李好先 供图）

图69 '金薄香1号' 核桃（李好先 供图）

图70 '金薄香2号' 核桃（李好先 供图）

图71 '金薄香3号' 核桃（李好先 供图）

图72 '金薄香4号' 核桃（李好先 供图）

图73 '金薄香6号' 核桃（李好先 供图）

图74 '金薄香7号' 核桃（李好先 供图）

隔膜薄成纸质，内褶壁不发达，能取整仁或半仁，出仁率在45%以上，占总株数的70%左右，是核桃单株选优及栽培的主体。③半绵、半夹核桃：系绵、夹核桃过渡类型，果壳较厚，壳面刻沟多，刻密，横隔膜革质，内褶壁较发达，取仁多成1/4～1/8的碎块，出仁率在36%～45%，本亚群约占晚实核桃的10%～15%，不宜发展或从中进行单株选优。④夹核桃亚群：壳厚，壳面刻沟深而密，缝合线内缘发达向内延伸、较宽，内褶壁及横隔膜常为骨质，取仁难，出仁率28%～35%，在汾阳一带夹核桃约占栽培株数的14%。

(2)早实核桃群 多为新疆、陕西引进实生类型。树势中等，结果早，丰产性好，但树体易衰落。坚果中等，壳面较光滑，壳薄、核仁饱满。

(3)特异核桃群 ①穗状核桃群：其主要特征是雌花为总状花序，每序有花4朵～8朵或更多。灵丘县穗园村1株穗状核桃雌花序着果多达30余个，穗状核桃坚果较小，壳厚中等，出仁率40%左右。有研究认为穗状核桃系核桃与核桃楸的杂交种，山西省灵丘、汾阳、黎城等地均有栽培。穗状核桃可作砧木利用，也是杂交育种及繁殖砧木的较好的亲本材料。②大果核桃群：主要分布在孝义市下栅乡，其坚果平均三径5.0cm，单果均重28.6g，最重的为33.7g；壳面光滑，扁圆形，壳厚2.1mm；横隔膜及内褶壁不发达，出仁率38%左右，能取半仁或整仁。缝合线疏松，核仁不饱满。可作杂交育种珍贵的亲本材料，其中的优株经无性繁殖可直接用于生产。

山西省核桃种植面积已达36万hm²，其中结果面积达23.3万hm²，正常年份核桃产量达12万t左右，继云南、新疆、陕西之后，居全国第4。主要栽培地方品种有20多个，包括'晋龙1号''晋龙3号''金薄香1号'（图69）'金薄香2号'（图70）'金薄香3号'（图71）'金薄香4号'（图72）'金薄香6号'（图73）'金薄香7号'（图74），表现出不同的果树类型。授粉品种为'薄壳香''扎343'和'辽宁1号'。

五 陕西核桃地方品种优势分布调查区

陕西核桃面积在全国排第2位，全省核桃面积已经达到了45万hm²，挂果面积16.7万hm²，总产量6.4万t，总产值6.96亿元。陕西省地处我国西北部，处在东经105°～110°、北纬31°～39°之间。境内东西跨度小，南北狭长，南北最大跨度近900km。省内山地、高原、平原纵横交错，属于温带大陆性气候。陕西省极端气温相差悬殊，极端最高气温为7月份，极端最低气温为1月份，差值可达到48℃以上，境内冬夏、昼夜温差较大。陕北年平均日温差大于14℃，关中年平均日温差10～12℃，陕南年平均日温差8～10℃。陕西省气候的另一特点是，干旱少雨，境内降水量从南向北逐渐减少，陕南年平均降水量大于700mm，关中年平均降水量500～600mm，陕北年平均降水量不足500mm。

该区是早实核桃的原产地之一，种质资源丰富多彩（图75、图76）。核桃主要分布在延安以南的商洛、安康等9市，主要栽培大县（区、市）有洛南、山阳、商州、丹凤、黄龙、宜君、宁强、陇县等，已形成了陕南秦巴山区、渭北两大核桃产区。目前栽植品种有：①渭北地区，'西扶1号''西林3号''香玲''鲁光''陕核5号''礼品1号''西洛3号'；②秦巴山区，'香玲''鲁光''辽核1号''辽核4号''陕核5号''西洛2号''西洛3号'。

图75 陕西核桃地方品种（刘群龙 供图）

图76 陕西核桃的不同类型果实（刘群龙 供图）

图77 四川核桃地方品种调查1（韩华柏 供图）

图78 四川核桃地方品种调查2（韩华柏 供图）

六 四川核桃地方品种优势分布调查区

四川核桃在全国核桃生产中占有十分重要的地位，在全国核桃在主产区中，其产量仅次于云南、山西、陕西、河北，常年产量在2万t以上，2000年四川核桃产量高达29834.39t，产值14464万元。全省均有分布，在自然分布与长期的生产栽培过程中形成了龙门山、米仓山、大巴山、川西南山地及川西高山峡谷等核桃产区。现已查明，四川地区生长、分布的核桃属植物有核桃、铁核桃、野核桃和核桃楸4种（图77、图78）。核桃在四川自然分布极为广泛，遍及全省各地，由于多年来栽植的核桃都是实生苗，且分布在不同区域、不同海拔，这些都容易引起遗传变异，进而形成不同的品系、生态地理型和种群。

四川穗状核桃种质资源分布广泛，陈善波等（2017）通过调查先后在阿坝藏族羌族自治州黑水县、广元市朝天区、南充市顺庆区和蓬安县、成都市新津县等地，均发现了核桃每穗果实多、呈串状或穗状结果的核桃特异种质资源（图79），根据其突出的生物学特性和坚果性状，鉴定出具有穗状核桃显著特征的资源6份。调查发现，穗状核桃树体高大，树冠大而开张，树形呈伞状半圆形；树皮呈暗褐色，光滑，有浅纵裂；枝条粗壮，节间较短，为5～8cm。叶片呈奇数羽状复叶，长42.33～53.67cm；小叶分为两类，一类为5～9片，7片居多；另一类为9～11片，11片居多；小叶为长椭圆形或倒卵形，全缘。所有资源雌花花序差异较大，多为3～8个，而4～6居多，呈聚生和散生，蓬安县新河乡发现的穗状核桃雌花最多，为6～12个。果实形状有圆球形、椭圆形和圆锥形，蓬安县新河乡发现的穗状核桃果柄最长，为6cm。由此可见，与普通核桃相比，穗状核桃

图79 四川穗状核桃（韩华柏 供图）

显著特点为雌花多，坐果数在4~6个以上，最多可达12个，果实成熟以后，核仁均饱满，无空壳现象。通过连续观察，四川不同地区穗状核桃物候期有明显差异，总体上表现为3月中、下旬芽开始萌动，3月下旬、4月初开始展叶，3月底到4月上旬、中旬为雄花盛期，3月下旬至4月上旬为雌花盛期，四川盆地果实成熟期在8月中下旬，川西北高原地区9月中下旬果实成熟，10~11月进入落叶期。雄、雌花期相差3~7天，雌花盛开期持续时间为5~6天。在结果表现方面，均表现为结果多、呈串状或穗状，多数为3~8个，4~6个居多。果实性状方面，青果三径3.91~5.34cm，单果重36.39~73.17g。鲜壳厚度0.53~0.67cm。果实去青皮以后，三径2.98~4.42cm，单果重13.11~26.05g。总体表现，穗状核桃口感细腻，风味香甜，营养价值丰富。

李国和等（2006）研究认为秦巴山区核桃坚果重量在10.48~2.72g之间，最大果重是广元市朝天区。核仁重量在4.94~6.62g之间，最大果重是巴中市南江县。出仁率最高的是南江县。核桃壳厚在1.11~2.00mm之间，最薄的区域是广元市利州区。核桃坚果平均直径在31.99~33.70mm之间，最长的是巴中市通江县。果面都较光滑，风味以香甜为主，均易取仁，大部分核桃的内褶壁退化，果形以近圆形、椭圆形和圆球形为主。巴中市南江县、广元市青川县和达州市万源市核桃的仁色浅，而朝天区、广元市中区和通江县核桃的仁色较深。秦巴山区核桃的氨基酸总量在15%~19%之间。通江核桃的18种氨基酸含量和氨基酸总量最高，而广元市利州区核桃最低。秦巴山区各个区域核桃的丙氨酸、缬氨酸、异亮氨酸、亮氨酸、苯丙氨酸、蛋氨酸、脯氨酸、丝氨酸、甘氨酸、苏氨酸、酪氨酸、胱氨酸、精氨酸、天门冬氨酸、赖氨酸、组氨酸和氨基酸总量差异显著（$P<0.05$），而谷氨酸差异不显著（$P>0.05$）。说明各种氨基酸的形成除与外部环境条件密切相关外，还与核桃种质自身特性有关。秦巴山区核桃的粗脂肪含量在61%~67%之间，其中，青川核桃的粗脂肪含量最高，通江核桃的含量最低。不饱和脂肪酸含量在59%~61%之间，其中南江核桃的含量最高，广元市中区核桃的含量最低。

图80　四川盆地核桃林（李好先　供图）

不同区域核桃的粗脂肪含量、饱和脂肪酸、不饱和脂肪酸含量、多不饱和脂肪酸和单不饱和脂肪酸含量差异显著（$P<0.05$）。秦巴山区各个区域核桃的棕榈油酸、油酸、亚油酸和花生四烯酸含量差异显著（$P<0.05$），棕榈酸、硬脂酸、亚麻酸和花生酸含量差异不显著（$P>0.05$）。万源核桃的亚油酸和亚麻酸含量最高，分别为42.8%和6.41%，朝天核桃的亚油酸和亚麻酸含量最低，分别为34.5%和4.72%。

四川黑水县地处川西高山峡谷区，历史上由于山高坡陡，交通闭塞，基本属于一个近似封闭的生态环境，与外界交流甚少。同时，黑水县是一个以藏胞为主的民族聚居县，历史上很少有人工栽培和采摘核桃的习惯，现存的核桃结果树多属于天然落种自然成树的野生状，少有人为因素影响。由于环境闭塞及栽培习惯等原因，外来核桃基因难以进入该区域，从某种意义上来讲，当地核桃种质资源具有独特的区域性特点。据统计，全县17个乡镇均有核桃分布，核桃资源总量达15.4万余株，年产核桃约8万kg。当地海拔2500m以下的坡下、农耕地以及房前屋后、路河两旁，均生长着大量核桃树，树龄数十年至上百年的结果树随处可见，形成大量的核桃林（图80）。由于良好的地理环境和适宜的气候条件，当地的核桃树长势好、丰产、稳产，上百年的大树仍然枝繁叶茂，正常生长结果。朱益川等（2011）通过资源调查发现，该地早实核桃资源分布广泛，全县17个乡镇中有14个乡镇发现早实核桃资源，其占全县核桃分布范围的82.3%，其中82.8%属于本地原生核桃资源，资源类型多样（图81）。主要分布于芦花镇、红岩乡、麻窝乡、知木林乡、扎窝乡、维古乡、木苏乡、龙坝乡、色尔古乡、石碉楼乡、晴朗乡、双溜索乡、瓦钵梁子乡等区域。调查发现，当地核桃资源主要分布在海拔2600m以下区域，2650m以上气温太低（年均温<8.0℃），基本没有核桃分布，可以认为海拔2650m是当地核桃分布的上限。海拔2500m以下（年均温≥9℃）是当地核桃的主要分布区，该区域气温适宜，核桃资源量大，分布较为集中，核桃树生长旺盛，坚果大小正常，结实状况良好。而在海拔2500m以上，核桃树生长发育较为缓慢，虽然也能丰产，但坚果普遍较小，商品性较差。早实核桃种质资源主要分布在海拔2500m以下区域，多数生长旺盛，丰产性和坚果品质表现良好。

图81 四川核桃的不同类型（韩华柏 供图）

图82 四川核桃庭院栽培（李好先 供图）

优良地方品种有：川核系列、'客龙早''薄壳早''珍珠核桃'。四川核桃生产主要采用片园式集中栽植和房前屋后、地边地坎零星种植等经营模式。早期栽植的核桃多数以零星种植为主，以直播或实生苗栽植为主。除房前屋后栽种外（图82），还存在大量林粮间作核桃林，形成多世代的异龄林。退耕还林工程栽植的核桃，多数为面积不等的连片集中栽植。生产中，由于存在品种选择不当，土肥水管理没有及时跟上等原因，部分核桃林地出现生长参差不齐、个体分化严重、挂果迟、产量低、坚果品质差等现象，不能尽早产生经济效益，不同程度地挫伤了群众的生产积极性。

七 甘肃核桃地方品种优势分布调查区

甘肃省核桃种植和种质资源主要分布在陇东南部黄土高原丘陵和陇南天水北秦岭山地等地区，海拔在600～1700m之间，此地核桃树分布最多最广，陇东中部及河西地区，则分布于1100～1700m之间（图83）。调查发现，本区主要栽培区域和品种有：①以康县、武都为中心的陇南产区（图84、图85）。核桃分布最为集中，尤以康县的云台、大堡、长坝、咀台，文县的园子头、丹堡、临江等地最多。品种繁多，有康县乌米子、白米子、油米子、露米子、夹格子、瓜核桃、穗状核桃、褡裢核桃，文县乌仁、厚皮大核桃、大核桃等；②陇东产区，即六盘山以东，东与陕西接坡，气候温和的平凉、庆阳地区；③中部定西、临夏及河西产区。该产区气候干燥冷凉，风沙大，温差大，冬季较长为主要特点。品种较多，树冠高大，树龄长久。目前临夏县大何家、四堡子，武威东关园艺场等地，生存有千年核桃大树（图86）。目前，随着栽培技术和良种的推广应用，在坡地的开始规模化、标准化的栽培，丰产性好，取得较好的经济效益（图87、图88）。

目前核桃地方品种多达9个，有壳较薄，易取仁的'临夏鸡蛋皮''鸭蛋皮核桃'和'绵核桃'，有8月中旬采收早熟的'临夏六月黄核桃'；果面具有3个缝合线的'临夏大三棱核桃'和'小三棱核桃'，发现树冠高大，树高2.71m，冠幅25.47m×23.8m的'临夏大屁股核桃''石坪核桃'和'紫核桃'。

图83 甘肃陇南核桃之乡（曹秋芬 供图）

图84 甘肃陇南核桃树（曹秋芬 供图）

图85 甘肃陇南核桃林（曹秋芬 供图）

图86 甘肃陇南千年核桃树（孟玉平 供图）

图87 甘肃核桃梯田定植园（孟玉平 供图）

图88 甘肃核桃标准栽培园（孟玉平 供图）

八 云南核桃地方品种优势分布调查区

云南核桃分布广泛，遍布全省124个县（市）。由于云南复杂的地形地貌，特殊的气候条件和多种多样的土壤类型，致使核桃的类型繁多，种质资源丰富（蔡建荣等，2013）。云南省核桃种质资源主要分布于滇西、滇西北、滇中、滇东北等地区（图89）。主要核桃类型是泡核桃（图90），在云南16个地州市均有分布，主产区为大理、楚雄、临沧、昭通、丽江、曲靖、玉溪等。蔡建荣等（2013）于1997—1999年进行了云南核桃种质基因的收集和调查（图91），共收集了97份种质材料。结果显示，核桃类型有铁核桃、普通核桃、野核桃，其均有雄先型或雌先型，雄先型有46个，占总体47.42%；雌先型有32个，占总体32.99%；19个雌雄同熟类型，占总体19.59%。在97个核桃品种及类型中，早实核桃38个，占61.85%；中晚实核桃37个，占19.59%，晚实18个类型，占18.56%。在97个种质中，果实在9月中下旬成熟的18个，为早熟型；9月下旬成熟的29个，为晚熟型；多数杂种类型9月上中旬成熟，为中熟型。97份核桃资源平均出仁率49.58%（±9.59%），变异范围14.1%～80.0%；集中分布在40.5%～56.4%，通过对97个核桃种质开花结实习性、单株产量、坚果品质等分析测定认为，云南

核桃种质资源极为丰富，其花型、结实期、成熟期、坚果三径值、出仁率等均有很大差异（图92）。

云南省要求"到2020年，全省核桃产业化水平显著提升，农民收入持续增加，基本建成具有我省优势和特色鲜明的核桃产业体系、组织经营体系和技术服务支撑体系，实现产业发展由传统数量增长型向现代质量效益型转变"；实现"核桃基地面积稳定在280万hm^2左右，投产面积200万hm^2以上；核桃干果产量170万t以上，核桃油产量6万t，核桃乳产量25万t，核桃粉产量2万t，核桃快销（旅游）食品1万t"；同时，要求"建设优质高效示范基地66.67万hm^2，培育核桃庄园100个，其中省级示范庄园20个"。

云南省的核桃生产在全国核桃生产中占有重要地位，云南核桃的栽培面积和产量约占全国的1/3。2013年云南全省核桃面积达到260万hm^2，核桃产量达65万t，产值达190亿元。云南省气候有北热带、南亚热带、中亚热带、北亚热带、暖温带、中温带和高原气候区等7个温度带气候类型。云南气候兼具低纬气候、季风气候、山原气候的特点。由于地处低纬高原，空气干燥而比较稀薄，各地所得太阳光热的多少除随太阳高度角的变化而增减外，也受云雨的影响。夏季，最热天平均温度在19～22℃左右；冬季，最冷月平均温度在6～8℃以上。年温差

图89 云南鲁甸百年核桃大树（范志远 供图）

一般为10～15℃，但阴雨天气温较低。一天的温度变化是早凉，午热，尤其是冬、春两季，日温差可达12～20℃。全省大部分地区年降水量在1100mm，南部部分地区可达1600mm以上。但由于冬夏两季受不同大气环流的控制和影响，降水量在季节上和地域上的分配是极不均匀的。冬季位于"昆明准静止锋"的西侧，受单一暖气团控制，降水稀少。夏季受西南季风影响，潮湿闷热，降水充沛。降水量最多是6～8月三个月，约占全年降水量的60%。11月至翌年4月的冬春季节为旱季，降水量只占全年的10%～20%。云南无霜期长。南部边境全年无霜；偏南的文山、蒙自、思茅，以及临沧、德宏等地无霜期为300～330天；中部昆明、玉溪、楚雄等地约250天；较寒冷的昭通和迪庆达210～220天。云南光照每年每平方厘米为377～628kJ。云南省林业厅的统计数据显示，核桃是全省栽培范围最广、面积最大、产量产值最高的干果经济林。目前当地主栽品种有：①大泡核桃（漾濞泡核桃、大麻核桃），嫁接繁殖，云南无性优良品种，有上千年栽培历史，主产区漾濞、永平、云龙、昌宁等地；②三台

图90 云南鲁甸泡核桃（范志远 供图）

图91 云南鲁甸核桃树自然生长树形（范志远 供图）

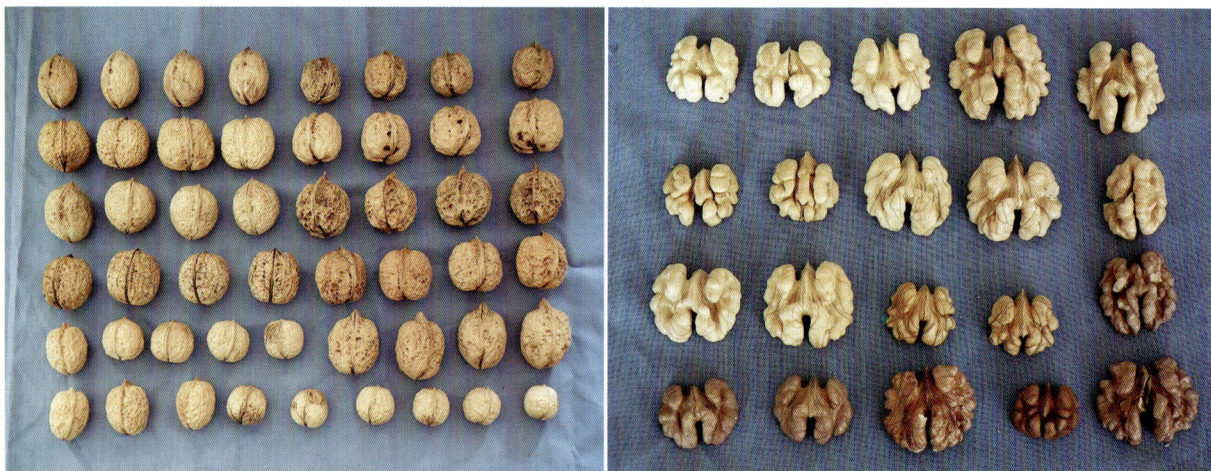

图92 云南鲁甸不同类型核桃坚果（范志远 供图）

核桃，嫁接繁殖，主产大姚、宾川、祥云、永仁等地；③早实、早熟杂交新品种，'云新高原''云新云林'；最新选育的早实新品种，'云新301''云新303''云新306'新品种。在昆明、云县、凤庆、漾濞、新平、石屏等地均有种植。

（九）西藏核桃地方品种优势分布调查区

核桃是西藏的古老栽培果树之一，历史悠久，分布广泛。主要分布在东经79°～99°、北纬27°～32°之间，海拔2400～3500m，东起金沙江畔的江达县，西至札达县，南至最南端的亚东县，北至藏北的丁青县。集中产区是加查、朗县、米林、波密、左贡、芒康、曲水、尼木、仁布等县，其中林芝市的米林县和朗县分布最为集中，有千年核桃林（图93、图94）。西藏群落分布特征明显，核桃种质资源多沿雅鲁藏布江分布，每个河流冲积区域有核桃群落存在，主要以核桃和铁核桃为主，植株生长旺盛，无病虫害现象，海拔从4000m依次沿雅鲁藏布江降低。

图93 西藏朗县千年核桃树（李好先 供图）

由于西藏核桃分布地域辽阔，品种类型繁多，命名依据各异。根据马和平等（2011）考察发现，其命名规则分为以下情况。其一，按坚果壳皮厚度命名，如酥油核桃，藏语称为"曲达嘎"或"麻达嘎"，属于薄皮核桃，该品种果实长圆形，色泽淡黄、壳薄、质好、味香、风味独特；又如纸皮核桃，表示壳厚度像纸一样薄。其二，按坚果外形命名的，如米西达嘎，表示果壳像眼睛一样圆；久久达嘎，表示果长的意思；昂觉蹦布，表示果子形状和人的耳朵一样；故朽达嘎，表示坚果的形状像苹果。其三，按人名来命名的，如格桑次仁，表示该核桃树是格桑次仁家的；益西达嘎，表示益西家的核桃；次久达嘎，表示次久家的核桃。其四，按树所在位置命名的，如兴朗达嘎，表示兴朗的这个地方的核桃；切达郭达嘎，表示打麦场旁边的台子上长的核桃；巴桑达嘎，表示牛圈旁边长的核桃；贡珠达嘎，贡珠就表示地名；达荣达嘎，达荣表示地名；色光达嘎，色光表示地名；沟里核桃，表示该核桃树生长在沟里；郭热达嘎，表示种在园子里的核桃树。其他，如帮布达，表示水池边长的核桃；康郭达嘎，表示贵族吃的核桃；吉布达嘎，表示皇上吃的核桃；打别达嘎，表示赛马人吃的核桃；郭多扎沙，表示烧牛或羊头的地方长的核桃。这些命

图94 西藏八一镇核桃地方品种（曹尚银 供图）

图95 西藏洞嘎镇核桃地方品种（李好先 供图）

名花样繁多，而造成目前品种类型名称多样杂乱，很不规范。这些繁杂的名称，虽然一方面反映了西藏核桃品种类型的多样性和丰富的种质资源，但是另一方面由于较多存在同名异物或同物异名现象，对于核桃种质资源及品种类型的收集、保存和开发利用带来一定的困难。因此，通过品种资源调查，对栽培核桃品种类型进行归纳和分类，对开展核桃品种整理、选育和利用不仅是十分的有利，而且是非常重要的。

西藏的核桃农家品系很多，一般大多庭院栽培，且从不管理，树体高大，生长旺盛（图95）。常见的有酥油核桃、鸡蛋核桃、露仁核桃、薄皮核桃、夹绵核桃、酥油核桃、鸡蛋核桃和厚皮核桃等类型。其果形有圆形、长圆形、桃形等多种。坚果平均质量10～14g，壳厚1.5～2mm，种壳有红褐色、淡褐色、黄褐色等多种。外刻沟明显至稍深，取仁较容易，出仁率一般在35%～40%。厚皮核桃

俗称铁核桃，果形有椭圆、纺锤形，顶部稍尖。坚果平均质量7～11g，壳颜色淡棕色，外刻沟较深，核壳厚达2～2.6mm，内隔膜革质，取仁较难，出仁率一般在30%～37%。核仁含油率一般不超过60%，核仁味道甘甜，呈淡黄色或褐黄色（马和平等，2011）。

⑩ 青海核桃地方品种优势分布调查区

青海核桃栽培历史也比较悠久，庭院都有上百年古树（图96）。远在唐代，民和回族土族自治县的史纳大核桃就作为贡品向皇朝进贡。悠久的核桃栽培史，使得世代实生繁殖，在其实生群体中，混生着不同性状的核桃类群，经长期自然相互杂交，形成了高度的混杂群体，种质资源异常丰富多彩（李耀阶，1987；郭映智，1991）。刘小利等（2015）对青海省内乐都、尖扎、贵德、化隆、民和、循化等

6个核桃主产区的核桃种质资源的进行调查，调查范围涉及6县31个乡镇277个村。调查结果显示，青海高原地方核桃现存资源量为2758株，其中民和回族土族自治县932株，占总资源量的33.8%；循化撒拉族自治县510株，占总资源量的18.5%；化隆回族自治县500株，占总资源量的18.1%；乐都区432株，占总资源量的15.7%；贵德县223株，为总资源量的8.1%；尖扎县161株，为总资源量的5.8%。青海高原地方核桃品种属实生、晚实类型，树冠高大、占地面积大、结果迟、产量低、效益差、栽培数量少，种植分散，属庭院经济；栽培管理原始落后，全年不修剪，不施肥或少量施肥，年生长量极小，树势衰弱，遭受晚霜和"倒春寒"危害的几率大；大小年现象明显，产量变幅大。地方种质资源保护意识不强，资源丢失现象严重，甚至一些优质资源的特异性状正在被弱化。从品种的类型上看，可分为夹核桃、绵核桃和露仁核桃3类，其中属卡皮核桃的有3株，占调查总数的4%；露仁核桃2株，占调查总数的3%；绵核桃51株，占调查总数的91%，可以看出，青海省大部分地方核桃品种属绵核桃类型。从

坚果形状看，有椭圆形、卵圆形、倒卵圆、圆形、方圆形，其中椭圆形占调查总数的38%，倒卵圆形占比29%，卵圆形占调查总数的18%，圆形占调查总数的14%，方圆形占调查总数的1%，以倒卵圆形和椭圆形居多。单果重变幅在4.90～20.11g之间，单果重大于10g的有42株，占调查总数的75%，大部分以中型果为主。核壳厚度变幅在0.30～2.50mm之间，其中属于纸皮的3株（核壳厚度<1.0mm），占调查总数的5.3%；属于薄壳26株（1.0mm≤核壳厚度<1.5mm），占调查总数的46.4%；属于中壳18株（1.5mm≤核壳厚度<2.0mm），占调查总数的32.1%；属于厚壳8株（核壳厚度≥2.0mm），占调查总数的14.3%；薄壳居多。从出仁率上看，变幅范围在89.7%～27.71%之间，出仁率大于48%的有25株，占调查总数的44.64%。脂肪含量变幅范围在72.58%～48.81%之间，含油率大于65%的有28株，占调查总数的50%，油脂含量普遍较高。蛋白质含量变幅范围在23.31%～10.89%之间，含量大于等于14%的有46株，占调查总数的82.14%，属高蛋白核桃类群。青海省现存地方核桃种质资

图96　青海500年生核桃树（孟玉平　供图）

源量少，但从坚果表型性状以及内含物含量分析来看，变幅范围较大，资源多样性丰富度高，有利于今后开展核桃遗传育种工作。

魏海斌等（2015）通过对青海核桃果实性状研究发现，各产区除循化和民和有少量核桃缝合线较松，其余缝合线均结合紧密；核壳厚介于1.17~1.48mm之间，属于薄壳核桃；从坚果三径值来看，属于大中型果范围；除循化产区有部分露仁，其余产区无露仁情况；各产区核桃取仁较易，且坚果形状均匀度较好；出仁率最高的为循化产区，出仁率为53%。以发育枝长度、节间平均长、单果重、缝合线紧密程度、核壳厚、纵径、横径、缝径、露仁情况、取仁难易、出仁作为调查性状进行研究，各性状产区间的遗传变异较大，表明各产区性状的离散度较大；就性状而言，其中发育枝长度、平均节间长、核壳厚、取仁难易、核仁饱满度等的变异系数较大，最高达61.68%，该结果可能与所在地区的气候条件、经营管理水平及单株遗传学特性有关。而单果重、缝合线紧密程度、坚果三径值、露仁情况、出仁率、坚果形状均匀度等的变异系数相对较低，表明该性状的稳定性相对较高；就不同产区而言，循化产区的变异程度最高，表明该区核桃的遗传多样性最丰富。

十一 河南核桃地方品种优势分布调查区

河南省是我国核桃栽培和生产的重要省份之一，其位于中国中东部、黄河中下游，介于东经110°21'~116°39'、北纬31°23'~36°22'之间。属暖温带-亚热带、湿润-半湿润季风气候。一般特点是冬季寒冷雨雪少，春季干旱风沙多，夏季炎热雨丰沛，秋季晴和日照足。全省年平均气温一般在12~16℃之间，1月-3~3℃，7月24~29℃，大体东高西低，南高北低，山地与平原间差异比较明显。气温年较差、日较差均较大，极端最低气温-21.7℃（1951年1月12日，安阳）；极端最高气温44.2℃（1966年6月20日，洛阳）。全年无霜期从北往南为180~240天。年平均降水量为500~900mm，南部及西部山地较多，大别山区可达1100mm以上。全年降水的50%集中在夏季，常有暴雨。河南耕地面积7179.2万hm²，山地丘陵面积7.4万km²，占全省总面积的44.3%；平原和盆地面积9.3万km²，占总面积的

55.7%。

本地核桃主要分布在北部的太行山、到南部的伏牛山等地（图97），种类繁多，有棉核桃、夹核桃、红核桃、穗状核桃、白水核桃、黑水核桃、露仁核桃、圆光蛋核桃、洋桃核桃、大果核桃、珍珠核桃、厚皮核桃等。山核桃主要分布在大别山区。麻核桃和近些年引进的美国黑核桃主要在伏牛山、秦岭北部。主要栽培地区有卢氏县、栾川县、西峡县、林州市、灵宝市、济源市等（图98、图99），其他地区零星种植（图100）。

主要栽培品种有传统培育的'绿波''薄丰''豫新'等，还有最新培育的核桃品种'中核短枝''极早丰''豫丰''中核香''中核4号'；引进的品种有'辽宁1号''辽宁4号''辽宁7号''香玲''中林1号''中林3号''中林5号''绿岭''鲁光''丰辉''清香'等。

2016年以来，河南省核桃种植总规模从5.3万hm²增加到了现在的13.6万hm²，总产量从8万t增加到了13万t。从外省输入（主要是新疆核桃）4万t；另外河南省卢氏县等核桃优质产区，每年有一定量核桃仁或坚果出口，2013年全省核桃出口核桃仁和坚果折合坚果消费6万t，河南省核桃实际消费量约为11万t。河南省核桃人均占有量1.04kg，人均坚果消费量为0.52kg，低于国际平均水平1.1kg，消费潜力大。根据国家和河南省核桃发展规划，到2017年全省核桃资源将新发展6.3万hm²，栽培面积将达到20万hm²。2017年以后，核桃种植规模将适度发展，核桃产业发展重点将转移到管理水平提高上，全省核桃种植规模将发展到22万hm²，2032年全省核桃种植规模将发展到23.3万hm²。目前河

图97 河南新安县核桃地方品种（李好先 供图）

图98 河南卢氏县核桃种质资源（李好先 供图）

图99 河南济源核桃地方品种
（王文战 供图）

图100 河南核桃老树（王文战 供图）

表4　贵州省核桃属植物的种类和分布

属名	种名	分布	应用价值
核桃属 *Juglans*	核桃 *J. regia*	主要由外省引进，本省零星分布	用作核桃砧木
	铁核桃 *J. sigillata*	神内西北部、中部分布，当地主栽类型，少量处于野生状态	
	野核桃 *J. cathayensis*	雷公山、梵净山安龙、镇远等地海拔400～1200m处	
	黑核桃 *J. nigra*	少量引入	
山核桃属 *Carya*	贵州山核桃 *C. kweichowensis*	兴义、黔南1000～1200m的石灰岩山林中	用作核桃砧木
	湖南山核桃 *C. hunanensis*	贵州东南部海拔400～800m以下疏林地	
	越南山核桃 *C. tonkinensis*	安龙、南盘江800m以下疏林地	坚果可榨油或炒食
	山核桃 *C. cathayensis*	兴仁、安龙	
喙核桃属 *Annamocarya*	喙核桃	三都、榕江、兴义等低海拔地区	坚果可榨油或炒食
枫杨属 *Pterocarya*	枫杨	全省各地	用作核桃砧木
化香树属 *Platycarya*	化香树	全省各地	用作山核桃砧木

注：数据参考文献（欧茂华，2012）

南省核桃年均产量初产期、丰产期、盛产期分别为450kg/hm²、1200kg/hm²和1800kg/hm²。

（十二）贵州核桃地方品种优势分布调查区

贵州位于云贵高原的东斜面上，至西向东、北、南三面倾斜，处于东经103°45'～109°33'、北纬24°28'～29°12'。大部分地区海拔为1000m左右，西部和西北部较高，海拔1500～2000m，而黔东和黔东南海拔为500～800m。由于海拔高差大，造成了复杂的气候条件，因而蕴藏的核桃资源极为丰富。除低海拔的干热河谷外，核桃在贵州全省均有分布。在中部和南部地区，多栽培在海拔1300～1800m的山地，如安顺、兴义、遵义等地。主要产区是位于西北部的毕节市，其中以赫章、威宁等地最多。据欧茂华（2012）调查，贵州有4属11种（表4）。贵州核桃主要以铁核桃为主，占80%以上，在这一属下又可分为泡核桃（出仁率在45%以上）、夹绵核桃（出仁率在30%～45%以上）和铁核桃（出仁率在30%以下）3个类型。其中栽培最多的是泡核桃，其次是夹绵核桃，铁核桃一般处于野生状态。

贵州核桃资源丰富，特别是铁核桃形成了众多的变异类型，有果壳极薄的露仁核桃、串状结果的穗核桃、1年结2次果的双季核桃及品质各具特色的乌仁核桃、特香核桃、油核桃等（表5）。据品质分析，乌仁核桃与一般核桃相比，具有高蛋白、低糖、低纤维、高磷、高胡萝卜素的特点，具有极高的营养价值。

表5　贵州核桃地方品种资源类型及特点

品种类型	单果重（g）	壳厚（mm）	出仁率（%）	风味
露仁核桃	8.38	0.81	64.8	风味香，略有涩味
穗状核桃	8.68	0.92	58.6	略有香味，无涩味
乌仁核桃	12.51	1.22	49.2	浓香，无涩味
小米核桃	7.8	1.12	48.6	略有香味，无涩味
双季核桃	8.2	1.21	48.3	无香味，无涩味
特香核桃	12.3	0.96	56.0	浓香，无涩味
油核桃	7.6	1.18	49.2	略有香味，无涩味

注：数据参考文献（欧茂华，2012）

此次核桃地方品种的收集，历时5年，足迹遍布全国的主要核桃分布区，共调查核桃地方品种资源500余份，收集核桃优异种质资源200余份，这些地方品种树龄都在30年以上，调查时仍枝繁叶茂，它们大都分布在房前屋后、田间、路边等地带，处于无人或较少管理的状态，但丰产性、抗病性都很好，这些都说明它们是经历自然筛选出来的优异资源，含有特异的基因信息。有些资源已经得到当地农户的繁育推广，产生了较好的经济效益，有的稍加试验，即可推广应用。但由于修路、盖房、自然灾害等不可抗拒的因素影响，它们也面临消亡的危险。所以通过此次调查摸底，并对部分资源进行收集、保存，对于提高我国丰富的核桃地方品种资源的认识和利用提供较好的途径。特别是在甘肃陇南地区，此外通过我们这次的调查收集也带动了当地核桃种质的保存力度，增强了他们对于核桃地方品种的重视。

第三节
核桃地方品种的调查和收集的思路和方法

中国是核桃的原产地之一，已有2000多年的栽培历史。在我国几千年的核桃栽培历史进程中，由于核桃分布广，地理条件和气候条件不同，加上人们长期的观察、选育，形成了极为丰富的种质资源，比如，隔年核桃、薄皮核桃、穗状核桃等等。考古发现，距今1800万年的山东省临朐县山旺村的矽藻土页岩中，保存着多种核桃属的植物化石，其中有披针叶核桃、鲁核桃、核桃楸、短果核桃、长果核桃、山旺核桃；山核桃属有心状山核桃和华山核桃。在泰山、昆仑山区的深山中至今尚有核桃楸和野核桃的遗存；新疆天山伊犁谷地巩留县南部的凯特明山中的野核桃沟和霍城县境内的博罗霍洛山的大西沟和小西沟内有野核桃果林；西藏林芝市米林县、朗县（图101、图102）和日喀则市年木乡胡达村境内尚存有千年以上的核桃大树（郗荣庭等，1992）。

参考果树种质资源野外调查的一般方法和手段，我们制定了一套符合核桃地方品种调查和收集的技术路线，以期在最短时间内最大程度地收集所有有效的信息和材料。由于以前科技水平和人财物交通等条件的限制，资源考察工作的效果势必受到影响。当时没有电脑，以及相机技术相对落后，野外资源考察工作没有能够留下很多的图像资料，即使有图像资料的，在色彩、清晰度等各方面也存在许多失真的地方。而且，当时没有GPS导航设备，一些有关资源地域分布的描述并不确切；后期如果当地的地理环境发生变化，往往也不能对该地区的资源进行回访调查。针对以前调查的技术水平和工具的不足，我们都一一做了改进。核桃地方品种资源分布广泛，需要了解和掌握的信息较多，因此我们制定了如下工作流程。

图101 西藏米林县核桃地方品种（曹尚银 供图）

图102 西藏朗县核桃调查（李好先 供图）

一 调查我国核桃优势产区地方品种的地域分布、产业和生存现状

通过收集网络信息、查阅文献资料等途径，掌握我国核桃落叶果树优势产区的地域分布，确定今后科学调查的区域和范围，做好前期的案头准备工作。实地走访核桃落叶果树种植地区（图103、图104），科学调查核桃的优势产区区域分布、历史演变、栽培面积、地方品种的种类和数量、产业利用状况和生存现状等情况，并提交当地果树地方品种申报登记表（图111），最终形成一套系统的相关科学调查分析报告。

图103 调查走访核桃地方果树品种（李好先 供图）

二 初步调查和评价我国核桃优势产区地方品种资源的原生境、植物学、生态适应性和重要农艺性状

对我国核桃优势产区地方品种资源分布区域进行原生境实地调查和GPS定位（图105），评价原生境生存现状，调查相关植物学性状、生态适应性、栽培性能和果实品质等主要农艺性状（文字、特征数据和图片），对核桃优异地方品种资源进行初步评价、收集和保存（图106）。这些工作意义重大而有效率，先将收集的核桃果树地方品种信息上传到

数据库共享平台（图107），每个核桃研究人员均可在数据库查询信息（图108），最后可以形成高质量的核桃地方品种图志、全国分布图和GIS资源分布及保护信息管理系统。

三 采集和制作核桃地方品种的图片、图表、标本资料

由于以前的交通设施的限制，核桃等资源调查工作受到限制，许多交通不便的偏僻地方考察组无法到达，无法详细考察。而现在，公路、铁路和航空交通

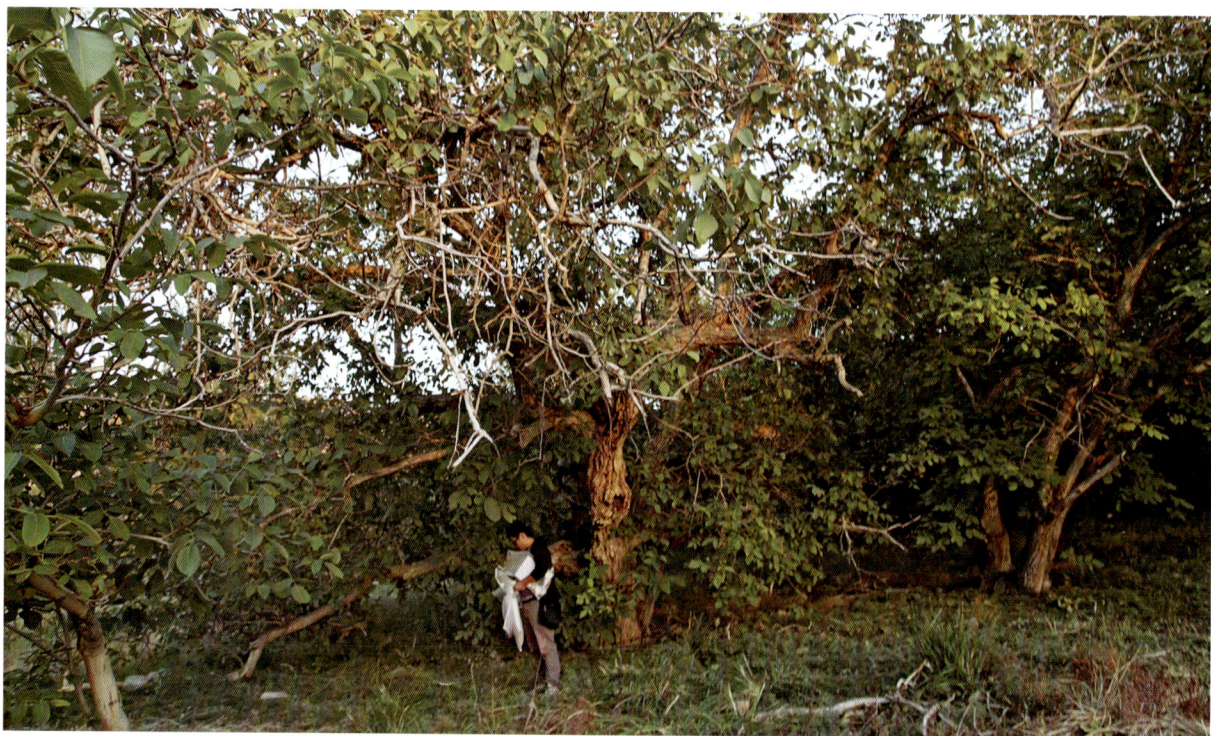

图104 新疆核桃原生境实地调查 （孟玉平 供图）

图105 新疆阿克苏核桃品种调查（曹秋芬 供图）

图106 采集核桃枝条和果实（李好先 供图）

图107 核桃品种信息共享
（李好先 供图）

图108 果树地方品种
数据库（李好先 供图）

都较当时有了巨大的发展，给考察工作创造了很好的条件，使考察组可以深入过去不能够到达的地方，从而可能发现、收集并保存更多的地方品种资源，如本次调查前往西藏自治区朗县、米林县发现百年以上的核桃群落，前往新疆维吾尔自治区伊犁哈萨克自治州巩留县野核桃沟发现野核桃群落，都为了解核桃的起源和演化提供依据（图109）。我们每次调查时对叶、枝、花、果等性状进行不同物候期进行调查，记载其生境信息、植物学信息、果实信息，并对其品质进行评价（图110～图112），按核桃种质资源调查表格进行记载，并制作浸渍或腊叶标本（图113～图115）。根据需要对果实进行果品成分的分析。

为了更好地协调各调查小组有效地调查、登记果树资源数据，我们采集了果实和枝叶并制作标本，并制定了相关规范：①采集完整的标本类型，包括品种资源的茎、叶、花、果，地下部分，树皮，发育阶段的组织（叶芽、花芽、幼叶、幼枝），异形叶（花），雌花和雄花，花果的精细结构需另外保存。②采集三份标本，个体较小的物种标本需要采集多个个体。③完整的野外采集记录，尽可能多的记录有用的信

息，包括野外鉴定信息；有唯一的采集编号，流水号，唯一的数据表，按照子专题负责人姓全拼+名拼音首字母+采集者姓名拼音首字母+流水号数字，例如CAOSYLHX001；GPS读数格式采用度-分-秒，例如102°36'51"；字迹清楚工整。④标本制作，以已经出版的《中国植物志》为依据，并标注鉴定标签，包含采集编号、双命名法（属名+种加词+命名人），鉴定人及鉴定日期。⑤按照采集信息表录入数据，将采集到的数据电子化（图116）。⑥图像采集规范，需要3～5张照片标注生境、植株、花、果及其他记录鉴定特征的图像，图像按照照片内容命名（如生境、植株、花、果），放在一个文件夹内，文件夹用采集号命名，图像像素300dpi，推荐图像大小不低于2048×1536。并对常见的问题一一进行了说明（图117～图119）。

（四）鉴别核桃地方品种遗传型和环境表型

我们加强对核桃主要生态区具有丰产、优质、抗逆等主要性状资源的收集保存，针对恶劣环境条件下的核桃地方品种，注重对工矿区、城乡结合部、旧城区等地濒危和可能灭绝地方品种资源的收集保存，以及核桃地方品种优良变异株系的收集保存，并建立国家主要落叶果树地方品种资源圃（图120、图121），用于集中收集、保存和评价特异核桃地方品种资源，以确保收集到的果树地方品种资源得到有效的保护。对于收集到资源圃的核桃地方品种进行初步观察和评估，鉴别"同名异物"和"同物异名"现象。着重对同一地方品种的不同类型（可能为同一遗传型的环境表型）进行观察，并用有关仪器进行鉴定分析。

图109 新疆巩留县野核桃分布（曹秋芬 供图）

图110 核桃品种果实拍照（李好先 供图）

图111 核桃品种果实调查（李好先 供图）

图112 核桃品种果实性状调查（李好先 供图）

图113 果树枝叶标本（李好先 供图）

图114 核桃坚果标本（李好先 供图）

图115 核桃青果标本（李好先 供图）

图116 果树标本制作电子化（李好先 供图）

图117 标本信息鉴定方法示例（李好先 供图）

图118 果树文件夹信息采集命名示例（李好先 供图）

图119 果树照片命名示例（李好先 供图）

图120 中国落叶果树农家品种资源圃（河南郑州）

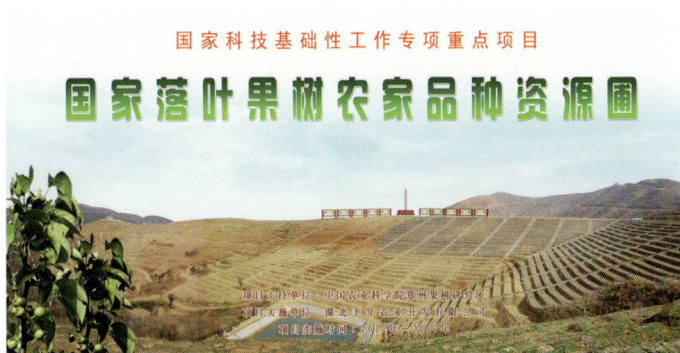

图121 中国落叶果树农家品种资源圃（湖北随州）（李好先 供图）

（五）按期召开年终项目总结会和中期检查

　　每年年底按期召集协作单位有关人员，进行阶段总结和任务安排，召开项目年终总结会，并向上级主管部门主管部门中国农业科学院科技管理局、农业部高教司和科技部基础研究司提交年终总结。各调查小组对地方品种资源调查工作进行总结、查漏补缺、进行补充调查，同时确定联合调查组需重点考察的区域，成立联合调查组，对第一阶段考察确立的有待重点考察的区域进行考察，进行数据和图像信息采集等工作，优异资源秋季入圃。对收集到的品种资源进行倍性鉴定和花粉学电镜观测（图122），对圃内保存的地方品种资源进行种质调查和初步评价。

　　我们在核桃地方品种的调查过程中发现，由于当地社会经济状况已经发生了翻天覆地的巨大变化，核桃地方品种的生存状况自然也会相应发生变化。实际上随着经济的发展，城镇化进程的加快；核桃木本果树产业向着良种化、商品化方向发展；核桃地方品种的生存空间和优势地位正加速丧失，导致核桃地方品种因为各种原因急速消失，濒临灭绝，许多核桃地方品种现在已经无法寻见。通过此项工作，一方面能够了解我国核桃地方果树生产现状，解决其生产的各种问题，另一方面也为收集和保存大量自然产生的核桃品种资源，丰富我国核桃种质资源库，为选育优良核桃品种提供更多优异原始材料。对我国优势产区核桃地方品种资源进行调查和收集，可以在有限的时间和资源配置下，快速有效地了解和收集到最多的核桃种质资源。

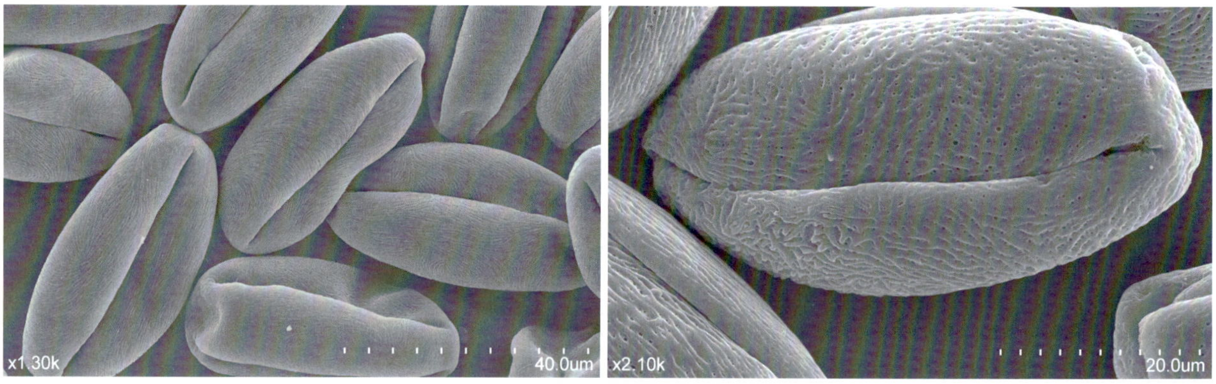

图122　果树地方品种花粉电镜照片

第四节
世界核桃市场前景和我国核桃产业发展现状

一 核桃市场前景

核桃因其丰富的营养成分，在国外被称为"高级干果"，主要用于生食或制作糕点糖果。近年来由于加工和储藏方面技术的提高，人们对核桃营养成分的重新认识，季节性消费已转为全年消费。世界的核桃种植分布在亚洲、欧洲、美洲、非洲和大洋洲等五大洲的53个国家和地区，其中亚洲18个、欧洲26个、美洲6个、非洲2个、大洋洲1个。随着农业科技的快速发展和各国相继出台的各种支持发展农业的政策，世界农产品的生产力持续增长，据统计，自1990年以来世界核桃的种植面积和产量呈快速上升的趋势。核桃总产量从1990年的89.05万t增加到2011年的342.34万t，年平均增长率为6.62%，尤其是2006年以后，年平均增长率达到13.81%。从1998年开始，特别值得注意的是2006年到2011年间核桃产量增加的速度要远超过收获面积增长的速度，这说明核桃的单产得到大幅度提高，也从侧门反映出良种推广面积和管理水平在稳步提高。国际核桃市场带壳核桃年交易量约17.13万t，美国核桃坚果出口约5.3万t，约占世界带壳核桃销售量的30%，每吨售价1800～2000美元。中国核桃坚果年平均出口量基本维持在1200～1500t（坚果），约占世界带壳核桃销售量的1.2%，是美国外销量的1/17。中国核桃市场售价每吨1267美元，美国每吨售价2130美元，两个核桃生产大国的市场份额和销售单价的差距产生的原因关键就在产品质量。

核桃是重要的坚果和木本粮油树种，位列世界四大干果（核桃、扁桃、腰果和榛子）之首。核桃又是优良的用材树种、生态先锋树种和生物质能源战略树种。核桃树体高大，枝叶繁茂，根群发达，用于城乡道路绿化具有防尘、净化空气和环保作用；在山丘、坡麓、梯田堰边等地栽植有涵养水源、保持水土的作用。核桃木材质地坚韧，纹理美观，耐冲击性强，适合制作或做高档家具、枪托和高档工艺品。核桃被医学界公认为抗衰老食品，并素有"长寿果"的美誉。传统医学认为核桃性温、味甘、无毒，有健胃、补血、润肺、养神等功效。核桃仁中富含蛋白质、脂肪、纤维素、维生素等营养要素（表6），含有最适宜人体健康的ω-3脂肪酸、褪黑激素、生育酚和抗氧化剂等，可有效减缓和预防心脏病、癌症、动脉疾病、糖尿病、高血压、肥胖症和临床抑郁症的发生。

20世纪90年代以来，美国等国科学家通过营养学和病理学研究认为，核桃对于心血管疾病、Ⅱ型糖尿病、癌症和神经系统疾病有一定的康复治疗和预防效果，美国加利福尼亚核桃委员会（The California Walnut Commission, CWC）将核桃称之为"21世纪的超级食品"。核桃仁中18种氨基酸种类齐全，且含量合理，接近联合国接近联合国粮农组织（FAO）和世界卫生组织（WHO）规定的标准。每100g核桃仁中含有谷氨酸3549mg、精氨酸2621mg、天冬氨酸1656mg、亮氨

表6 100g核桃仁中的营养成分

成分	含量（g）	成分	含量（g）
碳水化合物	6.10	维生素 E	41.17×10^{-3}
蛋白质	12.80	烟酸	1.00×10^{-3}
脂肪	29.90	尼克酸	1.00×10^{-3}
膳食纤维	4.30	磷	280.0×10^{-3}
胆固醇	0	钾	3.00×10^{-3}
维生素 B1	0.07×10^{-3}	钙	85.00×10^{-3}
维生素 B2	0.14×10^{-3}	铁	2.60×10^{-3}
维生素 C	10.0×10^{-3}		

酸1170mg、丝氨酸934mg、异亮氨酸328～625mg、赖氨酸234～425mg、蛋氨酸134～246mg、苯丙氨酸421～711mg、苏氨酸327～596mg、色氨酸136～170mg、缬氨酸499～753mg、组氨酸447～696mg。

二 我国核桃产业发展现状

世界上生产核桃的国家约53个，年产10万t以上的国家是中国、美国、伊朗、土耳其、墨西哥。2012年，据联合国粮农组织统计，我国核桃收获面积达425万hm²，核桃产量169.41万t，占世界总产量的59.88%，成为世界核桃种植面积和产量的第一大国。近年来，核桃树以其抗逆性强、早果速丰、管理容易、营养丰富以及可兼顾农民增加经济收入和国家改善生态环境双重效益等独特优势，成为我国经济林发展中一个新的热点，在农业产业结构调整、西部大开发、退耕还林和出口创汇中发挥着越来越重要的作用。目前我国核桃生产面临以下几个方面的发展现状。

1. 栽培历史悠久，生产大而不强

我国核桃资源丰富，根据1992年的不完全统计，种质资源已达380多种；栽培历史悠久，有文字记载的就有2000多年；种植范围广泛，我国大多数省（直辖市、自治区）均有栽培核桃的历史，并培育出许多优良品种和类型。我国虽是世界核桃生产大国，却并不是核桃生产强国。我国的核桃种植面积和产量均居世界第一，但是在单位面积产量、坚果品质和国际市场售价上与世界先进国家相比，仍有不小的差距，出口创汇远远落后于美国。核桃在推进农业结构调整、增加农民收入以及促进出口创汇等方面发挥着越来越重要的作用。近年来，随着经济社会发展和人民生活水平的提高，核桃坚果及其加工产品的消费呈迅速上升趋势。旺盛的国内外需求将为核桃产业发展提供广阔的市场空间，同时也将对产品结构、质量安全、品牌建设等方面提出更高的要求。全面分析、总结核桃产业的发展历史与现状，正确引导核桃生产与消费，这不仅关系着中国核桃产业的健康发展，而且对整个世界核桃供需平衡也有十分重要的意义。

2. 栽培面积平稳增加，管理较为粗放

近年来，我国核桃生产发展较快，种植和收获面积呈稳步增加趋势。在此期间，尤其是2006年以前，除少数省区和部分主产区注意加强管理外，我国大多数产区对核桃栽培的管理较为粗放，致使产品产量不稳、质量整体不强，缺乏市场竞争力，品牌优势更是无从谈起。核桃虽然属于多年生高大乔木，但是它不是一般的用材树，而是果树，核桃栽培不能用造林式的粗放种植方式，而应精栽细管。

3. 单产逐渐增加，潜力有待进一步挖掘

我国很多省份在核桃发展方面具有得天独厚的地理优势和自然条件，具有发展以核桃为代表的经济林的巨大潜力，1998年以来国家实施的"退耕还林"政策极大地提高了群众栽种核桃的积极性。近年来，随着经济的发展和消费者消费意识的改变，核桃价格逐年上升，引导农民越来越重视对核

图123 美国核桃机械化采收和烘干（Chuck Leslie 供图）

图124　房前老核桃树（王文战　供图）

桃的生产，对核桃种植的人力、资金、技术等的投入不断增加，从而使单产水平不断提高。2001—2010年，我国核桃单产水平由1442.0kg/hm²提高到3541.2kg/hm²，增长幅度为145.58％。单从增长的绝对数值来看，有了历史性的突破，但是与美国核桃盛产期5~6t/hm²的一般水平相比，差距非常之大，尚有巨大的单产挖掘潜力（图123）。

在栽培面积平衡增加和单产水平逐渐提高的共同影响下，中国核桃总产量逐年平稳增加，呈现出明显的增速发展态势，尤其是2006年以来的增长速度进一步加大。2006—2013年是中国核桃总产量快速增长时期，这一阶段虽然时间不长，仅用了7年时间，总产量由436852t猛增至1649100t，增幅高达277.49％。目前，中国核桃产量已居世界第一位，核桃产业发展呈现出蒸蒸日上的大好局面。

我国核桃发展主要经历以下几个发展过程：

（1）新中国成立前，由于传统农业种植习惯的影响，核桃的发展未受到应有的重视，多以群众自发的种植为主，房前屋后栽培为主要种植方式（图124）。

图125　甘肃陇南核桃标准栽培园（曹秋芬　供图）

（2）新中国成立后，生产力得到极大的发展，特别是农垦建设兵团的成立和集体化生产经营模式的确立，为核桃的规模化发展创造了良好的条件，一批规模化核桃园出现在祖国的大江南北，核桃发展进入快车道。如20世纪六七十年代农垦系统在甘肃灵台珍珠山集中栽植6670hm²核桃林，成为亚洲最大的核桃林带。经多年持续不断的努力，目前陕南及陇南成为我国主要核桃生产基地之一（图125）。

（3）在20世纪末到本世纪初，以修复生态为主要目的退耕还林项目的实施，为我国核桃的快速发展增添了活力。由于核桃营养丰富，经济价值高，特别是早实核桃具有进入结果期早、收益快的特点，各地将核桃作为退耕还林的首选树种加以发展，促进核桃种植面积的快速扩张，截至2015年，我国核桃种植面积已达2000hm²，年产量超过100万t（图126）。

图126 甘肃陇南核桃之乡（曹秋芬 供图）

第五节
核桃地方品种资源遗传多样性分析

我国核桃种质资源丰富，分布广泛。其中地方品种对自生境有着较强的适应性，含有更多优良基因。加强对地方品种种质资源的收集和保护，既是对优良基因的一种保护，又是种质资源创新的前提。通常地方品种分布较散，往往不被研究者重视，国内尚未有专门单位对地方品种进行收集。一方面，优良的地方品种资源往往分布在山地、丘陵区，为收集者制造了障碍和困难。另一方面，对收集来的地方品种进行斟酌鉴定和分类保存不仅需要专门资源圃，也需要耗费大量的人力、物力成本。为此我们在收集分布全国各地的地方品种资源的基础上，对地方品种资源进行分子标记遗传多样性分析，为地方品种资源的保存、鉴定和利用提供工作基础。

分子标记技术是在形态标记、细胞标记和生化标记后出现的一种新技术手段，以DNA多态性为基础，与上述其他标记手段相比，它具有很好的优越性。①直接以DNA的形式表现，不受季节和环境的影响，在生物体的各个组织和发育阶段都可以检测到；②数量极其丰富，遍布于整个基因组；③多态性高，自然界中存在大量的变异；④表现为中性，不会影响到目标性状的表达；⑤有些标记表现为共显性，能区分出纯合体与杂合体。在果树的育种工作中，分子标记可用于研究果树种质资源的亲缘关系鉴定、遗传多样性分析和分子标记辅助育种等。目前常用的分子标记有RFLP、RAPD、AFLP、SSR等。其中，SSR标记①数量丰富，覆盖整个基因组，信息含量高；②具有多等位基因的特性，多态性高；③共显性表达，呈现孟德尔遗传；④试验所需要的DNA量较少；⑤位点的重现性和特异性好等特点；⑥成本低廉，稳定性好，可用于大量群体分类。已广泛应用于植物遗传研究和育种实践中。

我们采用已发表的NCBI公共数据库中核桃的SSR（Simple sequence repeat，简单重复序列）分子标记，对包含主要地方品种在内的96份核桃资源（表7）进行遗传多样性分析。采用的SSR标记信息见表8。

所用的96个核桃材料的叶片大部分为收集来的地方品种，另外也包括部分优良品种（系）及国外品种。所有材料均采自中国农业科学院郑州果树研究所农家品种资源圃。

DNA提取采用改良CTAB法提取叶片基因组DNA。利用0.8%琼脂糖凝胶以及Eppendorf公司生产的Bio-Photometer核酸检测仪检测DNA的质量、浓度与纯度，并将DNA样品浓度稀释至50ng/μL备用。

根据已发表的NCBI公共数据库中核桃的SSR引物，在96份核桃资源材料中进行扩增。所用反应体系为20μL的PCR反应体系，含2μL 10×PCR buffer，2.5mmol/L的MgCl$_2$，1.6μL，2.5mmol/L的4×dNTP 1.2μL，4μmol/L的引物(每条) 0.8μL，5U/μL的Taq DNA聚合酶0.1μL，30ng/μL的DNA 2μL。PCR反应程序为94℃预变性4min，94℃变性40s，45～60℃复性40s，72℃延伸1min，共35个循环；最后在72℃条件下延伸10min，结束后保存在4℃条件下。PCR扩增产物用6%非变性聚丙烯酰胺凝胶在DYY-Ⅱ型垂直板电泳仪及DYC-30型电泳槽中检测。吸取PCR产物3μL和2μL的上样缓冲液，充分混匀后，用微量加样器吸取加样，上样完毕后在20mA电流条件下电泳40min。电泳结束后进行银染。

根据各分子标记在相同电泳迁移率（相同分子量片段）的有无统计得到所有位点的二元数据，有DNA扩增带记为1，无带记为0。利用PowerMarker软件计算遗传距离，在此基础上采用类平均法

表7 核桃农家品种资源汇总

品种编号	品种（系）名称	品种编号	品种名称	品种编号	品种名称
H1	陇南 L	H33	宋房西 -2	H65	巴格湾 6 号
H2	中短 2 号	H34	朗县酥油核桃	H66	北辛庄核桃 2 号
H3	中短 5 号	H35	扎 343	H67	巴格湾 2 号
H4	中短 12 号	H36	柱形核桃	H68	中核 5 号
H5	宋南 2 东 5	H37	哈特利	H69	康选 3 号
H6	巴格湾核桃	H38	周口店 3 号	H70	永州付东沟核桃
H7	中短 21 号	H39	周口店 1 号	H71	中短 18 号
H8	中短 22 号	H40	北辛庄核桃 1 号	H72	契可
H9	中短 25 号	H41	北辛庄核桃 3 号	H73	陇南 K
H10	中短 26 号	H42	中短 16 号	H74	康选 36 号
H11	中短 27 号	H43	黑水县核桃	H75	陇南 X
H12	中短 28 号	H44	中核 4 号	H76	台村 1 号
H13	中短 29 号	H45	寿长核桃 1 号	H77	嘎玛核桃
H14	中短 30 号	H46	高岭 3 号	H78	郭庄核桃 1 号
H15	中短 34 号	H47	陇南 X-10 核桃	H79	贵堂核桃
H16	中短 35 号	H48	银河村核桃 1 号	H80	中核 2 号
H17	宋南 3 东 4	H49	中核 6 号	H81	西藏核桃 2 号
H18	高岭 4 号	H50	瓜草地 4 号	H82	新新 2 号
H19	宋西 1 北 1	H51	郑 0	H83	十三陵 1 号
H20	郑大果	H52	万德 1 号	H84	新新 2 号
H21	济西 11 号	H53	龙王庙核桃	H85	中核 3 号
H22	响水湖怀柔 5 号	H54	安家滩 1 号	H86	温 185
H23	鸡爪绵核桃 2 号	H55	秦优 2 号	H87	中核 2 号
H24	安家滩 5 号	H56	客龙早	H88	高岭 4 号
H25	极早丰	H57	彼特罗	H89	爱米格
H26	安家滩 4 号	H58	南地 12-2	H90	宋南 3 东 4
H27	新巨丰	H59	北辛庄核桃	H91	宋南 2 东 9
H28	抗晚霜核桃	H60	闫村 4 号	H92	宋南 1 栋 9
H29	王河核桃 2 号	H61	北辛庄核桃 2 号	H93	宋南 5 东 6
H30	汾阳绵核桃 10 号	H62	巴格湾 7 号	H94	中核 1 号
H31	土莱尔	H63	慈母川 4 号	H95	棚内 8 号
H32	西扶 1 号	H64	银河村核桃 2 号	H96	济西 15 号

表8 SSR标记引物信息

引物名称	序列（5'to 3'）	引物名称	序列（5'to 3'）
Walnut01	F: CATCAAAGCAAGCAATGGG	Walnut14	F: AATGCATGACATGGTGGTCA
	R: CCATTGGTCTGTGATTGGG		R: GTATGAAACAATCATTTTCACTCA
Walnut02	F: CCCATCTACCGTTGCACTTT	Walnut15	F: AGCTTCCCCCATTCTCCTAA
	R: GCTGGTGGTTCTATCATGGG		R: GGACCTCCACAACCAAAAGA
Walnut03	F: AGTTTGTCCCACACCTCCT	Walnut16	F: CAAGACCACAGCACAGCATAA
	R: ACCCATGGTGAGAGTGAGC		R: GGGAGTGCTGGAATCGAATA
Walnut04	F: ATTGGAAGGGAAGGGAAATG	Walnut17	F: CAGTACCCTTGGTTGAAGGA
	R: CGCGCACATACGTAAATCAC		R: GTGCATTAGTGCCCAAACCT
Walnut05	F: AACCTCACGCCTTGATG	Walnut18	F: CATGCATGCAGGCTTTAAAAT
	R: TGCTCAGGCTCCACTTCC		R: CGCATCCGGAGTAGTTCTTT
Walnut06	F: TTAGATTGCAAACCCACCCG	Walnut19	F: CGACGATTCGGTGAAGAAAT
	R: AGATGCACAGACCAACCCTC		R: GAAAACCCAGTTTCTGTCGG
Walnut07	F: ACCCGAGAGATTTCTGGGAT	Walnut20	F: CTCACCCTTGTAGAGCGAGG
	R: GGACCCAGCTCCTCTTCTCT		R: GCAAACTCAGTGCTAAAATCAA
Walnut08	F: ACCCATCTTTCACGTGTGTG	Walnut21	F: AGACCTCAAAAGACGAAAAC
	R: TGCCTAATTAGCAATTTCCA		R: TGTGGCTGTCCATAAAGTCTTG
Walnut09	F: TGTGCTCTGATCTGCCTCC	Walnut22	F: GTTTCTACACCAGCAGCACG
	R: GGGTGGGTGAAAAGTAGCAA		R: CTTCATCCGGATATTGTGGC
Walnut10	F: CTCACTTTCTCGGCTCTTCC	Walnut23	F: TGGCTATTGCAAAATCAGGTC
	R: GGTCTTATGTGGGCAGTCGT		R: CAAAAGCATGTAGGTCGGGT
Walnut11	F: TCCAATCGAAACTCCAAAGG	Walnut24	F: TTCATTACGTGGGGAAAAGC
	R: TGTCCAAAGACGATGATGGA		R: TCTTGGCTCCCATTATCTGC
Walnut12	F: TGTTGCATTGACCCACTTGT	Walnut25	F: TTCCATGGCTCTCTACCACA
	R: TAAGCCAACATGGTATGCCA		R: ATGGAGCTGGTTCCTGACAC
Walnut13	F: CTCGGTAAGCCACACCAATT		
	R: ACGGGCAGTGTATGCATGTA		

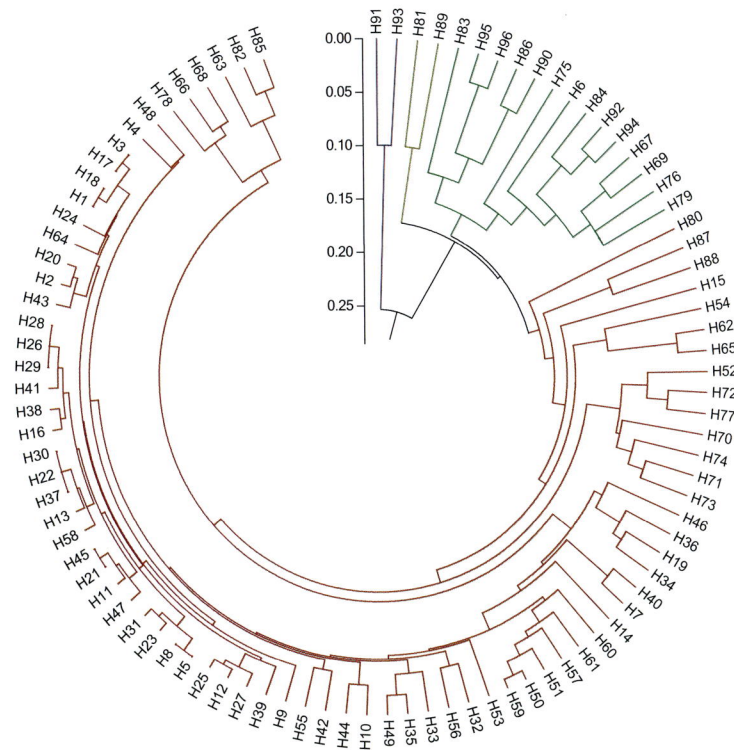

图127 主要核桃农家品种资源遗传多样性分析（骆翔 供图）
蓝色线表示亚群1（Q1）；黄色线表示亚群2（Q2）；绿色线表示亚群3（Q3）；红色线表示亚群4（Q4）

（UPGMA）进行聚类分析。

遗传多样性分析表明（图127），所用标记基本可以有效地将96份核桃资源中的大部分材料区分开。基于所用标记，该群体中成对材料间平均遗传距离为0.20，成对材料间遗传距离最小为0.03，成对材料间遗传距离最大为0.26。表明该群体中存在着一些遗传变异广泛的材料。遗传距离较远的材料可以用来进行杂交，创建杂交群体，从而选择优良单株。

在遗传距离为0.26时，群体间的材料开始进行分化。在遗传距离为0.15时，该群体被分为了四个亚群（Q1，Q2，Q3和Q4）。其中，Q1包含2个材料，Q2包含2个材料，Q3包含14个材料，Q4包含78个材料。Q1和Q2之间的遗传距离较近为0.147，Q3和Q4间的遗传距离较近为0.176。表明Q1和Q2之间的分化要晚于其与Q3或Q4的分化时间。

进一步分析表明H81（西藏核桃2号）和H89（爱米格）同时被聚到了Q2中。西藏核桃为在西藏地区收集到的地方品种，而'爱米格'为美国主栽品种，两者间的亲缘关系与其地理分布来源不一致。H31（'土莱尔'）、H37（'哈特利'）、H57（'彼特罗'）和H72（'契可'）等四个国外材料与大部分地方品种均

被分到了Q4中，也存在着与地理来源不一致情况。这些结果一方面说明，国外材料和中国地方品种间存在着基因交流。考虑到地理隔离的情况，这些基因间的交流多半发生在各国相互引种交流的过程中。另一方面也表明中国地方品种资源含有大量的特异性遗传信息。从起源角度分析，中国很有可能也是核桃起源地之一，前文介绍的新疆巩留县野核桃林就是最好的证据说明。由中国起源的材料通过传教士被引向世界各国，进而分化形成现在的国外栽培种。另外，Q4中的H1和H18，H3和H17，H5和H8，H21和H45，H22、H30和H37，H26、H28和H29之间的遗传距离均小于0.05，所以区分度不是特别明显。一方面，这些材料间的遗传关系较近。另一方面，有可能是我们采用的标记数目较少，导致了分辨精度较低。下一步工作就是对那些亲缘关系较近的材料进行进一步的表型和基因分型评估，剔除相同品种，保留有效种质。由于并未有核桃地方品种资源遗传多样性研究报道，本研究首次采用分子标记技术对核桃地方品种资源进行了遗传多样性分析，该研究表明核桃地方品种资源有较高的利用价值，有可能成为核桃新品种选育及遗传研究的可利用资源。

各论

黄家峪村笨核桃

Juglans regia L.'Huangjiayucunbenhetao'

- 调查编号：YINYLFLJ063

- 所属树种：核桃 *Juglans regia* L.

- 提 供 人：程伯奋
  电　　话：13562833880
  住　　址：山东省泰安市宁阳县葛石镇黑石村黄家峪

- 调 查 人：尹燕雷
  电　　话：0538－8246350
  单　　位：山东省果树研究所

- 调查地点：山东省泰安市宁阳县葛石镇黑石村黄家峪

- 地理数据：GPS数据（海拔：163.4m，经度：E116°54'59.7"，纬度：N35°47'45.7"）

- 样本类型：叶片

生境信息

来源于当地，最大树龄60～70年。小生境类型为田间。受耕作影响，地处坡地。周围土地利用多为耕地。土壤类型为砂土。

植物学信息

1. 植株情况

树势强；树姿开张；树形为开心形；树高18.9m，冠幅东西20.2m、南北10.5m，干高1.4m，干周114cm，干径36cm；主干灰色；树皮块状裂；枝条密。

2. 植物学特征

1年生枝绿色，长度较长，节间平均长9.6cm；粗度较粗，平均粗0.9cm；嫩梢上茸毛较多，白色，皮目大，数量中等且平，椭圆形；多年生枝灰褐色。复叶长32～48cm，复叶柄长9.2cm，小叶数5～9片，小叶长5.4～5.76cm，小叶宽3.2～5.6cm，小叶厚0.23mm。小叶卵圆形，绿色。叶尖渐尖，叶缘全缘；嫩叶颜色发红。雄花序平均长4.5～14.3cm，雄花芽多，雄花数多，柱头淡黄色。

3. 果实性状

果实椭圆形，果皮绿色，果点白色，果面无茸毛，青皮较厚，脱青皮较易。坚果椭圆形；坚果纵径4.5cm，横径4.2cm，侧径4cm，坚果重16.2g；壳面较麻；壳皮颜色中等；缝合线凸、紧密；壳厚度3mm（以两颊中心处的壳厚为准）；内褶壁革质；横隔壁革质；取1/4仁，平均核仁重9.02g，出仁率50.6%；核仁较充实；核仁饱满；核仁黄褐色。

4. 生物学习性

萌芽力强；发枝力强；新梢一年平均长57.6cm；生长势强；早实（播种后2～4年结果），开始结果年龄3～4年，盛果期年龄5～15年；长果枝87.5%；单枝坐果数以单、双果为主，坐果部位为树的上部；坐果力中等；生理落果少；采前落果少；产量中等；单株平均产量（盛果期）97.5kg（湿核桃）；萌芽期4月上旬，雄花盛开期4月上旬，雌花盛开期4月上旬，雄花序凋落期4月中旬，果实采收期9月中下旬，落叶期11月下旬。

品种评价

该品种主要用来食用，利用部位是种子（果实）。

植株

叶片

果实

雄花

下营村老核桃

Juglans regia L.'Xiayingcunlaohetao'

调查编号：YINYLFLJ064

所属树种：核桃 *Juglans regia* L.

提 供 人：董孟迎
电　　话：15069020365
住　　址：山东省济南市长清区万德镇下营村

调 查 人：尹燕雷、冯立娟、杨雪梅
电　　话：0538－8334070
单　　位：山东省果树研究所

调查地点：山东省济南市长清区万德镇下营村

地理数据：GPS数据（海拔：190.7m，经度：E116°53'41"，纬度：N36°17'31"）

样本类型：叶片

生境信息

来源于当地，最大树龄68年。小生境类型为田间。受耕作影响，地处坡地。周围土地利用多为耕地。土壤类型为砂土。

植物学信息

1. 植株情况

树势强；树姿开张；树形开心形；树高19.6m，冠幅东西22.5m、南北16.5m，干高1.5m，干周125cm，干径41cm；主干灰色；树皮块状裂；枝条较密。

2. 植物学特征

1年生枝绿色，长度较长，节间平均长9.8cm；粗度较粗，平均粗1.1cm；嫩梢上茸毛较多，白色，皮目大，数量中等，椭圆形；多年生枝灰褐色。复叶长35～49cm，复叶柄长9.5cm，小叶数5～9片，小叶长5.7～15.4cm，小叶宽2.9～5.7cm，小叶厚0.25mm，小叶卵圆形，浓绿色，叶尖渐尖，叶缘全缘。雄花序平均长4.2～14.8cm，雄花芽多，雄花数多，柱头淡黄色。

3. 果实性状

果实椭圆形，果皮绿色，果点白色，果面无茸毛，青皮较厚，脱青皮较易。坚果椭圆形；坚果纵径4.2cm，横径4.1cm，侧径4.1cm，坚果重14.5g；壳面较麻；壳皮颜色中等；缝合线凸、紧密；壳厚度2.9mm（以两颊中心处的壳厚为准）；内褶壁革质；横隔壁革质；取碎仁，平均核仁重7.52g，出仁率48.6%；核仁较充实；核仁饱满；核仁黄褐色；核仁风味略涩。

4. 生物学习性

萌芽力强；发枝力强；新梢一年平均长59.2cm；生长势强；早实（播种后2～4年结果），开始结果年龄3～4年，盛果期年龄5～15年；长果枝89.5%，单枝坐果数以单、双果为主，坐果部位为树的上部；坐果力中等；生理落果少；采前落果少；产量中等；单株平均产量（盛果期）105kg（湿核桃）；萌芽期4月上旬，雄花盛开期4月上旬，雌花盛开期4月上旬，雄花序凋落期4月中旬，果实采收期9月中下旬，落叶期11月下旬。

品种评价

该品种具有抗病、广适性等主要优点。该品种主要用来食用，利用部位是种子（果实）。

植株

叶片

枝条

果实

河口村老核桃

Juglans regia L.'Hekoucunlaohetao'

🔘 调查编号： YINYLFLJ065

🗂 所属树种： 核桃 *Juglans regia* L.

📄 提 供 人： 孙强
电　　话： 13406201032
住　　址： 山东省肥城市老城镇河口村

📋 调 查 人： 尹燕雷、冯立娟
电　　话： 0538－8334070
单　　位： 山东省果树研究所

📍 调查地点： 山东省肥城市老城镇河口村

🌐 地理数据： GPS数据（海拔：185.3m，
经度：E116°49'31.2"，纬度：N36°16'15.5"）

🖼 样本类型： 叶片

📋 生境信息

来源于当地，最大树龄68年。小生境类型为田间。受耕作影响，地处坡地。周围土地利用多为耕地。土壤类型为砂土。

📋 植物学信息

1. 植株情况

树势强；树姿开张；树形开心形；树高18.7m，冠幅东西19.8m、南北14.6m，干高1.2m，干周116cm，干径42cm；主干灰色；树皮块状裂；枝条较密。

2. 植物学特征

1年生枝绿色，长度较长，节间平均长9.7cm；粗度较粗，平均粗0.8cm；嫩梢上茸毛较多，白色，皮目大，数量中等，平，椭圆形；多年生枝灰褐色。复叶长34～47cm，复叶柄长9.6cm，小叶数5～9片，小叶长5.6～15.2cm，小叶宽2.8～5.4cm，小叶厚0.2mm，小叶卵圆形，浓绿色，叶尖渐尖，叶缘全缘；雄花序平均长5～15cm，雄花芽多，雄花数多，柱头淡黄色。

3. 果实性状

果实椭圆形，果皮绿色，果点白色，果面无茸毛，青皮较厚，脱青皮较易。坚果椭圆形；坚果纵径4.3cm，横径4.0cm，侧径4.2cm，坚果重15.4g；壳面较麻；壳皮颜色中等；缝合线凸、紧密；壳厚度3.0mm（以两颊中心处的壳厚为准）；内褶壁革质；横隔壁革质；取碎仁，平均核仁重7.67g，出仁率49.5%；核仁较充实；核仁较饱满；核仁黄褐色；核仁风味略涩。

4. 生物学习性

萌芽力强；发枝力强；新梢一年平均长58.7cm；生长势强；早实（播种后2～4年结果），开始结果年龄3～4年，盛果期年龄5～15年；长果枝86.9%，单枝坐果数以单、双果为主，坐果部位为树的上部；坐果力中等；生理落果少；采前落果少；产量中等；单株平均产量（盛果期）100kg（湿核桃）；萌芽期4月上旬，雄花盛开期4月上旬，雌花盛开期4月上旬，雄花序凋落期4月中旬，果实采收期9月中下旬，落叶期11月下旬。

📋 品种评价

该品种具有抗病、广适性等主要优点。该品种主要用来食用，利用部位是种子（果实）。

植株

芽

雄花

果实

鸡爪绵核桃 1号

Juglans regia L.'Jizhuamianhetao 1'

- 调查编号： YINYLFLJ066

- 所属树种： 核桃 *Juglans regia* L.

- 提 供 人： 陈乃军
  电　　话： 15264150772
  住　　址： 山东省济南市历城区仲宫镇高而办事处核桃园村

- 调 查 人： 尹燕雷、冯立娟
  电　　话： 0538－8334070
  单　　位： 山东省果树研究所

- 调查地点： 山东省济南市历城区仲宫镇高而办事处核桃园村

- 地理数据： GPS数据（海拔：296.6m，经度：E117°01'41.8"，纬度：N36°23'56"）

- 样本类型： 叶片

生境信息

来源于当地，最大树龄68年。小生境类型为田间。受耕作影响，地处坡地。周围土地利用多为耕地。土壤类型为砂土。

植物学信息

1. 植株情况

树势强；树姿开张；树形开心形；冠幅东西19.8m、南北17.6m，干高2m，干周155cm，干径42cm；主干灰色；树皮块状裂；枝条密。

2. 植物学特征

1年生枝绿色，长度较长，节间平均长9.5cm；粗度较粗，平均粗1.2cm；嫩梢上茸毛较多，白色，皮目大，数量中等，平，椭圆形。多年生枝灰褐色。复叶长35～48cm，复叶柄长9.7cm，小叶数5～9片，小叶长5.5～15.6cm，小叶宽2.9～5.8cm，小叶厚0.27mm。小叶卵圆形，浓绿色，叶尖渐尖，叶缘全缘；雄花序平均长度4.1～14.5cm，雄花芽多，雄花数多，柱头淡黄色。

3. 果实性状

果实椭圆形，果皮绿色，果点白色，果面无茸毛，青皮较厚，脱青皮较易。坚果椭圆形；坚果纵径3.8cm，横径3.7cm，侧径3.7cm，坚果重13.7g；壳面较麻；壳皮颜色中等；缝合线凸、紧密；壳厚度2.5mm（以两颊中心处的壳厚为准）；内褶壁革质；横隔壁革质；取1/2仁，平均核仁重7.63g，出仁率49.6%；核仁较充实；核仁饱满；核仁黄褐色；核仁风味略涩。

4. 生物学习性

萌芽力强；发枝力强；新梢一年平均长58.9cm；生长势强；早实（播种后2～4年结果），开始结果年龄3～4年，盛果期年龄5～15年；长果枝88.7%，单枝坐果数以单、双果为主，坐果部位为树的上部；坐果力中等；生理落果少；采前落果少；产量中等；单株平均产量（盛果期）102.5kg（湿核桃）；萌芽期4月上旬，雄花盛开期4月上旬，雌花盛开期4月上旬，雄花序凋落期4月中旬，果实采收期9月中下旬，落叶期11月下旬。

品种评价

该品种具有抗病、广适性等主要优点。该品种主要用来食用，利用部位是种子（果实）。

植株

枝条

叶片

雌花

果实

鸡爪绵核桃 2号

Juglans regia L. 'Jizhuamianhetao 2'

- **调查编号：** YINYLFLJ067

- **所属树种：** 核桃 *Juglans regia* L.

- **提供人：** 陈乃军
  电　话：15264150772
  住　址：山东省济南市历城区仲宫镇高而办事处核桃园村

- **调查人：** 尹燕雷、杨雪梅
  电　话：0538－8334070
  单　位：山东省果树研究所

- **调查地点：** 山东省济南市历城区仲宫镇高而办事处核桃园村

- **地理数据：** GPS数据（海拔：249.5m，经度：E117°01'40.6"，纬度：N36°23'53.5"）

- **样本类型：** 叶片

生境信息

来源于当地，最大树龄68年。小生境类型为田间。受耕作影响，地处坡地。周围土地利用多为耕地。土壤类型为砂土。

植物学信息

1. 植株情况

树势强；树姿开张；树形开心形；冠幅东西22.7m、南北21.8m，干高2m，干周210cm，干径56cm；主干灰色；树皮块状裂；枝条较密。

2. 植物学特征

1年生枝绿色，长度较长，节间平均长8.9cm；粗度较粗，平均粗1.0cm；嫩梢上茸毛较多，白色，皮目大，数量中等，平，椭圆形。多年生枝灰褐色。复叶长38～46cm，复叶柄长9.3cm，小叶数5～9片，小叶长5.7～15.2cm，小叶宽2.9～5.8cm，小叶厚0.26mm。小叶卵圆形，浓绿色，叶尖渐尖，叶缘全缘；雄花序平均长度4.6～14.9cm，雄花芽多，雄花数多，柱头淡黄色。

3. 果实性状

果实椭圆形，果皮绿色，果点白色，果面无茸毛，青皮较厚，脱青皮较易。坚果椭圆形；坚果纵径3.8cm，横径3.5cm，侧径3.6cm，坚果重13.7g；壳面较麻；壳皮颜色中等；缝合线凸、紧密；壳厚度2.3mm（以两颗中心处的壳厚为准）；内褶壁革质；横隔壁革质；取1/2仁，平均核仁重7.55g，出仁率55.6%；核仁较充实；核仁饱满；核仁黄褐色；核仁风味略涩。

4. 生物学习性

萌芽力强；发枝力强；新梢一年平均长59.5cm；生长势强；早实（播种后2～4年结果），开始结果年龄3～4年，盛果期年龄5～15年；长果枝84.5%，单枝坐果数以单、双果为主，坐果部位为树的上部；坐果力中等；生理落果少；采前落果少；产量中等；单株平均产量（盛果期）102kg（湿核桃）；萌芽期4月上旬，雄花盛开期4月上旬，雌花盛开期4月上旬，雄花序凋落期4月中旬，果实采收期9月中下旬，落叶期11月下旬。

品种评价

该品种具有抗病、广适性等主要优点。该品种主要用来食用，利用部位是种子（果实）。

植株

芽

叶片

果实

鸡爪绵核桃 3号

Juglans regia L. 'Jizhuamianhetao 3'

调查编号：YINYLFLJ068

所属树种：核桃 *Juglans regia* L.

提 供 人：陈乃军
电　　话：15264150772
住　　址：山东省济南市历城区仲宫
　　　　　镇高而办事处核桃园村

调 查 人：尹燕雷、冯立娟
电　　话：0538 - 8334070
单　　位：山东省果树研究所

调查地点：山东省济南市历城区仲宫
　　　　　镇高而办事处核桃园村

地理数据：GPS数据（海拔：339.0m，
　　　　　经度：E117°0233.5"，纬度：N36°2241.2"）

样本类型：叶片

生境信息

来源于当地，最大树龄100年。小生境类型为田间。受耕作影响，地处坡地。周围土地利用多为耕地。土壤类型为砂土。

植物学信息

1. 植株情况

树势强；树姿开张；树形开心形；树高24.6m，冠幅东西25.5m、南北20.6m，干高2.2m，干周215cm，干径56cm；主干灰色；树皮块状裂；枝条较密。

2. 植物学特征

1年生枝绿色，长度较长，节间平均长9.4cm；粗度较粗，平均粗0.7cm；嫩梢上茸毛较多，白色，皮目大，数量中等，平，椭圆形。多年生枝灰褐色。复叶长35～45cm，复叶柄长8.9cm，小叶数5～9片，小叶长5.2～15.9cm，小叶宽3.1～5.8cm，小叶厚0.22mm。小叶卵圆形，浓绿色，叶尖渐尖，叶缘全缘；雄花序平均长4.3～14.7cm，雄花芽多，雄花数多，柱头淡黄色。

3. 果实性状

果实椭圆形，果皮绿色，果点白色，果面无茸毛，青皮较厚，脱青皮较易。坚果椭圆形；坚果纵径3.9cm，横径3.3cm，侧径3.8cm，坚果重13.45g；壳面较麻；壳皮颜色中等；缝合线凸、紧密；壳厚度2.45mm（以两颗中心处的壳厚为准）；内褶壁革质；横隔壁革质；取1/2仁，平均核仁重7.33g，出仁率51.6%；核仁较充实；核仁饱满；核仁黄褐色；核仁风味略涩。

4. 生物学习性

萌芽力强；发枝力强；新梢一年平均长52.8cm；生长势强；早实（播种后2～4年结果），开始结果年龄3～4年，盛果期年龄5～15年；长果枝81.7%，单枝坐果数以单、双果为主，坐果部位为树的上部；坐果力中等；生理落果少；采前落果少；产量中等；单株平均产量（盛果期）101.5kg（湿核桃）；萌芽期4月上旬，雄花盛开期4月上旬，雌花盛开期4月上旬，雄花序凋落期4月中旬，果实采收期9月中下旬，落叶期11月下旬。

品种评价

该品种具有抗病、广适性等主要优点。该品种主要用来食用，利用部位是种子（果实）。

植株

果实

芽

叶片

鸡爪绵核桃 4号

Juglans regia L.'Jizhuamianhetao 4'

- 调查编号：YINYLFLJ069
- 所属树种：核桃 *Juglans regia* L.
- 提供人：陈乃军
  电　话：15264150772
  住　址：山东省济南市历城区仲宫镇高而办事处核桃园村
- 调查人：尹燕雷、杨雪梅
  电　话：0538－8246350
  单　位：山东省果树研究所
- 调查地点：山东省济南市历城区仲宫镇高而办事处核桃园村
- 地理数据：GPS数据（海拔：336.4m，经度：E117°02′30.3″，纬度：N36°22′40.3′″）
- 样本类型：叶片

生境信息

来源于当地，最大树龄100年。小生境类型为田间。受耕作影响，地处坡地。周围土地利用多为耕地。土壤类型为砂土。

植物学信息

1. 植株情况

树势强；树姿开张；树形开心形；树高24.8m，冠幅东西25.6m、南北23.8m，干高2.1m，干周206cm，干径54cm；主干灰色；树皮块状裂；枝条密。

2. 植物学特征

1年生枝绿色，长度较长，节间平均长9.1cm；粗度较粗，平均粗0.9cm；嫩梢上茸毛较多，白色，皮目大，数量中等，平，椭圆形。多年生枝灰褐色。复叶长31～46cm，复叶柄长9.8cm，小叶数5～9片，小叶长5.3～15.5cm，小叶宽2.9～5.8cm，小叶厚0.19mm。小叶卵圆形，浓绿色，叶尖渐尖，叶缘全缘；雄花序平均长4.3～14.8cm，雄花芽多，雄花数多，柱头淡黄色。

3. 果实性状

果实椭圆形，果皮绿色，果点白色，果面无茸毛，青皮较厚，脱青皮较易。坚果椭圆形；坚果纵径3.9cm，横径3.6cm，侧径3.7cm，坚果重13.68g；壳面较麻；壳皮颜色中等；缝合线凸、紧密；壳厚度2.48mm（以两颊中心处的壳厚为准）；内褶壁革质；横隔壁革质；取1/2仁，平均核仁重7.53g，出仁率49.6%；核仁较充实；核仁较饱满；核仁黄褐色；核仁风味略涩。

4. 生物学习性

萌芽力强；发枝力强；新梢一年平均长59.7cm；生长势强；早实（播种后2～4年结果），开始结果年龄3～4年，盛果期年龄5～15年；长果枝88.2%，单枝坐果数以单、双果为主，坐果部位为树的上部；坐果力中等；生理落果少；采前落果少；产量中等；单株平均产量（盛果期）105kg（湿核桃）；萌芽期4月上旬，雄花盛开期4月上旬，雌花盛开期4月上旬，雄花序凋落期4月中旬，果实采收期9月中下旬，落叶期11月下旬。

品种评价

该品种具有抗病、广适性等主要优点。该品种主要用来食用，利用部位是种子（果实）。

植株

核仁

果实

万德核桃 1 号

Juglans regia L.'Wandehetao 1'

调查编号： YINYLFLJ070

所属树种： 核桃 *Juglans regia* L.

提 供 人： 董孟迎
电　话： 15069020365
住　　址： 山东省济南市长清区万德
　　　　　镇下营村

调 查 人： 尹燕雷、冯立娟
电　话： 0538－8334070
单　　位： 山东省果树研究所

调查地点： 山东省济南市长清区万德
　　　　　镇下营村

地理数据： GPS数据（海拔：191.4m，
经度：E116°54'14.8"，纬度：N36°17'6.8"）

样本类型： 叶片

生境信息

来源于当地，最大树龄20年。小生境类型为田间。受耕作影响，地处坡地。周围土地利用多为耕地。土壤类型为砂土。

植物学信息

1. 植株情况

树势强；树姿开张；树形开心形；树高17.1m，冠幅东西24.8m、南北24.1m，干高1.9m，干周202cm，干径52cm；主干灰色；树皮块状裂；枝条较密。

2. 植物学特征

1年生枝绿色，长度较长，节间平均长10.1cm；粗度较粗，平均粗1.12cm；嫩梢上茸毛多，白色，皮目大，数量中等，平，椭圆形；多年生枝灰褐色。复叶长39～47cm，复叶柄长9.9cm，小叶数5～9片，小叶长5.4～15.8cm，小叶宽2.9～5.8cm，小叶厚0.21mm；小叶卵圆形，浓绿色；叶尖渐尖，叶缘全缘；雄花序平均长度4.9～14.7cm，雄花芽多，雄花数多，柱头淡黄色。

3. 果实性状

果实椭圆形，果皮绿色，果点白色，果面无茸毛，青皮较厚，脱青皮较易。坚果圆筒形，纵径4.18cm，横径4.05cm，侧径4.18cm，坚果重25.92g；壳面较麻；壳皮颜色中等；缝合线凸；壳厚度2.78mm（以两颗中心处的壳厚为准）；内褶壁革质；横隔壁革质；取碎仁，平均核仁重10.19g，出仁率39.1%；核仁较充实；核仁饱满；核仁黄褐色；核仁风味略涩。

4. 生物学习性

萌芽力强；发枝力强；新梢一年平均长60.2cm；生长势强；早实（播种后2～4年结果），开始结果年龄3～4年，盛果期年龄5～15年；长果枝89.2%，单枝坐果数以单、双果为主，坐果部位为树的上部；坐果力中等；生理落果少；采前落果少；产量中等；单株平均产量（盛果期）102kg（湿核桃）；萌芽期4月上旬，雄花盛开期4月上旬，雌花盛开期4月上旬，雄花序凋落期4月中旬，果实采收期9月中下旬，落叶期11月下旬。

品种评价

该品种具有抗病、广适性等主要优点。该品种主要用来食用，利用部位是种子（果实）。

植株

雄花

叶片

坚果

核仁

坚果侧面及核仁

万德核桃 2 号

Juglans regia L.'Wandehetao 2'

调查编号： YINYLFLJ071

所属树种： 核桃 *Juglans regia* L.

提 供 人： 董孟迎
电　　话： 15069020365
住　　址： 山东省济南市长清区万德
镇下营村

调 查 人： 尹燕雷、冯立娟
电　　话： 0538 - 8334070
单　　位： 山东省果树研究所

调查地点： 山东省济南市长清区万德
镇下营村

地理数据： GPS数据（海拔：210.5m，
经度：E116°54'33.9"，纬度：N36°16'58.2"）

样本类型： 叶片

生境信息

来源于当地，最大树龄100年。小生境类型为田间。受耕作影响，地处坡地。周围土地利用多为耕地。土壤类型为砂土。

植物学信息

1. 植株情况

树势强；树姿开张；树形开心形；树高23.9m，冠幅东西25.4m、南北24.2m，干高2.0m，干周204cm，干径53cm；主干灰色；树皮块状裂；枝条密。

2. 植物学特征

1年生枝绿色，长度较长，节间平均长9.3cm；粗度较粗，平均粗1.14cm；嫩梢上茸毛较多，白色，皮目大，数量中等，平，椭圆形；多年生枝灰褐色。复叶长37～46cm，复叶柄长9.4cm，小叶数5～9片，小叶长6.1～16.2cm，小叶宽3.1～6.2cm，小叶厚0.29mm；小叶卵圆形，浓绿色；叶尖渐尖，叶缘全缘；雄花序平均长度5.0～15.1cm，雄花芽多，雄花数多，柱头淡黄色。

3. 果实性状

果实椭圆形，果皮绿色，果点白色，果面无茸毛，青皮较厚，脱青皮较易。坚果圆筒形，纵径4.16cm，横径3.8cm，侧径3.5cm，坚果重16.9g；壳面较麻；壳皮颜色中等；缝合线凸；壳厚度2.94mm（以两颊中心处的壳厚为准）；内褶壁骨质；横隔壁骨质；取碎仁，平均核仁重7.46g，出仁率42.6%；核仁较充实；核仁饱满；核仁黄褐色；核仁风味略涩。

4. 生物学习性

萌芽力强；发枝力强；新梢一年平均长56.4cm；生长势强；早实（播种后2～4年结果），开始结果年龄3～4年，盛果期年龄5～15年；长果枝87.9%，单枝坐果数以单、双果为主，坐果部位为树的上部；坐果力中等；生理落果少；采前落果少；产量中等；单株平均产量（盛果期）99kg（湿核桃）；萌芽期4月上旬，雄花盛开期4月上旬，雌花盛开期4月上旬，雄花序凋落期4月中旬，果实采收期9月中下旬，落叶期11月下旬。

品种评价

该品种具有抗病、广适性等主要优点。该品种主要用来食用，利用部位是种子（果实）。

植株

枝条

坚果

坚果侧面及核仁

坚果外壳及核仁

万德核桃 3 号

Juglans regia L.'Wandehetao 3'

调查编号： YINYLFLJ072

所属树种： 核桃 *Juglans regia* L.

提 供 人： 董孟迎
电　　话： 15069020365
住　　址： 山东省济南市长清区万德镇下营村

调 查 人： 尹燕雷、冯立娟、杨雪梅
电　　话： 0538－8334070
单　　位： 山东省果树研究所

调查地点： 山东省济南市长清区万德镇下营村

地理数据： GPS数据（海拔：195.4m，经度：E116°5430.2"，纬度：N36°172.4"）

样本类型： 叶片

生境信息

来源于当地，最大树龄100年。小生境类型为田间。受耕作影响，地处坡地。周围土地利用多为耕地。土壤类型为砂土。

植物学信息

1. 植株情况

树势强；树姿开张；树形开心形；树高16.9m，冠幅东西14.9m、南北12.7m，干高0.9m，干周107cm，干径29cm；主干灰色；树皮块状裂；枝条较密。

2. 植物学特征

1年生枝绿色，长度较长，节间平均长9.2cm；粗度较粗，平均粗1.16cm；嫩梢上茸毛较多，白色，皮目大，数量中等，平，椭圆形；多年生枝灰褐色。复叶长38～47cm，复叶柄长9.6cm，小叶数5～9片，小叶长5.8～15.5cm，小叶宽3.1～5.9cm，小叶厚0.20mm；小叶卵圆形，浓绿色；叶尖渐尖，叶缘全缘；雄花序平均长度4.9～14.8cm，雄花芽多，雄花数多，柱头淡黄色。

3. 果实性状

果实椭圆形，果皮绿色，果点白色，果面无茸毛，青皮较厚，脱青皮较易。坚果椭圆形，纵径3.6cm，横径3.0cm，侧径3.4cm，坚果重12.2g；壳面略麻；壳皮颜色中等；缝合线凸；壳厚度2.3mm（以两颊中心处的壳厚为准）；内褶壁退化；横隔壁膜质；可取整仁，平均核仁重7.14g，出仁率60.5%；核仁较充实；核仁饱满；核仁黄褐色；核仁风味略涩。

4. 生物学习性

萌芽力强；发枝力强；新梢一年平均长57.9cm；生长势强；早实（播种后2～4年结果），开始结果年龄3～4年，盛果期年龄5～15年；长果枝87.8%，单枝坐果数以单、双果为主，坐果部位为树的上部；坐果力中等；生理落果少；采前落果少；产量中等；单株平均产量（盛果期）97.5kg（湿核桃）；萌芽期4月上旬，雄花盛开期4月上旬，雌花盛开期4月上旬，雄花序凋落期4月中旬，果实采收期9月中下旬，落叶期11月下旬。

品种评价

该品种具有抗病、广适性等主要优点。该品种主要用来食用，利用部位是种子（果实）。

植株

坚果侧面及核仁

坚果侧面及核仁

万德核桃 4 号

Juglans regia L.'Wandehetao 4'

- 调查编号： YINYLFLJ073

- 所属树种： 核桃 *Juglans regia* L.

- 提 供 人： 董孟迎
  电　　话： 15069020365
  住　　址： 山东省济南市长清区万德镇下营村

- 调 查 人： 尹燕雷、冯立娟
  电　　话： 0538－8334070
  单　　位： 山东省果树研究所

- 调查地点： 山东省济南市长清区万德镇下营村

- 地理数据： GPS数据（海拔：197.3m，经度：E116°5425.4"，纬度：N36°1734.8"）

- 样本类型： 叶片

生境信息

来源于当地，最大树龄100年。小生境类型为田间。受耕作影响，地处坡地。周围土地利用多为耕地。土壤类型为砂土。

植物学信息

1. 植株情况

树势强；树姿开张；树形开心形；树高24.5m，冠幅东西25.1m、南北23.5m，干高2.1m，干周203cm，干径51cm；主干灰色；树皮块状裂；枝条密度密。

2. 植物学特征

1年生枝绿色，长度较长，节间平均长9.4cm；粗度较粗，平均粗1.15cm；嫩梢上茸毛较多，白色，皮目大，数量中等，平，椭圆形；多年生枝灰褐色。复叶长32～46cm，复叶柄长10.2cm，小叶数5～9片，小叶长5.8～15.6cm，小叶宽2.9～5.7cm，小叶厚0.26mm；小叶卵圆形，浓绿色；叶尖渐尖，叶缘全缘；嫩叶颜色发红。雄花序平均长4.2～14.6cm，雄花芽多，雄花数多，柱头淡黄色。

3. 果实性状

果实椭圆形，果皮较绿，果点白色，果面无茸毛，青皮较厚，脱青皮较易。坚果椭圆形，纵径4.0cm，横径3.7cm，侧径3.3cm，坚果重15.9g；壳面略麻；壳皮颜色中等；缝合线凸；壳厚度2.5mm（以两颊中心处的壳厚为准）；内褶壁退化；横隔壁革质；取1/4仁，平均核仁重7.54g，出仁率63%；核仁充实；核仁饱满；核仁黄褐色；核仁风味略涩。

4. 生物学习性

萌芽力强；发枝力强；新梢一年平均长59.6cm；生长势强；早实（播种后2～4年结果），开始结果年龄3～4年，盛果期年龄5～15年；长果枝89.4%，单枝坐果数以单、双果为主，坐果部位为树的上部；坐果力中等；生理落果少；采前落果少；产量中等；单株平均产量（盛果期）100kg（湿核桃）；萌芽期4月上旬，雄花盛开期4月上旬，雌花盛开期4月上旬，雄花序凋落期4月中旬，果实采收期9月中下旬，落叶期11月下旬。

品种评价

该品种具有抗病、广适性等主要优点。该品种主要用来食用，利用部位是种子（果实）。

植株

雄花

坚果

坚果及核仁

万德核桃 5 号

Juglans regia L.'Wandehetao 5'

调查编号： YINYLFLJ074

所属树种： 核桃 *Juglans regia* L.

提 供 人： 董孟迎
电　　话： 15069020365
住　　址： 山东省济南市长清区万德
镇下营村

调 查 人： 尹燕雷、冯立娟
电　　话： 0538－8334070
单　　位： 山东省果树研究所

调查地点： 山东省济南市长清区万德
镇下营村

地理数据： GPS数据（海拔：196.7m，
经度：E116°54'20.8"，纬度：N36°17'37.8"）

样本类型： 叶片

生境信息

来源于当地，最大树龄100年。小生境类型为田间。受耕作影响，地处坡地。周围土地利用多为耕地。土壤类型为砂土。

植物学信息

1. 植株情况

树势强；树姿开张；树形开心形；树高15.6m，冠幅东西15.3m、南北13.7m，干高1.6m，干周112cm，干径39cm；主干灰色；树皮块状裂；枝条密。

2. 植物学特征

1年生枝绿色，长度较长，节间平均长9.8cm；粗度较粗，平均粗1.1cm；嫩梢上茸毛较多，白色，皮目大，数量中等，平，椭圆形；多年生枝灰褐色。复叶长27～46cm，复叶柄长10.3cm，小叶数5～9片，小叶长5.3～15.9cm，小叶宽2.5～6.0cm，小叶厚0.26mm；小叶卵圆形，浓绿色；叶尖渐尖，叶缘全缘；嫩叶颜色发红。雄花序平均长4.5～14.9cm，雄花芽多，雄花数多，柱头淡黄色。

3. 果实性状

果实椭圆形，果皮绿色，果点白色，果面无茸毛，青皮较厚，脱青皮较易。坚果圆形，纵径4.05cm，横径3.98cm，侧径4.2cm，坚果重17.04g；壳面光滑；壳皮颜色中等；缝合线凸；壳厚度2.6mm（以两颗中心处的壳厚为准）；内褶壁退化；横隔壁革质；取1/2仁，平均核仁重8.88g，出仁率52.1%；核仁充实；核仁饱满；核仁黄褐色；核仁风味略涩。

4. 生物学习性

萌芽力强；发枝力强；新梢一年平均长58.6cm；生长势强；早实（播种后2～4年结果），开始结果年龄3～4年，盛果期年龄5～15年；长果枝88.9%，单枝坐果数以单、双果为主，坐果部位为树的上部；坐果力中等；生理落果少；采前落果少；产量中等；单株平均产量（盛果期）125kg（湿核桃）；萌芽期4月上旬，雄花盛开期4月上旬，雌花盛开期4月上旬，雄花序凋落期4月中旬，果实采收期9月中下旬，落叶期11月下旬。

品种评价

该品种具有抗病、广适性等主要优点。该品种主要用来食用，利用部位是种子（果实）。

生境

核仁

结果枝

雌花

叶片

植株

肥城潮泉 1 号

Juglans regia L.'Feichengchaoquan 1'

調查编号： YINYLFLJ075

所属树种： 核桃 *Juglans regia* L.

提 供 人： 孙强
电　　话： 13406201032
住　　址： 山东省肥城市老城镇河口村

调 查 人： 尹燕雷、冯立娟
电　　话： 0538-8334070
单　　位： 山东省果树研究所

调查地点： 山东省肥城市老城镇河口村

地理数据： GPS数据（海拔：185.3m，
经度：E116°49'31.2"，纬度：N36°16'15.5"）

样本类型： 叶片

生境信息

来源于当地，最大树龄100年。小生境类型为田间。受耕作影响，地处坡地。周围土地利用多为耕地。土壤类型为砂土。

植物学信息

1. 植株情况

树势强；树姿开张；树形开心形；树高23.9m，冠幅东西25.1m、南北23.2m，干高2.0m，干周203cm，干径52cm；主干灰色；树皮块状裂；枝条密。

2. 植物学特征

1年生枝绿色，长度较长，节间平均长9.5cm；粗度较粗，平均粗1.13cm；嫩梢上茸毛较多，白色，皮目大，数量中等，平，椭圆形；多年生枝灰褐色。复叶长32～47cm，复叶柄长10.0cm，小叶数5～9片，小叶长5.9～15.7cm，小叶宽2.4～5.9cm，小叶厚0.27mm；小叶卵圆形，浓绿色；叶尖渐尖，叶缘全缘；嫩叶颜色发红。雄花序平均长3.8～14.5cm，雄花芽多，雄花数多，柱头淡黄色。

3. 果实性状

果实椭圆形，果皮绿色，果点白色，果面无茸毛，青皮较厚，脱青皮较易。坚果圆形，纵径3.93cm，横径3.2cm，侧径3.8cm，坚果重13.46g；壳面光滑；壳皮颜色浅；缝合线凸、紧密；壳厚度2.3mm（以两颊中心处的壳厚为准）；内褶壁退化；横隔壁革质；取整仁，平均核仁重7.43g，出仁率55.87%；核仁充实；核仁饱满；核仁黄褐色；核仁风味略涩。

4. 生物学习性

萌芽力强；发枝力强；新梢一年平均长55.9cm；生长势强；早实（播种后2～4年结果），开始结果年龄3～4年，盛果期年龄5～15年；长果枝89.2%，单枝坐果数以单、双果为主，坐果部位为树的上部；坐果力中等；生理落果少；采前落果少；产量中等；单株平均产量（盛果期）123kg（湿核桃）；萌芽期4月上旬，雄花盛开期4月上旬，雌花盛开期4月上旬，雄花序凋落期4月中旬，果实采收期9月中下旬，落叶期11月下旬。

品种评价

该品种具有抗病、广适性等主要优点。该品种主要用来食用，利用部位是种子（果实）。

植株

坚果

坚果反侧面

双果结果状

肥城潮泉 2 号

Juglans regia L.'Feichengchaoquan 2'

- 调查编号： YINYLFLJ076

- 所属树种： 核桃 *Juglans regia* L.

- 提 供 人： 孙强
  电　　话： 13406201032
  住　　址： 山东省肥城市老城镇河口村

- 调 查 人： 尹燕雷、冯立娟、杨雪梅
  电　　话： 0538－8334070
  单　　位： 山东省果树研究所

- 调查地点： 山东省肥城市老城镇河口村

- 地理数据： GPS数据（海拔：185.3m，经度：E116°49'31"，纬度：N36°16'15.5"）

- 样本类型： 叶片

生境信息

来源于当地，最大树龄100年。小生境类型为田间。受耕作影响，地处坡地。周围土地利用多为耕地。土壤类型为砂土。

植物学信息

1. 植株情况

树势强；树姿开张；树形开心形；树高26.5m，冠幅东西24.9m、南北22.8m，干高2.2m，干周201cm，干径50cm；主干灰色；树皮块状裂；枝条较密。

2. 植物学特征

1年生枝绿色，长度较长，节间平均长10.3cm；粗度较粗，平均粗1.16cm；嫩梢上茸毛较多，白色，皮目大，数量中等，平，椭圆形；多年生枝灰褐色。复叶长40.1～50.1cm，复叶柄长10.2cm，小叶数5～9片，小叶长6.1～16.0cm，小叶宽2.8～16.1cm，小叶厚0.29mm；小叶卵圆形，浓绿色；叶尖渐尖，叶缘全缘；嫩叶颜色发红。雄花序平均长度4.9～15.0cm，雄花芽多，雄花数多，柱头淡黄色。

3. 果实性状

果实椭圆形，果皮绿色，果点白色，果面无茸毛，青皮较厚，脱青皮较易。坚果椭圆形，纵径3.89cm，横径3.3cm，侧径3.61cm，坚果重15.4g；壳面略麻；壳皮颜色中等；缝合线凸、紧密；壳厚度2.7mm（以两颗中心处的壳厚为准）；内褶壁退化；横隔壁革质；取整仁，平均核仁重7.52g，出仁率46.1%；核仁充实；核仁饱满；核仁黄褐色；核仁风味略涩。

4. 生物学习性

萌芽力强；发枝力强；新梢一年平均长58.4cm；生长势强；早实（播种后2～4年结果），开始结果年龄3～4年，盛果期年龄5～15年；长果枝89.6%，单枝坐果数以单、双果为主，坐果部位为树的上部；坐果力中等；生理落果少；采前落果少；产量中等；单株平均产量（盛果期）122.5kg（湿核桃）；萌芽期4月上旬，雄花盛开期4月上旬，雌花盛开期4月上旬，雄花序凋落期4月中旬，果实采收期9月中下旬，落叶期11月下旬。

品种评价

该品种具有抗病、广适性等主要优点。该品种主要用来食用，利用部位是种子（果实）。

植株

雄花

结果枝

坚果

坚果侧面及核仁

肥城潮泉 3 号

Juglans regia L.'Feichengchaoquan 3'

○ 调查编号：YINYLFLJ077

○ 所属树种：核桃 *Juglans regia* L.

○ 提供人：孙强
电　话：13406201032
住　　址：山东省肥城市老城镇河口村

○ 调查人：尹燕雷、冯立娟、杨雪梅
电　话：0538 - 8334070
单　位：山东省果树研究所

○ 调查地点：山东省肥城市老城镇河口村

○ 地理数据：GPS数据（海拔：182.3m，
经度：E116°48'47"，纬度：N36°16'17"）

○ 样本类型：叶片

生境信息

来源于当地，最大树龄100年。小生境类型为田间。受耕作影响，地处坡地。周围土地利用多为耕地。土壤类型为砂土。

植物学信息

1. 植株情况

树势强；树姿开张；树形开心形；树高24.6m，冠幅东西25.2m、南北24.1m，干高1.8m，干周199cm，干径55cm；主干灰色；树皮块状裂；枝条较密。

2. 植物学特征

1年生枝绿色，长度较长，节间平均长9.8cm；粗度较粗，平均粗1.2cm；嫩梢上茸毛较多，白色，皮目大，数量中等，平，椭圆形；多年生枝灰褐色。复叶长36～49cm，复叶柄长9.9cm，小叶数5～9片，小叶长5.6～15.9cm，小叶宽2.7～5.9cm，小叶厚0.25mm；小叶卵圆形，浓绿色；叶尖渐尖，叶缘全缘；嫩叶颜色发红。雄花序平均长度4.6～15.2cm，雄花芽多，雄花数多，柱头淡黄色。

3. 果实性状

果实椭圆形，果皮绿色，果点白色，果面无茸毛，青皮较厚，脱青皮较易。坚果长椭圆形，纵径4.26cm，横径3.12cm，侧径4.15cm，坚果重14.1g；壳面略麻；壳皮颜色中等；缝合线凸、紧密；壳厚度3.1mm（以两颊中心处的壳厚为准）；内褶壁退化；横隔壁革质；取整仁，平均核仁重6.52g，出仁率42.6%；核仁不充实；核仁不饱满；核仁黄褐色；核仁风味香甜。

4. 生物学习性

萌芽力强；发枝力强；新梢一年平均长59.1cm；生长势强；早实（播种后2～4年结果），开始结果年龄3～4年，盛果期年龄5～15年；长果枝90.2%，单枝坐果数以单、双果为主，坐果部位为树的上部；坐果力中等；生理落果少；采前落果少；产量中等；单株平均产量（盛果期）125.5kg（湿核桃）；萌芽期4月上旬，雄花盛开期4月上旬，雌花盛开期4月上旬，雄花序凋落期4月中旬，果实采收期9月中下旬，落叶期11月下旬。

品种评价

该品种具有抗病、广适性等主要优点。该品种主要用来食用，利用部位是种子（果实）。

植株

结果枝

雄花

坚果及核仁

树干

毛山屯核桃

Juglans regia L.'Maoshantunhetao'

○ 调查编号：FANGJGLXL021

所属树种：核桃 *Juglans regia* L.

提供人：陈德绪
电　话：0776 – 7869703
住　址：广西壮族自治区百色市乐
　　　　业县逻沙乡逻瓦村毛山屯

调查人：李贤良
电　话：13978358920
单　位：广西特色作物研究院

调查地点：广西壮族自治区百色市乐
　　　　　业县逻沙乡逻瓦村毛山屯

地理数据：GPS数据（海拔：1159m，
经度：E106°22′59.49″，纬度：N24°41′29.33″）

样本类型：枝条

生境信息

来源于当地，田间种植。地形多为坡地，土地利用多为人工林。伴生物种为竹子，易受砍伐影响。土质为砂壤土。

植物学信息

1. 植株情况

树势强，树姿开张，树形为半圆头形；树高15m，干高7.3m，干周36cm，冠幅东西3m、南北4m；树干灰褐色，树皮呈块状裂；枝条密度较疏。

2. 植物学特征

1年生枝条黄绿色，节间平均长1.0m，平均粗度0.6cm；混合芽长圆形，与副芽贴近；复叶平均长32cm，柄长5cm；小叶数5～7枚，平均长15cm，叶宽7cm，厚0.3mm，长卵圆形，叶尖渐尖，叶缘全缘，叶片颜色为黄绿。

3. 果实性状

果实长圆形，果皮绿色，果面光滑无茸毛；青皮厚度较薄，容易脱落；坚果卵圆形，平均纵径4.10cm，横径3.61cm，侧径3.21cm，平均果重约11.1g；壳面光滑，缝合线窄、松，内褶壁退化，横隔壁骨质；核仁充实饱满，易整取仁；核仁风味香甜。

4. 生物学习性

萌芽力强，发枝力强；新梢一年平均长89cm，（夏、秋）梢生长量45cm；生长势中；第三年开始结果，第五年进入盛果期；果台副梢抽生及连续结果能力较强，以单果和双果为主，坐果力强；生理落果及采前落果少；易丰产且大小年不显著，单株平均产量（盛果期）10kg；萌芽期在4月上旬，果实采收期在9月中旬，落叶期为11月上旬。

品种评价

高产、优质，广适性强；主要食用及利用部位是种子（果实）；主要病虫害有介壳虫、核桃黑斑病、核桃炭疽病；繁殖方法为嫁接，适宜在深厚、肥沃、有排灌条件的砂壤土栽培。

大生境

小生境

枝条

叶片

果苗

双果结果状

毛山屯泡核桃 1号

Juglans sigillate Dode
'Maoshantunpaohetao 1'

调查编号：FANGJGLXL022

所属树种：泡核桃 *Juglans sigillate* Dode

提 供 人：陈德绪
电　　话：0776－7869703
住　　址：广西壮族自治区百色市乐业县逻沙乡逻瓦村毛山屯

调 查 人：李贤良
电　　话：13978358920
单　　位：广西特色作物研究院

调查地点：广西壮族自治区百色市乐业县逻沙乡逻瓦村毛山屯

地理数据：GPS数据（海拔：1161m，经度：E106°22'58.56"，纬度：N24°41'30.50"）

样本类型：枝条

生境信息

来源于当地，田间种植。伴生物种为杂草和苔藓类，易受砍伐影响。土质为黏壤土地。目前，在当地荒山上发现2株。

植物学信息

1. 植株情况

树势弱，树姿开张，树形为螺旋形；树高12m，干高1m，干周36cm，冠幅东西3m、南北3m；树干灰褐色，树皮呈块状裂；枝条密度较稀疏。

2. 植物学特征

1年生枝条青灰色，节间平均长1m，平均粗度0.8cm；混合芽长圆形，与副芽贴近；羽状复叶平均长22cm，柄长5cm；小叶数7～11枚，平均长14cm，叶宽5cm，厚0.1mm，长卵圆披针形，叶尖渐尖，叶缘全缘；雄花序平均长度15cm；雄花芽少，雄花数多，柱头花絮密。

3. 果实性状

果实卵圆形，果皮绿色，果面幼时有茸毛；青皮厚度较薄，容易脱落；坚果卵圆形，平均纵径3.00cm，横径2.51cm，侧径2.31cm，平均果重约10.1g；壳面粗糙，缝合线窄、凸，内褶壁退化，横隔壁骨质；核仁充实饱满，易整取仁；核仁风味香甜。

4. 生物学习性

萌芽力强，发枝力强；新梢一年平均长60cm，（夏、秋）梢生长量20cm；生长势中；果台副梢抽生及连续结果能力较强，以双果和三果为主，坐果力强；生理落果及采前落果少；易丰产且大小年不显著，单株平均产量（盛果期）6.5kg；萌芽期在3月上旬，果实采收期在10月中旬。

品种评价

抗逆性、优质，广适性强；主要食用及利用部位是种子（果实）；主要病虫害种类栗珊毒蛾、栗广瘿蜂、栗红蚧、栗链蚧、栗剪枝象、栗象鼻虫；繁殖方法为嫁接和实生，适宜在深厚、肥沃、有排灌条件的黏壤土栽培。

植株

生境

主干

叶片

双果结果状

毛山屯泡核桃 2号

Juglans sigillate Dode
'Maoshantunpaohetao 2'

🔘 调查编号：FANGJGLXL023

🔖 所属树种：泡核桃 *Juglans sigillate* Dode

📄 提 供 人：陈德绪
电　　话：0776－7869703
住　　址：广西壮族自治区百色市乐业县逻沙乡逻瓦村毛山屯

📋 调 查 人：李贤良
电　　话：13978358920
单　　位：广西特色作物研究院

📍 调查地点：广西壮族自治区百色市乐业县逻沙乡逻瓦村毛山屯

🌐 地理数据：GPS数据（海拔：1160m，经度：E106°2258.53"，纬度：N24°41'30.28"）

🖼 样本类型：枝条

🏷 生境信息

来源于当地，田间种植。伴生物种为杂草和苔藓类，易受砍伐影响。土质为黏壤土地。目前，在当地荒山上发现2株。

📋 植物学信息

1. 植株情况

树势弱，树姿半开张，树形为螺旋形；树高9m，干高1m，干周32cm，冠幅东西3.5m、南北4m；树干灰褐色，树皮呈块状裂；枝条密度较稀疏。

2. 植物学特征

1年生枝条青灰色，节间平均长1.2m，平均粗度0.8cm；混合芽长圆形，与副芽贴近；羽状复叶平均长24cm，柄长5.6cm；小叶数9枚，平均长12cm，叶宽5cm，厚0.2mm，长卵圆披针形，叶尖渐尖，叶缘全缘；雄花序平均长度15.6cm；雄花芽少，雄花数多，柱头花絮密。

3. 果实性状

果实卵圆形，果皮绿色，果面幼时有茸毛；青皮厚度较薄，容易脱落；坚果卵圆形，平均纵径3.50cm，横径2.82cm，侧径2.51cm，平均果重约10.8g；壳面粗糙，缝合线窄、凸，内褶壁退化，横隔壁骨质；核仁充实饱满，易整取仁；核仁风味香甜。

4. 生物学习性

萌芽力强，发枝力强；新梢一年平均长65cm，（夏、秋）梢生长量24cm；生长势强；果台副梢抽生及连续结果能力较强，以双果和三果为主，坐果力强；生理落果及采前落果少；易丰产且大小年不显著；萌芽期在3月上旬，果实采收期在10月中旬。

📖 品种评价

抗逆性、优质、广适性强；主要食用及利用部位是种子（果实）；主要病虫害种类栗珊毒蛾、栗广瘿蜂、栗红蚜、栗链蚧、栗剪枝象、栗象鼻虫；繁殖方法为嫁接和实生，适宜在深厚、肥沃、有排灌条件的黏壤土栽培。

植株

枝条

树干

双果结果状

毛山屯泡核桃 3号

Juglans sigillate Dode
'Maoshantunpaohetao 3'

调查编号：FANGJGLXL024

所属树种：泡核桃 *Juglans sigillate* Dode

提 供 人：陈德绪
电　　话：0776–7869703
住　　址：广西壮族自治区百色市乐业县逻沙乡逻瓦村毛山屯

调 查 人：李贤良
电　　话：13978358920
单　　位：广西特色作物研究院

调查地点：广西壮族自治区百色市乐业县逻沙乡逻瓦村毛山屯

地理数据：GPS数据（海拔：1159m，经度：E106°22′59.11″，纬度：N24°41′30.51″）

样本类型：枝条

生境信息

来源于当地，田间种植。伴生物种为杂草和苔藓类，易受砍伐影响。土质为黏壤土地。目前，在当地荒山上发现1株。

植物学信息

1. 植株情况

树势强，树姿半开张，树形为椭圆形；树高15m，干高50cm，干周69cm，冠幅东西8m、南北8m；树干灰褐色，树皮呈块状裂；枝条密度较稀疏。

2. 植物学特征

1年生枝条青灰色，节间平均长1.4m，平均粗度0.9cm；混合芽长圆形，与副芽贴近；羽状复叶平均长22cm，柄长5.4cm；小叶数9～11枚，平均长12cm，叶宽5cm，厚0.2mm，长卵圆披针形，叶尖渐尖，叶缘全缘；雄花序平均长度15.3cm；雄花芽少，雄花数多，柱头花絮密。

3. 果实性状

果实卵圆形，果皮绿色，果面幼时有茸毛；青皮厚度较薄，容易脱落；果个中等；壳面粗糙、缝合线窄、凸，内褶壁退化，横隔壁骨质；核仁充实饱满，易整取仁；核仁风味香甜。

4. 生物学习性

萌芽力强，发枝力强；新梢一年平均长68cm，（夏、秋）梢生长量29cm；生长势强；果台副梢抽生及连续结果能力较强，以双果和三果为主，坐果力强；生理落果及采前落果少；易丰产且大小年不显著；萌芽期在3月上旬，果实采收期在10月中旬。

品种评价

抗逆性、优质，广适性强；主要病虫害种类栗珊毒蛾、栗广瘿蜂、栗红蚧、栗链蚧、栗剪枝象、栗象鼻虫；繁殖方法为嫁接和实生，适宜在深厚、肥沃、有排灌条件的黏壤土栽培；主要食用及利用部位是种子（果实）。

植株

树干

双果结果状

叶片

毛山屯铁核桃

Juglans sigillate Dode 'Maoshantuntiehetao'

- 调查编号： FANGJGLXL025
- 所属树种： 泡核桃 *Juglans sigillate* Dode
- 提 供 人： 陈德绪
  电　　话： 0776－7869703
  住　　址： 广西壮族自治区百色市乐业县逻沙乡逻瓦村毛山屯
- 调 查 人： 李贤良
  电　　话： 13978358920
  单　　位： 广西特色作物研究院
- 调查地点： 广西壮族自治区百色市乐业县逻沙乡逻瓦村毛山屯
- 地理数据： GPS数据（海拔：1157m，经度：E106°22′59.41″，纬度：N24°41′30.84″）
- 样本类型： 枝条

生境信息

来源于当地，田间种植。伴生物种为杂草和苔藓类，易受砍伐影响。土地利用多为人工林。地形以坡地为主。土质为砂壤土地。目前，在当地荒山上发现1株。

植物学信息

1. 植株情况

树势强，树姿半开张，树形为椭圆形；树高15m，干高1.2m，干周60cm，冠幅东西6m、南北6.8m；树干灰褐色，树皮呈块状裂；枝条密度较稀疏。

2. 植物学特征

1年生枝条青灰色，节间平均长1.2m，平均粗度0.8cm；混合芽长圆形，与副芽贴近；羽状复叶平均长20cm，柄长5.1cm；小叶数9～11枚，平均长12cm，叶宽5cm，厚0.1mm，长卵圆披针形，叶尖渐尖，叶缘全缘；雄花序平均长度15.8cm；雄花芽少，雄花数多，柱头花絮密。

3. 果实性状

果实卵圆形，果皮绿色，果面幼时有茸毛；青皮厚度较薄，容易脱落；坚果卵圆形，平均纵径3.25cm，横径2.86cm，侧径2.74cm，平均果重约10.8g；壳面粗糙、缝合线窄、凸，内褶壁退化，横隔壁骨质；核仁充实饱满，易整取仁；核仁风味香甜。

4. 生物学习性

萌芽力强，发枝力强；新梢一年平均长48cm，（夏、秋）梢生长量29cm；生长势强；果台副梢抽生及连续结果能力较强，以三果为主，坐果力强；生理落果及采前落果少；易丰产且大小年不显著；萌芽期在3月上旬，果实采收期在10月中旬。

品种评价

抗逆性、优质，广适性强；主要病虫害种类栗珊毒蛾、栗广瘿蜂、栗红蚧、栗链蚧、栗剪枝象、栗象鼻虫；繁殖方法为嫁接和实生，适宜在深厚、肥沃、有排灌条件的黏壤土栽培；主要食用及利用部位是种子（果实）。

桂林

叶片

双果结果状

小生境

㉕铁核桃

2013.11.2

树干

毛山屯核桃 2号

Juglans regia L.'Maoshantunhetao 2'

调查编号： FANGJGLXL026

所属树种： 核桃 *Juglans regia* L.

提供人： 杨秀碧
电　话： 15907869049
住　址： 广西壮族自治区百色市乐业县逻沙乡逻瓦村毛山屯

调查人： 李贤良
电　话： 13978358920
单　位： 广西特色作物研究院

调查地点： 广西壮族自治区百色市乐业县逻沙乡逻瓦村毛山屯

地理数据： GPS数据（海拔：1154m，经度：E106°22′58.61″，纬度：N24°41′24.62″）

样本类型： 枝条

生境信息

来源于当地，田间种植。易受筑路影响。土地利用多为建筑。地形以平地为主。土质为黏壤土地。目前，在当地农户家发现1株，种植年限约100年。

植物学信息

1. 植株情况

树势强，树姿半开张，树形为伞形；树高16m，干高40cm，干周90cm，冠幅东西8m、南北8.8m；树干褐色，树皮呈块状裂；枝条密度中等。

2. 植物学特征

1年生枝条青灰色，节间平均长1.2m，平均粗度0.8cm；混合芽长圆形，与副芽贴近；羽状复叶平均长18cm，柄长5.1cm；小叶数5～7枚，平均长12.5cm，叶宽5.4cm，厚0.1mm，长卵圆形，叶尖渐尖，叶缘全缘；叶片绿色。

3. 果实性状

果实卵圆形，果皮绿色，果面无茸毛；青皮厚度较薄，容易脱落；坚果卵圆形，果个中等；壳面粗糙，缝合线窄、凸，内褶壁退化，横隔壁骨质；核仁充实饱满，易取整仁；核仁风味香甜。

4. 生物学习性

萌芽力强，发枝力强；新梢一年平均长48.6cm，（夏、秋）梢生长量29.5cm；生长势强；果台副梢抽生及连续结果能力较强，以单果和双果为主，坐果力强；生理落果及采前落果少；易丰产且大小年不显著；萌芽期在4月上旬，果实采收期在10月中旬。

品种评价

抗逆性、优质，广适性强；主要病虫害种类栗珊毒蛾、栗广瘿蜂、栗红蚧、栗链蚧、栗剪枝象、栗象鼻虫；繁殖方法为嫁接和实生，适宜在深厚、肥沃、有排灌条件的黏壤土栽培；主要食用及利用部位是种子（果实）。

果实

小生境

植株

叶片

树干

26 核桃
2013.11.2

树皮

毛山屯核桃3号

Juglans regia L.'Maoshantunhetao 3'

调查编号: FANGJGLXL027

所属树种: 核桃 *Juglans regia* L.

提供人: 陈允资
电　话: 13737623626
住　址: 广西壮族自治区百色市乐业县逻沙乡逻瓦村毛山屯

调查人: 李贤良
电　话: 13978358920
单　位: 广西特色作物研究院

调查地点: 广西壮族自治区百色市乐业县逻沙乡逻瓦村毛山屯

地理数据: GPS数据（海拔: 1152m，经度: E106°22′59.30″，纬度: N24°41′24.99″）

样本类型: 枝条

生境信息

来源于当地，庭院种植。伴生物种为核桃，易受筑路影响。土质为黏壤土地。目前，仅在当地一户种植户院中发现1株，种植年限约50年。

植物学信息

1. 植株情况

树势强，树姿半开张，树形为半圆头形；树高8m，干高2.1m，干周56cm，冠幅东西4m、南北4m；树干灰褐色，树皮呈块状裂；枝条密度较密。

2. 植物学特征

1年生枝条黄绿色，节间平均长1.1m，平均粗度0.9cm；混合芽长圆形，与副芽贴近；复叶平均长40cm，柄长5cm；小叶数5~7枚，平均长14cm，叶宽8cm，厚0.2mm，长卵圆形，叶尖渐尖，叶缘全缘；叶片颜色为黄绿。

3. 果实性状

果实卵圆形，果皮绿色，果面光滑无茸毛；青皮厚度较薄，容易脱落；坚果近圆形，平均纵径4.02cm，横径3.91cm，侧径3.85cm，平均果重约12.4g；壳面光滑，缝合线窄、松，壳厚度1.04mm（以两颗中心处的壳厚为准），内褶壁退化，横隔壁骨质；核仁充实饱满，易整取仁；核仁风味香甜。

4. 生物学习性

萌芽力强，发枝力强；新梢一年平均长89cm，（夏、秋）梢生长量42cm；生长势中；第三年开始结果，第五年进入盛果期；果台副梢抽生及连续结果能力较强，以单果和双果为主，坐果力强；生理落果及采前落果少；易丰产且大小年不显著；萌芽期在4月上旬，雄花盛开期在4月上旬，果实采收期在10月中旬，落叶期为11月上旬。

品种评价

高产、优质，广适性强；主要食用及利用部位是种子（果实）；主要病虫害种类栗珊毒蛾、栗广瘿蜂、栗红蚧、栗链蚧、栗剪枝象、栗象鼻虫；繁殖方法为嫁接，适宜在深厚、肥沃、有排灌条件的黏壤土栽培；坚果品质佳，味不涩。

小生境

树干

叶片

植株

三果结果状

毛山屯核桃4号

Juglans regia L.'Maoshantunhetao 4'

调查编号： FANGJGLXL032

所属树种： 核桃 *Juglans regia* L.

提 供 人： 陈允资
电　　话： 13737623626
住　　址： 广西壮族自治区百色市乐
　　　　　业县逻沙乡逻瓦村毛山屯

调 查 人： 李贤良
电　　话： 13978358920
单　　位： 广西特色作物研究院

调查地点： 广西壮族自治区百色市乐
　　　　　业县逻沙乡逻瓦村毛山屯

地理数据： GPS数据（海拔：1152m，
经度：E106°22′59.25″，纬度：N24°41′24.88″）

样本类型： 枝条

生境信息

来源于当地，庭院种植。伴生物种为核桃，易受筑路影响。土质为黏壤土地。目前，仅在当地一户种植户院中发现1株，种植年限约60年。

植物学信息

1. 植株情况

树势强，树姿半开张，树形为半圆头形；树高7.8m，干高2.5m，干周54cm，冠幅东西4m、南北4.6m；树干灰褐色，树皮呈块状裂；枝条密度较密。

2. 植物学特征

1年生枝条黄绿色，节间平均长1.1m，平均粗度1.0cm；混合芽长圆形，与副芽贴近；复叶平均长42cm，柄长5.3cm；小叶数5～7枚，平均长13cm，叶宽7cm，厚0.1mm，长卵圆形，叶尖渐尖，叶缘全缘；叶片颜色为黄绿。

3. 果实性状

果实长圆形，果皮绿色，果面光滑无茸毛；青皮厚度较薄，容易脱落；坚果卵圆形，果个中等；壳面光滑，缝合线窄、松，内褶壁退化，横隔壁骨质；核仁充实饱满，易整取仁；核仁风味香甜。

4. 生物学习性

萌芽力强，发枝力强；新梢一年平均长87cm，（夏、秋）梢生长量40cm；生长势中；第三年开始结果，第五年进入盛果期；果台副梢抽生及连续结果能力较强，以单果和双果为主，坐果力强；生理落果及采前落果少；易丰产且大小年不显著；萌芽期在4月上旬，果实采收期在10月中旬，落叶期为11月上旬。

品种评价

抗逆性、优质，广适性强；主要病虫害种类栗珊毒蛾、栗广瘿蜂、栗红蚧、栗链蚧、栗剪枝象、栗象鼻虫；繁殖方法为嫁接和实生，适宜在深厚、肥沃、有排灌条件的黏壤土栽培；主要食用及利用部位是种子（果实）。

小生境

植株

树干

树皮

多果结果状

毛山屯泡核桃 4 号

Juglans sigillate Dode
'Maoshantunpaohetao 4'

- 调查编号：FANGJGLXL034
- 所属树种：泡核桃 *Juglans sigillate* Dode
- 提 供 人：陈德绪
  电　　话：0776－7869703
  住　　址：广西壮族自治区百色市乐业县逻沙乡逻瓦村毛山屯
- 调 查 人：李贤良
  电　　话：13978358920
  单　　位：广西特色作物研究院
- 调查地点：广西壮族自治区百色市乐业县逻沙乡逻瓦村毛山屯
- 地理数据：GPS数据（海拔：1156m，经度：E106°23'00"，纬度：N24°41'29.79"）
- 样本类型：枝条

生境信息

来源于当地，田间种植。伴生物种为竹子，易受伴生种影响。土质为黏壤土地。土地利用为坡地。目前，仅在当地发现1株，种植年限约40年。

植物学信息

1. 植株情况

树势中等，树姿半开张，树形为半圆形；树高11.56m，干高2.3m，干周78cm，冠幅东西2m、南北2m；树干灰褐色，树皮呈块状裂；枝条密度稀疏。

2. 植物学特征

1年生枝条黄绿色，节间平均长1.1m，平均粗度0.8cm；混合芽长圆形，与副芽贴近；复叶平均长44cm，柄长5.1cm；小叶数9～11枚，平均长14cm，叶宽6cm，厚0.2mm，长卵圆披针形，叶尖渐尖，叶缘全缘；雄花序平均长度14.8cm；雄花芽少，雄花数多，柱头花絮密。

3. 果实性状

果实长圆形，果皮绿色，果面光滑无茸毛；青皮厚度较薄，容易脱落；坚果卵圆形，平均纵径4.00cm，横径3.51cm，侧径3.31cm，平均果重约12.1g；壳面光滑，缝合线窄、松，内褶壁退化，横隔壁骨质；核仁充实饱满，易整取仁；平均核仁重7.9g，出仁率64.75%，风味香甜。蛋白质含量19.26%，脂肪含量64.39%。

4. 生物学习性

萌芽力强，发枝力强；新梢一年平均长88cm，（夏、秋）梢生长量40cm；生长势中；早实，第二年开始结果，第五年进入盛果期；果枝中有36%长果枝，47%中果枝，15%短果枝，腋花芽结果率为2%；果台副梢抽生及连续结果能力较强，以单果和双果为主，坐果力强；生理落果及采前落果少；易丰产且大小年不显著，单株平均产量（盛果期）10kg；萌芽期在4月上旬，雄花盛开期在4月上旬，雌花盛开期在4月中旬，雄花序凋落期5月上旬，果实采收期在9月中旬，落叶期为11月上旬。

品种评价

高产、优质，广适性强；主要食用及利用部位是种子（果实）；主要病虫害有介壳虫、核桃黑斑病、核桃炭疽病；繁殖方法为嫁接，适宜在深厚、肥沃、有排灌条件的黏壤土栽培；本品种为早实性类群，生长迅速，成形快，结果早，雄花少，坚果品质佳，壳薄味佳，不涩，用手一捏即破，仁色很浅。

植株

枝条

单果结果状

毛山屯核桃 5号

Juglans regia L.'Maoshantunhetao 5'

- 调查编号： FANGJGLXL038

- 所属树种： 核桃 *Juglans regia* L.

- 提 供 人： 陈允堂
  电　　话： 13977673245
  住　　址： 广西壮族自治区百色市乐业县逻沙乡逻瓦村毛山屯

- 调 查 人： 李贤良
  电　　话： 13978358920
  单　　位： 广西特色作物研究院

- 调查地点： 广西壮族自治区百色市乐业县逻沙乡逻瓦村毛山屯

- 地理数据： GPS数据（海拔：1156m，经度：E106°22'58.48"，纬度：N24°41'24.34"）

- 样本类型： 枝条

生境信息

来源于当地，田间种植。伴生物种为核桃，易受筑路影响。可利用土地为坡地。土质为黏壤土地。目前，仅在当地发现1株，种植年限约36年。

植物学信息

1. 植株情况

树势强，树姿开张，树形为圆头形；树高12m，干高1.5m，干周80cm，冠幅东西4.6m、南北6.8m；树干灰褐色，树皮呈块状裂；枝条密度较密。

2. 植物学特征

1年生枝条黄绿色，节间平均长1.0m，平均粗度0.7cm；混合芽长圆形，与副芽贴近；复叶平均长32cm，柄长4.7cm；小叶数7~9枚，平均长14cm，叶宽4.4cm，厚0.1mm，长卵圆形，叶尖针形，叶缘全缘；叶片颜色为黄绿。

3. 果实性状

果实长圆形，果皮绿色，果面光滑无茸毛；青皮厚度较薄，容易脱落；坚果卵圆形，果个大；壳面光滑，缝合线窄、松，壳厚度1.14mm（以两颗中心处的壳厚为准），内褶壁退化，横隔壁骨质；核仁充实饱满，易整取仁；核仁风味香甜。

4. 生物学习性

萌芽力强，发枝力强；新梢一年平均长75cm，（夏、秋）梢生长量28cm；生长势较强；果台副梢抽生及连续结果能力较强，以双果为主、坐果力强；生理落果及采前落果少；易丰产且大小年不显著；萌芽期在3月上旬，果实采收期在10月中旬。

品种评价

抗逆性、优质、广适性强；主要病虫害种类栗珊毒蛾、栗广癭蜂、栗红蚧、栗链蚧、栗剪枝象、栗象鼻虫；繁殖方法为嫁接和实生，适宜在深厚、肥沃、有排灌条件的黏壤土栽培；主要食用及利用部位是种子（果实）。

小生境

植株

结果枝

双果结果状

毛山屯核桃 6 号

Juglans regia L.'Maoshantunhetao 6'

调查编号：FANGJGLXL039

所属树种：核桃 *Juglans regia* L.

提 供 人：陈允堂
电　　话：13977673245
住　　址：广西壮族自治区百色市乐业县逻沙乡逻瓦村毛山屯

调 查 人：李贤良
电　　话：13978358920
单　　位：广西特色作物研究院

调查地点：广西壮族自治区百色市乐业县逻沙乡逻瓦村毛山屯

地理数据：GPS数据（海拔：1157m，经度：E106°22'58.26"，纬度：N24°41'24.11"）

样本类型：枝条

生境信息

来源于当地，田间种植。伴生物种为核桃，易受筑路、河堤影响。可利用土地为坡地。土质为黏壤土地。目前，仅在当地发现1株，种植年限约40年。

植物学信息

1. 植株情况

树势强，树姿开张，树形为圆头形；树高15m，干高2.5m，干周70cm，冠幅东西6m、南北6.2m；树干灰色，树皮呈块状裂；枝条密度较密。

2. 植物学特征

1年生枝条黄绿色，节间平均长1.1m，平均粗度0.8cm；混合芽长圆形，与副芽贴近；复叶平均长34cm，柄长4.5cm；小叶数7~9枚，平均长12.5cm，叶宽4.7cm，厚0.1mm，长卵圆形，叶尖针形，叶缘全缘；叶片颜色为黄绿。

3. 果实性状

果实长圆形，果皮绿色，果面光滑无茸毛；青皮厚度较薄，容易脱落；坚果卵圆形，果个大；壳面光滑，缝合线窄、松，内褶壁退化，横隔壁骨质；核仁充实饱满，易整取仁；核仁风味香甜。

4. 生物学习性

萌芽力强，发枝力强；新梢一年平均长73cm，（夏、秋）梢生长量24cm；生长势较强；果台副梢抽生及连续结果能力较强，以双果为主，坐果力强；生理落果及采前落果少；易丰产且大小年不显著；萌芽期在3月上旬，果实采收期在10月中旬。

品种评价

抗逆性、优质、广适性强；主要病虫害种类栗珊毒蛾、栗广瘿蜂、栗红蚧、栗链蚧、栗剪枝象、栗象鼻虫；繁殖方法为嫁接和实生，适宜在深厚、肥沃、有排灌条件的黏壤土栽培；主要食用及利用部位是种子（果实）。

大生境

小生境

植株

双果结果状

陇南 X-09 核桃

Juglans regia L.'LongnanX-09hetao'

调查编号： CAOQFMYP216

所属树种： 核桃 *Juglans regia* L.

提 供 人：张进德
电　　话：13909399126
住　　址：甘肃省陇南市武都区城关
　　　　　镇上黄家坝村

调 查 人：曹秋芬、孟玉平
电　　话：13753480017
单　　位：山西省农业科学院生物技
　　　　　术研究中心

调查地点：甘肃省陇南市武都区城关
　　　　　镇上黄家坝村

地理数据：GPS数据（海拔：1004m，
　　　　　经度：E104°50′45.4″，纬度：N33°25′0.16″）

样本类型：枝条

生境信息

来源于当地，最大树龄为120年左右。田间种植。伴生物种为核桃，易受耕作影响。土质为砂土地。目前，仅在当地一户种植户院中发现2株，种植年限约16年。

植物学信息

1. 植株情况

树势强，树姿开张，树形为自然圆头形；树高5.2m，干高1.2m，干周39cm，冠幅东西3.9m、南北2.7m；树干灰褐色，树皮呈块状裂；枝条密度较密。

2. 植物学特征

1年生枝条黄绿色，节间平均长1.2m，平均粗度0.8cm；混合芽长圆形，与副芽贴近；复叶平均长42cm，柄长5cm；小叶数5～9枚，平均长14cm，叶宽6cm，厚0.2mm，长卵圆形，叶尖渐尖，叶缘全缘；叶片颜色为绿色。

3. 果实性状

果实长圆形，果皮绿色，果面光滑无茸毛；青皮厚度较薄，容易脱落；坚果卵圆形，平均纵径4.00cm，横径3.51cm，侧径3.31cm，平均果重约12.2g；壳面光滑，缝合线窄、松，内褶壁退化，横隔壁骨质；核仁充实饱满，易整取仁；平均核仁重7.9g，出仁率64.75%，风味香甜。

4. 生物学习性

生长势强，萌芽力强，发枝力强；具有早实性，第二年开始结果，第五年进入盛果期；果枝类型中以长果枝结果为主；连续结果能力较强，以单果和双果为主，生理落果数少，采前落果数较少，易丰产且大小年不显著；萌芽期在4月上旬，果实采收期为9月中旬，落叶期为11月上旬。

品种评价

抗寒、抗旱，耐瘠薄，高产、优质，广适性强；主要食用及利用部位是种子（果实）；主要病虫害有介壳虫、核桃黑斑病、核桃炭疽病；繁殖方法为嫁接，适宜在深厚、肥沃、有排灌条件的砂土栽培；坚果品质佳，壳薄味香。

叶片

成熟期青果

双果结果状

双果结果状

陇南 K-22 核桃

Juglans regia L.'LongnanK-22hetao'

- 调查编号：CAOQFMYP217

- 所属树种：核桃 *Juglans regia* L.

- 提 供 人：张进德
  电　　话：13909399126
  住　　址：甘肃省陇南市武都区城关镇上黄家坝村

- 调 查 人：曹秋芬、孟玉平
  电　　话：13753480017
  单　　位：山西省农业科学院生物技术研究中心

- 调查地点：甘肃省陇南市武都区城关镇上黄家坝村

- 地理数据：GPS数据（海拔：1004m，经度：E104°50'45.4"，纬度：N33°25'0.16"）

- 样本类型：枝条

生境信息

来源于当地，最大树龄为110年左右。田间种植。伴生物种为核桃，易受耕作影响。土质为砂土地。目前，仅在当地农业局林场发现2株，种植年限约14年。

植物学信息

1. 植株情况

树势强，树姿开张，树形为半圆头形；树高5.7m，干高0.8m，干周55cm，冠幅东西3.4m、南北2.3m；树干灰褐色，树皮呈块状裂；枝条密度较密。

2. 植物学特征

1年生枝条黄绿色，节间平均长1.4m，平均粗度0.6cm；混合芽长圆形，与副芽贴近；复叶平均长43cm，柄长6cm；小叶数5~9枚，平均长14cm，叶宽6cm，厚0.2mm，长卵圆形，叶尖渐尖，叶缘全缘；叶片颜色为绿色。

3. 果实性状

果实长圆形，果皮绿色，果面光滑无茸毛；青皮厚度较薄，容易脱落；坚果卵圆形，平均纵径4.50cm，横径3.61cm，侧径3.21cm，平均果重约11.2g；壳面光滑，缝合线窄、松，内褶壁退化，横隔壁骨质；核仁充实饱满，易整取仁；平均核仁重7.6g，出仁率67.86%，风味香甜。

4. 生物学习性

生长势强，萌芽力强，发枝力强；第三年开始结果，第五年进入盛果期；果枝类型中以长果枝结果为主；连续结果能力较强，以单果和双果为主，生理落果数少；采前落果数较少，易丰产且大小年不显著；萌芽期在4月上旬，果实采收期为9月中旬，落叶期为11月上旬。

品种评价

抗寒、抗旱，耐瘠薄，高产、优质，广适性强；主要食用及利用部位是种子（果实）；主要病虫害有介壳虫、核桃黑斑病、核桃炭疽病；繁殖方法为嫁接，适宜在深厚、肥沃、有排灌条件的砂土栽培；坚果品质佳，味香不涩。

单果结果状

双果结果状

植株

枝条

陇南 C-19 核桃

Juglans regia L.'LongnanC-19hetao'

⊙ 调查编号：CAOQFMYP218

📇 所属树种：核桃 *Juglans regia* L.

📄 提 供 人：张进德
　　电　　话：13909399126
　　住　　址：甘肃省陇南市武都区城关
　　　　　　　镇上黄家坝村

📑 调 查 人：曹秋芬、孟玉平
　　电　　话：13753480017
　　单　　位：山西省农业科学院生物技
　　　　　　　术研究中心

📍 调查地点：甘肃省陇南市武都区城关
　　　　　　　镇上黄家坝村

🌐 地理数据：GPS数据（海拔：1004m，
　　　　　　　经度：E104°50'45.4"，纬度：N33°2'50.16"）

🖼 样本类型：枝条

📋 生境信息

　　来源于当地，最大树龄为120年左右。田间种植。伴生物种为核桃，易受耕作影响。土质为砂土地。目前，仅在当地林业局林场发现3株，种植年限约14年。

📋 植物学信息

1. 植株情况

　　树势强，树姿开张，树形为自然圆头形；树高8m，干高1.1m，干周48cm，冠幅东西5m、南北5m；树干灰褐色，树皮呈块状裂；枝条密度较密。

2. 植物学特征

　　1年生枝条黄绿色，节间平均长度为1.3m，平均粗度0.8cm；混合芽长圆形，与副芽贴近；复叶平均长44cm，柄长6cm；小叶数5~9枚，平均长14cm，叶宽7cm，厚0.2mm，长卵圆形，叶尖渐尖，叶缘全缘；叶片颜色为绿色。

3. 果实性状

　　果实长圆形，果皮绿色，果面光滑无茸毛；青皮厚度较薄，容易脱落；坚果卵圆形，平均纵径4.30cm，横径3.51cm，侧径3.36cm，平均果重约12.3g；壳面光滑，缝合线窄、松，壳厚度1.02mm（以两颊中心处的壳厚为准），内褶壁退化，横隔壁骨质；核仁充实饱满，易整取仁；平均核仁重7.85g，出仁率63.82%，风味香甜。

4. 生物学习性

　　生长势强，萌芽力强，发枝力强；具有早实性，第二年开始结果，第五年进入盛果期；果枝类型中以长果枝结果为主；连续结果能力较强，以单果和双果为主，生理落果数少；采前落果数较少，易丰产且大小年不显著；萌芽期在4月上旬，果实采收期为9月中旬，落叶期为11月上旬。

📋 品种评价

　　抗寒、抗旱、耐瘠薄、高产、优质、广适性强；主要食用及利用部位是种子（果实）；主要病虫害有介壳虫、核桃黑斑病、核桃炭疽病；繁殖方法为嫁接，适宜在深厚、肥沃、有排灌条件的砂土栽培；坚果品质佳，香而不涩。

植株

芽

双果结果状

三果结果状

陇南 H-17 核桃

Juglans regia L.'LongnanH-17hetao'

- 调查编号：CAOQFMYP219

- 所属树种：核桃 *Juglans regia* L.

- 提供人：张进德
  电　话：13909399126
  住　址：甘肃省陇南市武都区城关镇上黄家坝村

- 调查人：曹秋芬、孟玉平
  电　话：13753480017
  单　位：山西省农业科学院生物技术研究中心

- 调查地点：甘肃省陇南市武都区城关镇上黄家坝村

- 地理数据：GPS数据（海拔：1004m，经度：E104°50'45.4"，纬度：N33°25'0.16"）

- 样本类型：枝条

生境信息

来源于当地，最大树龄为100年左右。田间种植。伴生物种为核桃，易受耕作影响。土质为砂土地。目前，仅在当地一户种植户院中发现2株，种植年限约12年。

植物学信息

1. 植株情况

树势强，树姿开张，树形为自然圆头形；树高5m，干高1.34m，干周33cm，冠幅东西4m、南北4m；树干褐色，树皮呈块状裂；枝条密度较密。

2. 植物学特征

1年生枝条黄绿色，节间平均长度1.3m，平均粗度0.83cm；混合芽长圆形，与副芽贴近；复叶平均长45cm，柄长4.5cm；小叶数7～9枚，平均长13cm，叶宽5cm，厚0.3mm，长卵圆形，叶尖渐尖，叶缘全缘；叶片颜色为绿色。

3. 果实性状

果实长圆形，果皮绿色，果面光滑无茸毛；青皮厚度较薄，容易脱落；坚果卵圆形，平均纵径4.10cm，横径3.52cm，侧径3.35cm，平均果重约12.1g；壳面光滑，缝合线窄、松，内褶壁退化，横隔壁骨质；核仁充实饱满，易取整仁；平均核仁重8.9g，出仁率73.55%，风味香甜。

4. 生物学习性

生长势强，萌芽力强，发枝力强；第三年开始结果，第五年进入盛果期；果枝类型中以中长果枝结果为主；连续结果能力较强，以单果和双果为主，生理落果数少；采前落果数较少，易丰产且大小年不显著；萌芽期在4月上旬，果实采收期为9月中旬，落叶期为11月上旬。

品种评价

抗寒、抗旱、耐瘠薄、高产、优质、广适性强；主要食用及利用部位是种子（果实）；主要病虫害有介壳虫、核桃黑斑病、核桃炭疽病；繁殖方法为嫁接，适宜在深厚、肥沃、有排灌条件的砂土地栽培；坚果品质佳，壳薄味佳。

植株

芽

单果结果状

双果结果状

陇南 W-04 核桃

Juglans regia L.'LongnanW-04hetao'

调查编号： CAOQFMYP220

所属树种： 核桃 *Juglans regia* L.

提供人： 张进德
电　话： 13909399126
住　址： 甘肃省陇南市武都区城关镇上黄家坝村

调查人： 曹秋芬、孟玉平
电　话： 13753480017
单　位： 山西省农业科学院生物技术研究中心

调查地点： 甘肃省陇南市武都区城关镇上黄家坝村

地理数据： GPS数据（海拔：1004m，经度：E104°50'45.4"，纬度：N33°250.16"）

样本类型： 枝条

生境信息

来源于当地，最大树龄为110年左右。田间种植。伴生物种为核桃，易受耕作影响。土质为砂土地。目前，仅在当地一户种植户院中发现3株，种植年限约20年。

植物学信息

1. 植株情况

树势强，树姿开张，树形为自然圆头形；树高5.2m，干高1.28m，干周35cm，冠幅东西3.9m、南北2.7m；树干灰褐色，树皮呈块状裂；枝条密度较密。

2. 植物学特征

1年生枝条黄绿色，节间平均长度1.3m，平均粗度0.7cm；混合芽长圆形，与副芽贴近；复叶平均长43cm，柄长5.4cm；小叶数7~9枚，平均长15cm，叶宽6.1cm，厚0.1mm，长卵圆形，叶尖渐尖，叶缘全缘；叶片颜色为绿色。

3. 果实性状

果实长圆形，果皮绿色，果面光滑无茸毛；青皮厚度较薄，容易脱落；坚果卵圆形，平均纵径4.03cm，横径3.61cm，侧径3.33cm，平均果重约12.4g；壳面光滑，缝合线窄、松，内褶壁退化，横隔壁骨质；核仁充实饱满，易取整仁；平均核仁重7.8g，出仁率62.9%，风味香甜。

4. 生物学习性

生长势强，萌芽力强，发枝力强；第三年开始结果，第五年进入盛果期；果枝类型中以长果枝结果为主；连续结果能力较强，以单果和双果为主，生理落果数少；采前落果数较少，易丰产且大小年不显著；萌芽期在4月上旬，果实采收期为9月中旬，落叶期为11月上旬。

品种评价

抗寒、抗旱、耐瘠薄，高产、优质，广适性强；主要食用及利用部位是种子（果实）；主要病虫害有介壳虫、核桃黑斑病、核桃炭疽病；繁殖方法为嫁接，适宜在深厚、肥沃、有排灌条件的砂土地栽培；坚果品质佳，壳薄味佳，手捏即破。

植株

叶片

雄花

双果结果状

陇南山核桃 1号

Carya cathayensis 'Longnanshanhetao 1'

调查编号： CAOQFMYP225

所属树种： 山核桃 *Carya cathayensis*

提 供 人： 辛国
电　　话： 13993950684
住　　址： 甘肃省陇南市武都区城关
镇上黄家坝村

调 查 人： 曹秋芬、孟玉平
电　　话： 13753480017
单　　位： 山西省农业科学院生物技
术研究中心

调查地点： 甘肃省陇南市武都区角弓
镇陈家坝村

地理数据： GPS数据（海拔： 1077.9m，
经度： E104°41'00"，纬度： N33°31'13"）

样本类型： 枝条

生境信息

来源于当地，最大树龄为90年左右。田间种植。伴生物种为核桃，易受耕作影响。土质为砂土地。目前，仅在当地一户种植户院中发现2株，种植年限4年。

植物学信息

1. 植株情况

树势强，树姿开张，树形为自然圆头形；树高4m，干高1.2m，干周10cm，冠幅东西4m、南北4m；树干灰褐色，树皮呈块状裂；枝条密度较密。

2. 植物学特征

1年生枝条黄绿色，节间平均长1.2m，平均粗度0.8cm；混合芽长圆形，与副芽贴近；复叶平均长49cm，柄长11cm；小叶数15~17枚，平均长15.5cm，叶宽7cm，厚0.2mm，长卵圆形，叶尖渐尖，叶色绿，叶缘全缘；叶片颜色为紫色。

3. 果实性状

果实长圆形，果皮绿色，果面光滑无茸毛；青皮厚度较薄，容易脱落；坚果卵圆形，平均纵径4.00cm，横径3.61cm，侧径3.11cm，平均果重约13.2g；壳面光滑，缝合线窄、松，壳厚度1.14mm（以两颊中心处的壳厚为准），内褶壁退化，横隔壁骨质；核仁充实饱满，易取整仁；平均核仁重7.9g，出仁率59.85%，风味香甜。

4. 生物学习性

生长势强，萌芽力强，发枝力强；第三年开始结果，第五年进入盛果期；果枝类型中以长果枝结果为主；连续结果能力较强，以单果和双果为主，生理落果数少；采前落果数较少，易丰产且大小年不显著；萌芽期在4月上旬，果实采收期为9月中旬，落叶期为11月上旬。

品种评价

抗寒、抗旱，耐瘠薄，高产、优质，广适性强；主要食用及利用部位是种子（果实）；主要病虫害有介壳虫、核桃黑斑病、核桃炭疽病；繁殖方法为嫁接，适宜在深厚、肥沃、有排灌条件的砂土地栽培；坚果品质佳，壳薄味佳。

小生境

植株

两年生树

多果结果状

穗状核桃 1 号

Juglans regia L.'Suizhuanghetao 1'

调查编号： CAOQFMYP227

所属树种： 核桃 *Juglans regia* L.

提供人： 辛国
电　话： 13993950684
住　　址： 甘肃省陇南市武都区城关
镇上黄家坝村

调查人： 曹秋芬、孟玉平
电　话： 13753480017
单　位： 山西省农业科学院生物技
术研究中心

调查地点： 甘肃省陇南市武都区角弓
镇甘谷墩村

地理数据： GPS数据（海拔：1099m，
经度：E104°41'32.6"，纬度：N33°31'10.3"）

样本类型： 枝条

生境信息

来源于当地，最大树龄为20年左右。田间种植。伴生物种为核桃，易受耕作影响。土质为砂土地。目前，仅在当地一户种植户院中发现1株，种植年限约20年。

植物学信息

1. 植株情况

树势强，树姿直立，树形为自然半圆形；树高10m，干高2.5m，干周90cm，冠幅东西6m、南北6m；树干灰褐色，树皮呈块状裂；枝条密度较密。

2. 植物学特征

1年生枝条黄绿色，节间平均长度1.2m，平均粗度0.8cm；混合芽长圆形，与副芽贴近；复叶平均长48cm，柄长12cm；小叶数5~7枚，平均长17.5cm，叶宽8cm，厚0.2mm，长卵圆形，叶尖渐尖，叶缘全缘；叶片颜色为绿色。

3. 果实性状

果实长圆形，果皮绿色，果面光滑无茸毛；青皮厚度较薄，容易脱落；坚果卵圆形，平均纵径4.00cm，横径3.31cm，侧径3.51cm，平均果重约11.2g；壳面光滑，缝合线窄、松，内褶壁退化，横隔壁骨质；核仁充实饱满，易取整仁；平均核仁重7.7g，出仁率68.75%，风味香甜。

4. 生物学习性

生长势强，萌芽力强，发枝力强；具有早实性，第二年开始结果，第五年进入盛果期；果枝类型中以长果枝结果为主；连续结果能力较强，以穗状果为主，生理落果数少；采前落果数较少，易丰产且大小年不显著；萌芽期在3月中旬，果实采收期为9月中旬，落叶期为11月上旬。

品种评价

抗寒、抗旱、抗风，耐瘠薄、高产、优质、广适性强；主要食用及利用部位是种子（果实）；繁殖方法为嫁接，对土壤、地势、栽培条件的要求不严；结果状成穗状，果实皮薄，仁多丰产性好，抗病性强。

冰生境

植株

叶片

大树结果状

多果结果状

秦选核桃 2 号

Juglans regia L.'Qinxuanhetao 2'

调查编号：　CAOQFMYP267

所属树种：　核桃 *Juglans regia* L.

提 供 人：　马玉林
电　　话：　18993803426
住　　址：　甘肃省天水市秦州区果业局

调 查 人：　曹秋芬、孟玉平
电　　话：　13753480017
单　　位：　山西省农业科学院生物技
　　　　　　术研究中心

调查地点：　甘肃省天水市秦州区藉口
　　　　　　镇四十铺村

地理数据：　GPS数据（海拔：1321m，
　　　　　　经度：E105°31'17.2"，纬度：N34°33'24"）

样本类型：　枝条

生境信息

来源于当地，最大树龄为几百年左右。田间种植。伴生物种为核桃，易受耕作影响。土质为壤土地。目前，仅在当地一户种植户院中发现1株，种植年限约40～50年。

植物学信息

1. 植株情况

树势强，树姿直立，树形为半圆头形；树高7m，干高0.9m，干周192cm，冠幅东西6m、南北7m；树干灰色，树皮呈丝状裂；枝条密度较密。

2. 植物学特征

1年生枝条绿色，节间平均长度1.1m，平均粗度0.8cm；混合芽长圆形，与副芽贴近；复叶平均长41cm，柄长10.5cm；小叶数7枚，平均长13cm，叶宽5cm，厚0.2mm，长卵圆形，叶尖渐尖，叶缘全缘；叶片颜色为绿色。

3. 果实性状

果实长圆形，果皮绿色，果面光滑无茸毛；青皮厚度较薄，容易脱落；坚果卵圆形，平均纵径3.90cm，横径3.31cm，侧径3.20cm，平均果重约17～18g；壳面光滑，缝合线窄、松，内褶壁退化，横隔壁骨质；核仁充实饱满，易取整仁；平均核仁重7.9g，出仁率45.14%，风味香甜。

4. 生物学习性

生长势强，萌芽力强，发枝力强；第三年开始结果，第五年进入盛果期；果枝类型中以长果枝结果为主；连续结果能力较强，以单果和双果为主，生理落果数少；采前落果数较少，易丰产且大小年不显著；萌芽期在4月上旬，果实采收期为9月中旬，落叶期为11月上旬。

品种评价

抗寒、抗旱、耐瘠薄，高产、优质、广适性强；主要食用及利用部位是种子（果实）；主要病虫害有介壳虫、核桃黑斑病、核桃炭疽病；繁殖方法为嫁接，适宜在深厚、肥沃、有排灌条件的壤土地栽培；坚果皮薄，果大；雌先行。

植株

单果结果状

雌花

叶片

秦选核桃 4 号

Juglans regia L.'Qinxuanhetao 4'

调查编号: CAOQFMYP268

所属树种: 核桃 *Juglans regia* L.

提 供 人: 马玉林
电　　话: 18993803426
住　　址: 甘肃省天水市秦州区果业局

调 查 人: 曹秋芬、孟玉平
电　　话: 13753480017
单　　位: 山西省农业科学院生物技术研究中心

调查地点: 甘肃省天水市秦州区太京镇三十甸子村

地理数据: GPS数据（海拔：1244m，经度：E105°33'03"，纬度：N34°33'47"）

样本类型: 叶、枝条

生境信息

来源于当地，最大树龄为几百年左右。田间种植。伴生物种为核桃，易受路基影响。土质为壤土地。目前，仅在当地一户种植户院中发现1株，种植年限约40年。

植物学信息

1. 植株情况

树势强，树姿开张，树形为自然圆头形；树高12m，干高2.1m，干周1.09m，冠幅东西13m、南北12m；树干褐色，树皮呈丝状裂；枝条密度密。

2. 植物学特征

1年生枝条黄绿色，节间平均长度1.5cm，平均粗度中等；混合芽长圆形，与副芽贴近；复叶平均长35cm，柄长8cm；小叶数7枚，平均长14cm，叶宽6.5cm，厚0.2mm，长卵圆形，叶尖渐尖，叶缘全缘；叶片颜色为绿色。

3. 果实性状

果实长圆形，果皮绿色，果面光滑无茸毛；青皮厚度较薄，容易脱落；坚果卵圆形，平均纵径4.20cm，横径3.52cm，侧径3.31cm，平均果重约12.5g；壳面光滑，缝合线窄、松，壳厚度1.04mm（以两颊中心处的壳厚为准），内褶壁退化，横隔壁骨质；核仁充实饱满，易取整仁；平均核仁重7.8g，出仁率62.4%，风味香甜。

4. 生物学习性

生长势强，萌芽力强，发枝力强；第三年开始结果，第五年进入盛果期；果枝类型中以长果枝结果为主；连续结果能力较强，以单果和双果为主，生理落果数少；采前落果数较少，易丰产且大小年不显著；萌芽期在4月上旬，果实采收期为8月中旬，落叶期为11月上旬。

品种评价

抗寒、抗旱，耐瘠薄、高产、优质、广适性强；主要食用及利用部位是种子（果实）；主要病虫害有介壳虫、核桃黑斑病、核桃炭疽病；繁殖方法为嫁接，适宜在深厚、肥沃、有排灌条件的壤土地栽培；坚果品质佳，壳薄味佳。

植株

树干

大树结果状

双果结果状

三果结果状

秦选核桃 6 号

Juglans regia L.'Qinxuanhetao 6'

调查编号： CAOQFMYP269

所属树种： 核桃 *Juglans regia* L.

提 供 人： 马玉林
电　　话： 18993803426
住　　址： 甘肃省天水市秦州区果业局

调 查 人： 曹秋芬、孟玉平
电　　话： 13753480017
单　　位： 山西省农业科学院生物技术研究中心

调查地点： 甘肃省天水市秦州区太京镇郭家坪村

地理数据： GPS数据（海拔：1626m，经度：E105°33'49.4"，纬度：N34°32'19.9"）

样本类型： 叶

生境信息

来源于当地，最大树龄为几百年左右。田间种植。伴生物种为杨树，易受砍伐影响。土质为砂土地。目前，仅在当地一户种植户院中发现1株，种植年限约50年。

植物学信息

1. 植株情况

树势强，树姿直立，树形为半圆头形；树高25m，干高6m，干周1.40m，冠幅东西14m、南北12m；树干灰褐色，树皮呈丝状裂；枝条密度密。

2. 植物学特征

1年生枝条绿色，节间平均长度2cm，平均粗度1cm；混合芽长圆形，与副芽贴近；复叶平均长44cm，柄长7.5cm；小叶数7~9枚，平均长17cm，叶宽8cm，厚0.2mm，长卵圆形，叶尖微尖，叶缘全缘；叶片颜色为绿色。

3. 果实性状

果实长圆形，果皮绿色，果面光滑无茸毛；青皮厚度较薄，容易脱落；坚果卵圆形，平均纵径5.00cm，横径4.51cm，侧径3.38cm，平均果重约18~19g；壳面光滑，缝合线窄、松，壳厚度1.24mm（以两颊中心处的壳厚为准），内褶壁退化，横隔壁骨质；核仁充实饱满，易取整仁；平均核仁重5.9g，出仁率31.89%，风味香甜。

4. 生物学习性

生长势强，萌芽力强，发枝力强；第三年开始结果，第五年进入盛果期；果枝类型中以长果枝结果为主；连续结果能力较强，以双果为主，生理落果数少；采前落果数较少，易丰产且大小年不显著；萌芽期在4月上旬，果实采收期为9月中旬，落叶期为11月上旬。

品种评价

抗寒、抗旱、耐瘠薄、高产、广适性强；主要食用及利用部位是种子（果实）；主要病虫害有介壳虫、核桃黑斑病、核桃炭疽病；繁殖方法为嫁接，适宜在深厚、肥沃、有排灌条件的砂土栽培；为实生苗后代，果个大，品质优。

天生境

树干

幼芽

植株

双果结果状

秦选核桃 3 号

Juglans regia L.'Qinxuanhetao 3'

调查编号： CAOQFMYP270

所属树种： 核桃 *Juglans regia* L.

提 供 人： 马玉林
电　　话： 18993803426
住　　址： 甘肃省天水市秦州区果业局

调 查 人： 曹秋芬、孟玉平
电　　话： 13753480017
单　　位： 山西省农业科学院生物技术研究中心

调查地点： 甘肃省天水市秦州区藉口镇四十铺村

地理数据： GPS数据（海拔：1321m，经度：E105°31'17.2"，纬度：N34°33'24"）

样本类型： 枝条、果实

生境信息

来源于当地，最大树龄为几百年左右。田间种植。伴生物种为核桃，易受路基影响。土质为壤土地。目前，仅在当地一户种植户院中发现1株，种植年限约40年。

植物学信息

1. 植株情况

树势强，树姿开张，树形为自然圆头形；树高10m，干高2.0m，干周1.01m，冠幅东西10m、南北12m；树干褐色，树皮呈丝状裂；枝条密度密。

2. 植物学特征

1年生枝条黄绿色，节间平均长度1.8cm，平均粗度中等；混合芽长圆形，与副芽贴近；复叶平均长38cm，柄长7cm；小叶数7枚，平均长14.8cm，叶宽6.9cm，厚0.14mm，长卵圆形，叶尖渐尖，叶缘全缘；叶片颜色为绿色。

3. 果实性状

果实长圆形，果皮绿色，果面光滑无茸毛；青皮厚度较薄，容易脱落；坚果卵圆形，平均纵径4.10cm，横径3.62cm，侧径3.21cm，平均果重约12.1g；壳面光滑，缝合线窄、松，壳厚度1.1mm（以两颊中心处的壳厚为准），内褶壁退化，横隔壁骨质；核仁充实饱满，易取整仁；平均核仁重7.6g，出仁率62.81%，风味香甜。

4. 生物学习性

生长势强，萌芽力强，发枝力强；具有早实性，第二年开始结果，第五年进入盛果期；果枝类型中以长果枝结果为主；连续结果能力较强，以单果和双果为主，生理落果数少；采前落果数较少，易丰产且大小年不显著；萌芽期在4月上旬，果实采收期为8月中旬，落叶期为11月上旬。

品种评价

抗寒、抗旱、耐瘠薄，高产、优质、广适性强；主要食用及利用部位是种子（果实）；主要病虫害有介壳虫、核桃黑斑病、核桃炭疽病；繁殖方法为嫁接，适宜在深厚、肥沃、有排灌条件的壤土地栽培；坚果品质佳，味香甜。

叶片

果实

成熟期果实

秦选2号					
秦选3号					
秦选4号					

果实对比

贾昌核桃 1 号

Juglans regia L.'Jiachanghetao 1'

调查编号：CAOQFMYP232

所属树种：核桃 *Juglans regia* L.

提 供 人：李世义
电　　话：13993965300
住　　址：甘肃省陇南市文县林业局
　　　　　设计队

调 查 人：曹秋芬、孟玉平
电　　话：13753480017
单　　位：山西省农业科学院生物技
　　　　　术研究中心

调查地点：甘肃省陇南市文县城关镇
　　　　　贾昌村

地理数据：GPS数据（海拔：926m，
　　　　　经度：E104°42'05.3"，纬度：N32°55'50.1"）

样本类型：枝条

生境信息

来源于当地，最大树龄为120年左右。田间种植。伴生物种为核桃，易受耕作影响。土质为砂土地。目前，仅在当地一户种植户院中发现1株，种植年限约20年。

植物学信息

1. 植株情况

树势强，树姿开张，树形为半圆头形；树高7m，干高0.8m，干周82cm，冠幅东西8m、南北8m；树干灰色，树皮光滑不裂；枝条密度较密。

2. 植物学特征

1年生枝条黄绿色，节间平均长度1.1m，平均粗度0.8cm；混合芽长圆形，与副芽贴近；复叶平均长30cm，柄长3.5cm；小叶数7枚，平均长15cm，叶宽6.5cm，厚0.2mm，长卵圆形，叶尖渐尖，叶缘全缘；叶片颜色为浓绿色。

3. 果实性状

果实卵圆形，果皮绿色，果面光滑无茸毛；青皮厚度较厚，容易脱落；坚果卵圆形，平均纵径3.80cm，横径3.75cm，侧径3.45cm，平均果重约12.8g；壳面光滑，缝合线窄、松，内褶壁退化，横隔壁骨质；核仁充实饱满，易取整仁；平均核仁重7.6g，出仁率59.38%，风味香甜。

4. 生物学习性

生长势强，萌芽力强，发枝力强；第二年开始结果，第五年进入盛果期；果枝类型中以长果枝结果为主；连续结果能力较强，以单果和双果为主，生理落果数少；采前落果数较少，易丰产且大小年不显著；萌芽期在4月上旬，果实采收期为9月中旬，落叶期为11月上旬。

品种评价

抗寒、抗旱、耐瘠薄、高产、优质、广适性强；主要食用及利用部位是种子（果实）；主要病虫害有介壳虫、核桃黑斑病、核桃炭疽病；繁殖方法为嫁接，适宜在深厚、肥沃、有排灌条件的砂土地栽培；坚果品质佳，风味香甜。

小生境

大树结果状

植株

芽

贾昌核桃 2 号

Juglans regia L.'Jiachanghetao 2'

调查编号： CAOQFMYP233

所属树种： 核桃 *Juglans regia* L.

提 供 人： 李世义
电　　话： 13993965300
住　　址： 甘肃省陇南市文县林业局
　　　　　 设计队

调 查 人： 曹秋芬、孟玉平
电　　话： 13753480017
单　　位： 山西省农业科学院生物技
　　　　　 术研究中心

调查地点： 甘肃省陇南市文县城关镇
　　　　　 贾昌村

地理数据： GPS数据（海拔：936m，
　　　　　 经度：E104°4205.4"，纬度：N32°5549.4"）

样本类型： 枝条

生境信息

来源于当地，最大树龄为100年左右。田间种植。伴生物种为核桃，易受耕作影响。土质为砂土地。目前，仅在当地一户种植户院中发现1株，种植年限约30年。

植物学信息

1. 植株情况

树势强，树姿开张，树形为半圆头形；树高12m，干高1.8m，干周123cm，冠幅东西8m、南北8m；树干灰色，树皮丝状裂；枝条密度较密。

2. 植物学特征

1年生枝条黄绿色，节间平均长度1.1m，平均粗度0.8cm；混合芽长圆形，与副芽贴近；复叶平均长45cm，柄长10cm；小叶数7枚，平均长17.5cm，叶宽7.5cm，厚0.15mm，长卵圆形，叶尖微尖，叶缘全缘；叶片颜色为绿色。

3. 果实性状

果实卵圆形，果皮绿色，果面光滑无茸毛；青皮厚度较厚，容易脱落；坚果卵圆形，平均纵径3.81cm，横径3.55cm，侧径3.46cm，平均果重约11.8g；壳面光滑，缝合线窄、松，内褶壁退化，横隔壁骨质；核仁充实饱满，易取整仁；平均核仁重7.3g，出仁率61.86%，风味香甜。

4. 生物学习性

生长势强，萌芽力强，发枝力强；具有早实性，第二年开始结果，第五年进入盛果期；果枝类型中以长果枝结果为主；连续结果能力较强，以单果为主，生理落果数少；采前落果数较少，易丰产且大小年不显著；萌芽期在4月上旬，果实采收期为9月中旬，落叶期为11月上旬。

品种评价

抗寒、抗旱，耐瘠薄，高产、优质，广适性强；主要食用及利用部位是种子（果实）；主要病虫害有介壳虫、核桃黑斑病、核桃炭疽病；繁殖方法为嫁接，适宜在深厚、肥沃、有排灌条件的砂土地栽培；另外，该品种为早实性类群，生长迅速，成形快，结果早，雄花少，坚果品质佳，壳薄味佳。

小生境

植株

树干

单果结果状

贾昌核桃 3 号

Juglans regia L.'Jiachanghetao 3'

调查编号： CAOQFMYP234

所属树种： 核桃 *Juglans regia* L.

提供人： 李世义
电话： 13993965300
住址： 甘肃省陇南市文县林业局
设计队

调查人： 曹秋芬、孟玉平
电话： 13753480017
单位： 山西省农业科学院生物技
术研究中心

调查地点： 甘肃省陇南市文县城关镇
贾昌村

地理数据： GPS数据（海拔：936m，
经度：E104°42'05.4"，纬度：N32°55'49.4"）

样本类型： 枝条

生境信息

来源于当地，最大树龄为百年左右。田间种植。伴生物种为核桃，易受耕作影响。土质为砂土地。目前，仅在当地一户种植户院中发现1株，种植年限约40年。

植物学信息

1. 植株情况

树势强，树姿开张，树形为半圆头形；树高13m，干高1.6m，干周118cm，冠幅东西9m、南北9m；树干灰色，树皮块状裂；枝条密度较密。

2. 植物学特征

1年生枝条黄绿色，混合芽长圆形，与副芽贴近；复叶平均长40.5cm，柄长9.5cm；小叶数5～7枚，平均长12cm，叶宽6cm，厚0.15mm，长卵圆形，叶尖微尖，叶缘全缘；叶片颜色为绿色。

3. 果实性状

果实卵圆形，果皮绿色，果面光滑无茸毛；青皮厚度较厚，容易脱落；坚果卵圆形，平均纵径3.24cm，横径3.76cm，侧径3.35cm，平均果重约11.4g；壳面光滑，缝合线窄、松，内褶壁退化，横隔壁骨质；核仁充实饱满，易取整仁；平均核仁重6.93g，出仁率60.79%，风味香甜。

4. 生物学习性

生长势强，萌芽力强，发枝力强；具有早实性，第二年开始结果，第五年进入盛果期；果枝类型中以长果枝结果为主；连续结果能力较强，以单果和双果为主，最多有五个果，生理落果数少；采前落果数较少，易丰产且大小年不显著；萌芽期在4月上旬，果实采收期为9月中旬，落叶期为11月上旬。

品种评价

抗寒、抗旱、耐瘠薄，高产、优质、广适性强；主要食用及利用部位是种子（果实）；主要病虫害有介壳虫、核桃黑斑病、核桃炭疽病；繁殖方法为嫁接，适宜在深厚、肥沃、有排灌条件的砂土地栽培；果实有单果、双果、三果，以单果和双果为主；坚果品质佳，壳薄味佳。

小生境

核桃林

双果结果状

三果结果状

玉垒核桃 1 号

Juglans regia L.'Yuleihetao 1'

调查编号：CAOQFMYP238

所属树种：核桃 *Juglans regia* L.

提 供 人：王文永
电　　话：13830955397
住　　址：甘肃省陇南市文县林业局

调 查 人：曹秋芬、孟玉平
电　　话：13753480017
单　　位：山西省农业科学院生物技
　　　　　术研究中心

调查地点：甘肃省陇南市文县玉垒乡
　　　　　李家坪村

地理数据：GPS数据（海拔：772m，
　　　　　经度：E105°05'42"，纬度：N32°49'31"）

样本类型：枝条

生境信息

来源于当地，最大树龄为80年左右。田间种植。伴生物种为核桃，易受耕作影响。土质为砂土地。目前，仅在当地一户种植户院中发现1株，种植年限约15年。

植物学信息

1. 植株情况

树势中，树姿半开张，树形为半圆头形；树高9m，干高1.2m，干周39cm，冠幅东西8m、南北9m；树干灰色，树皮呈丝状裂；枝条密度较密。

2. 植物学特征

1年生枝条黄绿色，复叶平均长38cm，柄长8cm；小叶数7枚，平均长14cm，叶宽14cm，厚7mm，长卵圆形，叶尖渐尖，叶缘全缘。

3. 果实性状

果实长圆形，果皮中厚，果面光滑无茸毛；青皮厚度较薄，容易脱落；坚果卵圆形，平均纵径4.04cm，横径3.32cm，侧径3.24cm，平均果重约12g；壳面光滑，缝合线窄、松，内褶壁退化，横隔壁骨质；核仁充实饱满，易取整仁；平均核仁重7.85g，出仁率65.42%，风味香浓。

4. 生物学习性

生长势强，萌芽力强，发枝力强；第三年开始结果，第五年进入盛果期；果枝类型中以长果枝结果为主；连续结果能力较强，以单果和双果为主，生理落果数少；采前落果数较少，易丰产且大小年不显著；萌芽期在3月下旬，果实采收期为8月下旬~9月上旬，落叶期为11月上旬。

品种评价

抗寒、抗旱、耐瘠薄、高产、优质、广适性强；主要食用及利用部位是种子（果实）；主要病虫害有介壳虫、核桃黑斑病、核桃炭疽病；繁殖方法为嫁接，适宜在深厚、肥沃、有排灌条件的砂土地栽培；果皮中厚，坚果品质佳，香味浓。

植株

北树结果状

叶片

双果结果状

玉垒核桃 2 号

Juglans regia L.'Yuleihetao 2'

调查编号：CAOQFMYP239

所属树种：核桃 *Juglans regia* L.

提 供 人：王文永
电　　话：13830955397
住　　址：甘肃省陇南市文县林业局

调 查 人：曹秋芬、孟玉平
电　　话：13753480017
单　　位：山西省农业科学院生物技术研究中心

调查地点：甘肃省陇南市文县玉垒乡李家坪村

地理数据：GPS数据（海拔：772m，经度：E105°05'42"，纬度：N32°49'31"）

样本类型：枝条

生境信息

来源于当地，最大树龄为80年左右。田间种植。伴生物种为核桃，易受耕作影响。土质为砂土地。目前，仅在当地一户种植户院中发现1株，种植年限约15年。

植物学信息

1. 植株情况

树势强，树姿直立，树形为半圆头形；树高8m，干高1m，干周80cm，冠幅东西9m、南北9m；树干灰色，树皮呈丝状裂；枝条密度较密。

2. 植物学特征

1年生枝条黄绿色，复叶平均长39cm，柄长8cm；小叶数7枚，平均长16cm，叶宽8cm，厚6mm，长卵圆形，叶尖微尖，叶缘全缘。

3. 果实性状

果实长圆形，果皮厚，果面光滑无茸毛；青皮厚度较薄，容易脱落；坚果卵圆形，平均纵径4.14cm，横径3.16cm，侧径3.32cm，平均果重约12.6g；壳面光滑，缝合线窄、松，壳厚度1.04mm（以两颊中心处的壳厚为准），内褶壁退化，横隔壁骨质；核仁充实饱满，易取整仁；平均核仁重8.5g，出仁率67.46%，风味香浓。

4. 生物学习性

生长势强，萌芽力强，发枝力强；第二年开始结果，第五年进入盛果期；果枝类型中以长果枝结果为主；连续结果能力较强，以单果和双果为主，生理落果数少；采前落果数较少，易丰产且大小年不显著；萌芽期在3月下旬，果实采收期为8月下旬~9月上旬，落叶期为11月上旬。

品种评价

抗寒、抗旱，耐瘠薄，高产、优质，广适性强；主要食用及利用部位是种子（果实）；主要病虫害有介壳虫、核桃黑斑病、核桃炭疽病；繁殖方法为嫁接，适宜在深厚、肥沃、有排灌条件的砂土地栽培；另外，该品种为早实性类群，生长迅速，成形快，结果早，雄花少，坚果品质佳，壳薄味佳，风味香浓。

植株

双果结果状

三果结果状

多果结果状

碧口核桃 3 号

Juglans regia L.'Bikouhetao 3'

调查编号： CAOQFMYP240

所属树种： 核桃 *Juglans regia* L.

提 供 人： 王文永
电　　话： 13830955397
住　　址： 甘肃省陇南市文县林业局

调 查 人： 曹秋芬、孟玉平
电　　话： 13753480017
单　　位： 山西省农业科学院生物技术研究中心

调查地点： 甘肃省陇南市文县碧口镇马家山村

地理数据： GPS数据（海拔： 1206m，
经度： E105°1751"，纬度： N32°41'43"）

样本类型： 枝条

生境信息

来源于当地、田间种植。伴生物种为核桃，易受耕作影响。土质为砂土地。目前，仅在当地一户种植户家中发现1株，种植年限约15年。

植物学信息

1. 植株情况

树势中，树姿半开张，树形为半圆头形；树高5m，干高1.7m，干周67cm，冠幅东西5m、南北5m；树干褐色，树皮呈丝状裂；枝条密度较密。

2. 植物学特征

1年生枝条黄绿色，复叶平均长36cm，柄长11.5cm；小叶数5枚，平均长13cm，叶宽6cm，厚0.2mm，长卵圆形，叶尖微尖，叶缘全缘。

3. 果实性状

果实长圆形，果皮绿色，果面光滑有茸毛；青皮厚度较薄，容易脱落；坚果卵圆形，平均纵径4.00cm，横径3.24cm，侧径3.32cm，平均果重约11.2g；壳面光滑，缝合线窄、松，壳厚度1.00mm（以两颊中心处的壳厚为准），内褶壁退化，横隔壁骨质；核仁充实饱满，易取整仁；平均核仁重6.9g，出仁率61.61%，风味香甜。

4. 生物学习性

生长势强，萌芽力强，发枝力强；第三年开始结果，第五年进入盛果期；果枝类型中以长果枝结果为主；连续结果能力较强，以单果和双果为主，生理落果数少；采前落果数较少，易丰产且大小年不显著；萌芽期在4月上旬，雄花盛开期为4月上旬，雌花盛开期为4月中旬，果实采收期为9月中旬，落叶期为11月上旬。

品种评价

抗寒、抗旱，耐瘠薄、高产、优质、广适性强；主要食用及利用部位是种子（果实）；主要病虫害有介壳虫、核桃黑斑病、核桃炭疽病；虫害较严重；繁殖方法为嫁接，适宜在深厚、肥沃、有排灌条件的砂土地栽培。

多果结果状

大生境

植株

芽

大树结果状

红柳核桃 1 号

Juglans regia L.'Hongliuhetao 1'

调查编号： CAOQFMYP274

所属树种： 核桃 *Juglans regia* L.

提 供 人： 木合塔尔
电　　话： 13289953888
住　　址： 新疆农业科学院吐鲁番农
业科学研究所

调 查 人： 曹秋芬、孟玉平
电　　话： 13753480019
单　　位： 山西省农业科学院生物技
术研究中心

调查地点： 新疆维吾尔自治区吐鲁番
市红柳河园艺场

地理数据： GPS数据（海拔：554m，
经度：E88°58'10.4"，纬度：N43°06'32.3"）

样本类型： 枝条

生境信息

来源于当地，田间种植。伴生物种为核桃，易受耕作影响。土质为砂土地。目前，仅在当地一户种植户家中发现2株，种植年限约50年。

植物学信息

1. 植株情况

树势强，树姿直立，树形为半圆头形；树高15m，干高0.5m，干周200cm；树干灰白色，树皮呈丝状裂；枝条密度较密。

2. 植物学特征

1年生枝条黄白色，节间长中；复叶长卵圆形，叶尖渐尖，叶缘全缘。

3. 果实性状

果实椭圆形，果皮绿色，坚果光泽，平均纵径5.42cm，横径4.20cm，侧径3.94cm，平均果重约12.2g；壳面光滑，缝合线窄、凸，内褶壁退化，横隔壁骨质；核仁充实饱满，易取整仁，风味香甜。

4. 生物学习性

生长势强，萌芽力强，发枝力强；具有早实性，第二年开始结果，第五年进入盛果期；果枝类型中以长果枝结果为主；连续结果能力较强，以单果和双果为主，生理落果数少；采前落果数较少，易丰产且大小年不显著；萌芽期在4月中上旬，果实采收期为9月中旬，落叶期为11月上旬。

品种评价

抗寒、抗旱，耐瘠薄，高产、优质、广适性强；主要食用及利用部位是种子（果实）；主要病虫害有介壳虫、核桃黑斑病、核桃炭疽病；繁殖方法为嫁接，适宜在深厚、肥沃、有排灌条件的砂土地栽培；另外，该品种为早实性类群，生长迅速，成形快，结果早，雄花少，坚果品质佳，壳薄味佳。

小生境

树体

叶片

芽

兴裕核桃 1 号

Juglans regia L.'Xingyuhetao 1'

调查编号： CAOQFMYP001

所属树种： 核桃 *Juglans regia* L.

提 供 人： 李宪民
电　　话： 13327514149
住　　址： 山西省汾阳市农业局

调 查 人： 孟玉平
电　　话： 13643696321
单　　位： 山西省农业科学院生物技
　　　　　术研究中心

调查地点： 山西省汾阳市栗家庄乡兴
　　　　　裕村

地理数据： GPS数据（海拔：991m，
　　　　　经度：E111°42'03"，纬度：N37°19'06"）

样本类型： 枝条、果实

生境信息

来源于当地，最大树龄为120年左右。田间种植。伴生物种为核桃，易受耕作影响。土质为壤土地。目前，仅在当地一户种植户家中发现1株，种植年限约120年。

植物学信息

1. 植株情况

树势强，树姿直立，树形为半圆头形；树高12m，干高14m，干周250cm，冠幅南北13m；树干灰褐色，树皮呈丝状裂；枝条密度中等。

2. 植物学特征

1年生枝条黄绿色，平均长10～15cm，节间平均长度1.5cm，平均粗度0.5cm；嫩梢上茸毛颜色为灰，皮目小、少且凸。混合芽长圆形；复叶平均长20cm，柄长10～12cm；小叶数2～3枚，平均长8cm，叶宽4～5cm，长卵圆形，叶尖渐尖，叶缘全缘。

3. 果实性状

果实圆形，果皮绿色，果面有茸毛，果点黄绿色，密度较密；青皮厚度较薄，容易脱落；坚果卵圆形，平均纵径4.00cm，横径3.35cm，侧径3.54cm，平均果重约11.2g；壳面光滑，缝合线窄、松，内褶壁退化，横隔壁骨质；核仁充实饱满，易取整仁；平均核仁重6.9g，出仁率61.61%，风味香甜。

4. 生物学习性

生长势强，萌芽力强，发枝力强；第三年开始结果，第五年进入盛果期；果枝类型中以长果枝结果为主；连续结果能力较强，以单果和双果为主，生理落果数少；采前落果数较少，易丰产且大小年不显著；萌芽期在3月下旬，果实采收期为9月中旬，落叶期为11月中旬。

品种评价

抗寒、抗旱、耐瘠薄、高产、优质、广适性强；主要食用及利用部位是种子（果实）；主要病虫害有介壳虫、核桃黑斑病、核桃炭疽病；繁殖方法为嫁接，适宜在深厚、肥沃、有排灌条件的壤土地栽培；另外，该品种为长迅速，成形快，结果早，雄花少，坚果品质佳，壳薄味佳。

果实

植株

叶片

叶片

雄花

成熟期果实

兴裕核桃 2 号

Juglans regia L.'Xingyuhetao 2'

調查編号： CAOQFMYP002

所属树种： 核桃 *Juglans regia* L.

提 供 人： 李宪民
电　　话： 13327514149
住　　址： 山西省汾阳市农业局

调 查 人： 曹秋芬、孟玉平
电　　话： 13753480017
单　　位： 山西省农业科学院生物
　　　　　技术研究中心

调查地点： 山西省汾阳市栗家庄乡兴
　　　　　裕村

地理数据： GPS数据（海拔：990m，
　　　　　经度：E111°42'03"，纬度：N37°19'06"）

样本类型： 枝条

生境信息

来源于当地，最大树龄为60年左右。田间种植。伴生物种为核桃，易受耕作影响。土质为砂土地。目前，仅在当地一户种植户家中发现1株，种植年限约60年。

植物学信息

1. 植株情况

树势强，树姿开张，树形为自然圆头形；树高10m，干高9m，干周1.20m，冠幅南北10m；树干灰褐色，树皮呈块状裂；枝条密度较密。

2. 植物学特征

1年生枝条黄绿色，节间平均长度5cm，平均粗度0.4cm；嫩梢上茸毛颜色为灰，皮目小、少且凸。混合芽长圆形；复叶平均长20～25cm，柄长6～8cm；小叶数2～3枚，平均长10cm，叶宽8cm，厚0.2mm，长卵圆形，叶尖渐尖，叶缘全缘；叶色为黄绿色。

3. 果实性状

果实圆形，果皮黄绿色，果点黄绿色，密度密；青皮厚度较薄，容易脱落；坚果卵圆形，平均纵径3.50cm，横径3.51cm，侧径3.31cm，平均果重约10.2g；壳面光滑，缝合线窄、松，内褶壁退化，横隔壁骨质；核仁充实饱满，易取整仁；平均核仁重6.9g，出仁率67.64%，风味香甜。

4. 生物学习性

生长势强，萌芽力强，发枝力强；第二年开始结果，第五年进入盛果期；果枝类型中以长果枝结果为主；连续结果能力较强，以单果和双果为主，生理落果数少；采前落果数较少，易丰产且大小年不显著；萌芽期在4月中上旬，果实采收期为9月下旬，落叶期为11月上旬。

品种评价

抗寒、抗旱，耐瘠薄，高产、优质、广适性强；主要食用及利用部位是种子（果实）；还可以做砧木；主要病虫害有介壳虫、核桃黑斑病、核桃炭疽病；繁殖方法为嫁接，适宜在深厚、肥沃、有排灌条件的砂土地栽培；另外，该品种为早实性类群，生长迅速，成形快，结果早，坚果品质佳，壳薄味佳。

大生境

叶片

单果结果状

植株

三果结果状

兴裕核桃 3 号

Juglans regia L.'Xingyuhetao 3'

- 调查编号：CAOQFMYP003
- 所属树种：核桃 *Juglans regia* L.
- 提 供 人：李宪民
  电　　话：13327514149
  住　　址：山西省汾阳市农业局
- 调 查 人：曹秋芬、孟玉平
  电　　话：13753480017
  单　　位：山西省农业科学院生物
  技术研究中心
- 调查地点：山西省汾阳市栗家庄乡兴
  裕村
- 地理数据：GPS数据（海拔：990m，
  经度：E111°42'03"，纬度：N37°19'06"）
- 样本类型：枝条、叶片

生境信息

来源于当地，最大树龄为50年左右。田间种植。伴生物种为玉米，易受耕作影响。地形为坡地，土质为壤土地。目前，仅在当地一户种植户院中发现1株，种植年限约50年。

植物学信息

1. 植株情况

树势强，树姿开张，树形为自然圆头形；树高7m，干高1m，干周90cm，冠幅东西7m、南北5m；树干灰褐色，树皮呈丝状裂；枝条密度较密。

2. 植物学特征

1年生枝条黄绿色，侧生混合芽率为20%；复叶平均长20～24cm；小叶数3～4枚，平均长10cm，叶宽8cm，椭圆形，叶色黄绿色，叶尖微尖，叶缘全缘。

3. 果实性状

果实圆形，果皮绿色，果面光滑无茸毛；青皮厚度较薄，容易脱落；坚果卵圆形，平均纵径3.50cm，横径3.51cm，侧径3.32cm，平均果重约11.8g；壳面光滑，缝合线窄、松，内褶壁退化，横隔壁骨质；核仁充实饱满，易取整仁；平均核仁重7.0g，出仁率59.32%，风味香甜。

4. 生物学习性

生长势强，萌芽力强，发枝力强；第三年开始结果，第五年进入盛果期；果枝类型中以长果枝结果为主；连续结果能力较强，以单果为主，生理落果数少；采前落果数较少，易丰产且大小年不显著；萌芽期在4月上旬，果实采收期为9月中下旬，落叶期为11月上旬。

品种评价

抗寒、抗旱，耐瘠薄，高产、优质，广适性强；主要食用及利用部位是种子（果实），也可以做砧木；主要病虫害有介壳虫、核桃黑斑病、核桃炭疽病；繁殖方法为嫁接，适宜在深厚、肥沃、有排灌条件的壤土地栽培；坚果品质佳，壳薄味佳。

果实

植株

枝条

芽

叶片

双果结果枝

兴裕核桃 4 号

Juglans regia L.'Xingyuhetao 4'

调查编号： CAOQFMYP004

所属树种： 核桃 *Juglans regia* L.

提 供 人： 李宪民
电　话： 13327514149
住　址： 山西省汾阳市农业局

调 查 人： 曹秋芬、孟玉平
电　话： 13753480017
单　位： 山西省农业科学院生物技术研究中心

调查地点： 山西省汾阳市栗家庄乡兴裕村

地理数据： GPS数据（海拔：990m，经度：E111°42'03"，纬度：N37°19'06"）

样本类型： 枝条

生境信息

来源于当地，最大树龄为50年左右。田间种植。伴生物种为玉米，易受耕作影响。地形为坡地，土质为砂壤土地。目前，仅在当地一户种植户院中发现1株，种植年限约50年。

植物学信息

1. 植株情况

树势强，树姿直立，树形为半圆头形；树高10m，干高1.6m，干周60cm，冠幅东西4m、南北5m；树干灰色，树皮呈丝状裂；枝条密度较密。

2. 植物学特征

1年生枝条黄绿色，侧生混合芽率为40%；复叶平均长20～30cm；小叶数3～4枚，平均长12cm，叶宽6cm，椭圆形，叶色黄绿色，叶尖微尖，叶缘全缘。

3. 果实性状

果实圆形，果皮绿色，果面光滑无茸毛；青皮厚度较薄，容易脱落；坚果卵圆形，平均纵径3.30cm，横径3.21cm，侧径3.12cm，平均果重约10.2g；壳面光滑，缝合线窄、松，内褶壁退化，横隔壁骨质；核仁充实饱满，易取整仁；平均核仁重6.8g，出仁率66.67%，风味香甜。

4. 生物学习性

生长势强，萌芽力强，发枝力强；第二年开始结果，第五年进入盛果期；果枝类型中以长果枝结果为主；连续结果能力较强，以单果和双果为主，生理落果数少；采前落果数较少，易丰产且大小年不显著；萌芽期在4月上旬，果实采收期为9月中下旬，落叶期为11月上旬。

品种评价

抗寒、抗旱，耐瘠薄，高产、优质，广适性强；主要食用及利用部位是种子（果实），也可以做砧木；主要病虫害有介壳虫、核桃黑斑病、核桃炭疽病；繁殖方法为嫁接，适宜在深厚、肥沃、有排灌条件的砂壤土栽培；坚果品质佳，壳薄味佳。

植株

枝条

幼芽

双果结果状

兴裕核桃 5 号

Juglans regia L.'Xingyuhetao 5'

调查编号： CAOQFMYP005

所属树种： 核桃 *Juglans regia* L.

提 供 人： 李宪民
电　　话： 13327514149
住　　址： 山西省汾阳市农业局

调 查 人： 曹秋芬、孟玉平
电　　话： 13753480017
单　　位： 山西省农业科学院生物
技术研究中心

调查地点： 山西省汾阳市栗家庄乡兴
裕村

地理数据： GPS数据（海拔：990m，
经度：E111°42'03"，纬度：N37°19'06"）

样本类型： 枝条

生境信息

来源于当地，最大树龄为50年左右。坡地种植。伴生物种为代表生长环境的优势种、建群种及标志种玉米，易受耕作影响。土质为砂壤土。目前，仅在当地一户种植户家中发现1株，种植年限约40年。

植物学信息

1. 植株情况

树势强，树姿开张，树形为自然圆头形；树高12m，干高1.8m，干周39cm，冠幅东西7m、南北8m；树干灰褐色，树皮呈块状裂；枝条密度较密。

2. 植物学特征

1年生枝条黄绿色，节间平均长度0.8m，平均粗度0.8cm；混合芽长圆形，与副芽贴近；复叶平均长35cm，柄长5cm；小叶数5～7枚，平均长10cm，叶宽6cm，厚0.2mm，长椭圆形，叶尖微尖，叶缘全缘，叶色为绿色。

3. 果实性状

果实卵圆形，果皮绿色，果面光滑无茸毛；青皮厚度较薄，容易脱落；坚果卵圆形，平均纵径3.60cm，横径3.51cm，侧径3.35cm，平均果重约10.2g；壳面光滑，缝合线窄、松，壳厚度1.1mm（以两颊中心处的壳厚为准），内褶壁退化，横隔壁骨质；核仁充实饱满，易取整仁；平均核仁重6.9g，出仁率67.65%，风味香甜。

4. 生物学习性

生长势强，萌芽力强，发枝力强；第三年开始结果，第五年进入盛果期；果枝类型中以长果枝结果为主；连续结果能力较强，以单果为主，生理落果数少；采前落果数较少，易丰产且大小年不显著；萌芽期在4月上旬，果实采收期为9月中旬，落叶期为11月上旬。

品种评价

抗旱，耐瘠薄，高产、优质，广适性强；主要食用及利用部位是种子（果实）；可以用作砧木；主要病虫害有介壳虫、核桃黑斑病、核桃炭疽病；繁殖方法为嫁接，适宜在深厚、肥沃、有排灌条件的砂壤土栽培。

果实

植株

叶片

枝条

单果结果状

兴裕核桃 6 号

Juglans regia L.'Xingyuhetao 6'

调查编号： CAOQFMYP006

所属树种： 核桃 *Juglans regia* L.

提 供 人： 李宪民
电　　话： 13327514149
住　　址： 山西省汾阳市农业局

调 查 人： 曹秋芬、孟玉平
电　　话： 13753480017
单　　位： 山西省农业科学院生物
技术研究中心

调查地点： 山西省汾阳市栗家庄乡兴
裕村

地理数据： GPS数据（海拔：990m，
经度：E111°42'03"，纬度：N37°19'06"）

样本类型： 枝条

生境信息

来源于当地，最大树龄为50年左右。坡地种植。伴生物种为代表生长环境的优势种、建群种及标志种玉米，易受耕作影响。土质为砂壤土。目前，仅在当地一户种植户家中发现1株，种植年限约50年。

植物学信息

1. 植株情况

树势强，树姿开张，树形为自然圆头形；树高9m，干高1.8m，干周39cm，冠幅东西8m、南北8m；树干灰褐色，树皮呈块状裂；枝条密度较密。

2. 植物学特征

1年生枝条黄绿色，节间平均长0.9m，平均粗度0.8cm；混合芽长圆形，与副芽贴近；复叶平均长32cm，柄长5cm；小叶数5~7枚，平均长10cm，叶宽6.5cm，厚0.2mm，长椭圆形，叶尖微尖，叶缘全缘，叶色为绿色。

3. 果实性状

果实卵圆形，果皮绿色，果面光滑无茸毛；青皮厚度较薄，容易脱落；坚果卵圆形，平均纵径3.60cm，横径3.55cm，侧径3.42cm，平均果重约10.7g；壳面光滑，缝合线窄、松，内褶壁退化，横隔壁骨质；核仁充实饱满，易取整仁；平均核仁重6.5g，出仁率60.75%，风味香甜。

4. 生物学习性

生长势强，萌芽力强，发枝力强；第三年开始结果，第五年进入盛果期；果枝类型中以长果枝结果为主；连续结果能力较强，以双果为主，生理落果数少；采前落果数较少，易丰产且大小年不显著；萌芽期在4月上旬，果实采收期为9月中旬，落叶期为11月上旬。

品种评价

抗旱，耐瘠薄，高产、广适性强；主要食用及利用部位是种子（果实）；可以用作砧木；主要病虫害有介壳虫、核桃黑斑病、核桃炭疽病；繁殖方法为嫁接，适宜在深厚、肥沃、有排灌条件的砂壤土栽培。

幼芽

植株

叶片

双果结果状

兴裕核桃 7 号

Juglans regia L.'Xingyuhetao 7'

调查编号：CAOQFMYP007

所属树种：核桃 *Juglans regia* L.

提 供 人：李宪民
电　　话：13327514149
住　　址：山西省汾阳市农业局

调 查 人：曹秋芬、孟玉平
电　　话：13753480017
单　　位：山西省农业科学院生物技术研究中心

调查地点：山西省汾阳市栗家庄乡兴裕村

地理数据：GPS数据（海拔：990m，经度：E111°42'03"，纬度：N37°19'06"）

样本类型：枝条

生境信息

来源于当地，最大树龄为50年左右。坡地种植。伴生物种为代表生长环境的优势种、建群种及标志种玉米，易受耕作影响。土质为砂壤土。目前，仅在当地一户种植户家中发现1株，种植年限约50年。

植物学信息

1. 植株情况

树势强，树姿开张，树形为自然圆头形；树高11m，干高2m，干周42cm，冠幅东西7m、南北6m；树干灰褐色，树皮呈块状裂；枝条密度较密。

2. 植物学特征

1年生枝条黄绿色，节间平均长度1m，平均粗度0.9cm；混合芽长圆形，与副芽贴近；复叶平均长33cm，柄长5.6cm；小叶数5～9枚，平均长12cm，叶宽6.8cm，厚0.2mm，长椭圆形，叶尖微尖，叶缘全缘，叶色为绿色。

3. 果实性状

果实卵圆形，果皮绿色，果面光滑无茸毛；青皮厚度较薄，容易脱落；坚果卵圆形，平均纵径3.60cm，横径3.57cm，侧径3.45cm，平均果重约10.9g；壳面光滑，缝合线窄、松，壳厚度1.1mm（以两颊中心处的壳厚为准），内褶壁退化，横隔壁骨质；核仁充实饱满，易取整仁；平均核仁重6.8g，出仁率62.39%，风味香甜。

4. 生物学习性

生长势强，萌芽力强，发枝力强；第三年开始结果，第五年进入盛果期；果枝类型中以长果枝结果为主；连续结果能力较强，以单果为主，生理落果数少；采前落果数较少，易丰产且大小年不显著；萌芽期在4月上旬，果实采收期为9月中旬，落叶期为11月上旬。

品种评价

抗旱，耐瘠薄，高产、广适性强；主要食用及利用部位是种子（果实）；可以用作砧木；主要病虫害有介壳虫、核桃黑斑病、核桃炭疽病；繁殖方法为嫁接，适宜在深厚、肥沃、有排灌条件的砂壤土栽培。

植株

叶片

结果枝条

单果结果状

双果结果状

忻州棉核桃

Juglans regia L.'Xinzhoumianhetao'

调查编号： CAOQFMYP032

所属树种： 核桃 *Juglans regia* L.

提 供 人： 侯志义
电　　话： 13994139012
住　　址： 山西省忻州市忻府区逯家庄

调 查 人： 孟玉平
电　　话： 13643696321
单　　位： 山西省农业科学院生物技术研究中心

调查地点： 山西省忻州市忻府区逯家庄

地理数据： GPS数据（海拔：870m，经度：E112°41'49"，纬度：N38°24'35"）

样本类型： 枝条、果实

生境信息

来源于当地，最大树龄为120年左右。坡地种植。伴生物种为代表生长环境的优势种、建群种及标志种玉米，易受耕作影响。土质为壤土。

植物学信息

1. 植株情况

树势强，树姿开张，树形为自然圆头形；树高12m，干高1m，干周100cm，冠幅南北12m；树干灰褐色，树皮呈块状裂；枝条密度较密。

2. 植物学特征

1年生枝条黄绿色，节间平均长度1.2m，平均粗度0.9cm；混合芽长圆形，与副芽贴近；复叶平均长30cm，柄长5.1cm；小叶数5～7枚，平均长12cm，叶宽6.0cm，厚0.15mm，长椭圆形，叶尖微尖，叶缘全缘，叶色为绿色。

3. 果实性状

果实卵圆形，果皮绿色，果面光滑无茸毛；青皮厚度较薄，容易脱落；坚果卵圆形，平均纵径3.80cm，横径3.25cm，侧径3cm，平均果重约11.9g；壳面光滑，略麻，缝合线窄、松，内褶壁退化，横隔壁骨质；核仁充实饱满，易取整仁；平均核仁重7.8g，出仁率65.55%，风味香甜。

4. 生物学习性

生长势强，萌芽力强，发枝力强；第三年开始结果，第五年进入盛果期；果枝类型中以长果枝结果为主；连续结果能力较强，以单果为主，生理落果数少；采前落果数较少，易丰产且大小年不显著；萌芽期在4月上旬，果实采收期为9月中旬，落叶期为11月上旬。

品种评价

抗旱，耐瘠薄，高产、广适性强；主要食用及利用部位是种子（果实）；可以用作砧木；主要病虫害有介壳虫、核桃黑斑病、核桃炭疽病；繁殖方法为嫁接，适宜在深厚、肥沃、有排灌条件的壤土栽培。

植株

成熟期裂果水

幼芽

成熟期青果

成熟期坚果

汾阳棉核桃 1号

Juglans regia L.'Fenyangmianhetao 1'

- 调查编号：CAOQFMYP049

- 所属树种：核桃 *Juglans regia* L.

- 提 供 人：孙海峰
  电　　话：13191006579
  住　　址：山西省汾阳市栗家庄乡桑枣坡村

- 调 查 人：孟玉平
  电　　话：13643696321
  单　　位：山西省农业科学院生物技术研究中心

- 调查地点：山西省汾阳市栗家庄乡桑枣坡村

- 地理数据：GPS数据（海拔：895.3m，经度：E111°40'48"，纬度：N37°15'00"）

- 样本类型：枝条、果实

生境信息

来源于当地，最大树龄40年左右。坡地种植。伴生物种为代表生长环境的优势种、建群种及标志种玉米、谷子，易受耕作影响。土质为壤土。

植物学信息

1. 植株情况

树势强，树姿开张，树形为自然圆头形；树高8m，干高1m，干周80cm，冠幅南北7m；树干灰褐色，树皮呈块状裂；枝条密度较密。

2. 植物学特征

1年生枝条黄绿色，节间平均长度1.0m，平均粗度0.9cm；混合芽长圆形，与副芽贴近；复叶平均长20cm，柄长5.1cm；小叶数5~7枚，平均长10cm，叶宽6.0cm，厚0.11mm，长椭圆形，叶尖微尖，叶缘全缘，叶色为绿色。

3. 果实性状

果实卵圆形，果皮绿色，果面光滑无茸毛；青皮厚度较薄，容易脱落；坚果卵圆形，平均纵径3.80cm，横径3.75cm，侧径3.7cm，平均果重约11.0g；壳面光滑，缝合线窄、松，内褶壁退化，横隔壁骨质；核仁充实饱满，易取整仁；平均核仁重7.8g，出仁率70.91%，风味香甜。

4. 生物学习性

生长势强，萌芽力强，发枝力强；第三年开始结果，第五年进入盛果期；果枝类型中以长果枝结果为主；连续结果能力较强，以单果为主，生理落果数少；采前落果数较少，易丰产且大小年不显著；萌芽期在4月上旬，果实采收期为9月中旬，落叶期为11月上旬。

品种评价

抗旱，耐瘠薄，高产、广适性强；主要食用及利用部位是种子（果实）；可以用作砧木；主要病虫害有介壳虫、核桃黑斑病、核桃炭疽病；繁殖方法为嫁接，适宜在深厚、肥沃、有排灌条件的壤土栽培。

大生境

雌花

坚果

坚果

神沟核桃 1 号

Juglans regia L.'Shengouhetao 1'

调查编号： CAOQFMYP107

所属树种： 核桃 *Juglans regia* L.

提 供 人： 曹铭阳
电 话： 13513651989
住 址： 山西省临汾市翼城县里砦镇神沟村

调 查 人： 孟玉平
电 话： 13643696321
单 位： 山西省农业科学院生物技术研究中心

调查地点： 山西省临汾市翼城县里砦镇神沟村

地理数据： GPS数据（海拔：859m，经度：E111°38'44.8"，纬度：N35°49'15.8"）

样本类型： 枝条

生境信息

来源于当地，最大树龄为40年左右。庭院种植。易受耕作影响。土质为砂壤土。

植物学信息

1. 植株情况

树势强，树姿开张，树形为自然圆头形；树高10m，干高2m，干周97cm，冠幅东西10m、南北10m；树干灰褐色，树皮呈块状裂；枝条密度较密。

2. 植物学特征

1年生枝条黄绿色，节间平均长度1.3m，平均粗度0.9cm；混合芽长圆形，与副芽贴近；复叶平均长40cm，柄长5cm；小叶数5～7枚，平均长14cm，叶宽7cm，厚0.1mm，长卵圆形，叶尖渐尖，叶缘全缘；叶色为绿色。

3. 果实性状

果实卵圆形，果皮绿色，果面光滑无茸毛；青皮厚度较薄，容易脱落；坚果卵圆形，平均纵径4.00cm，横径3.81cm，侧径3.61cm，平均果重约12.2g；壳面光滑，缝合线窄、松，内褶壁退化，横隔壁骨质；核仁充实饱满，易取整仁；平均核仁重8.3g，出仁率68.03%，风味香甜。

4. 生物学习性

生长势强，萌芽力强，发枝力强；第三年开始结果，第五年进入盛果期；果枝类型中以长果枝结果为主；连续结果能力较强，以双果为主，生理落果数少；采前落果数较少，易丰产且大小年不显著；萌芽期在4月上旬，雄花盛开期为4月上旬，雌花盛开期为4月中旬，果实采收期为9月中旬，落叶期为11月上旬。

品种评价

抗寒、抗旱，耐瘠薄，高产、优质，广适性强；主要食用及利用部位是种子（果实）；主要病虫害有介壳虫、核桃黑斑病、核桃炭疽病；繁殖方法为嫁接，适宜在深厚、肥沃、有排灌条件的砂壤土栽培；坚果品质佳，壳薄味香。

小生境

双果结果状

植株

双果结果状

西营核桃1号

Juglans regia L.'Xiyinghetao 1'

调查编号： CAOQFMYP116

所属树种： 核桃 *Juglans regia* L.

提 供 人： 栗俊文
电　　话： 13467034338
住　　址： 山西省长治市襄垣县下良
　　　　　 镇郝村

调 查 人： 孟玉平
电　　话： 13643696321
单　　位： 山西省农业科学院生物技
　　　　　 术研究中心

调查地点： 山西省长治市襄垣县西营
　　　　　 镇西营村

地理数据： GPS数据（海拔：955m，
　　　　　 经度：E113°03'35.5"，纬度：N36°42'54.3"）

样本类型： 枝条

生境信息

来源于当地，最大树龄为30年左右。田间种植。伴生物种为核桃，易受耕作影响。土质为壤土地。目前，仅在当地一户种植户家中发现，种植年限5年，已发展面积3.33hm²。

植物学信息

1. 植株情况

树势强，树姿开张，树形为半圆头形；树高3m，干高0.7m，干周20cm，冠幅东西3m、南北3m；树干灰褐色，树皮呈块状裂；枝条密度较密。

2. 植物学特征

1年生枝条黄绿色，节间平均长度0.8m，平均粗度0.8cm；混合芽长圆形，与副芽贴近；复叶平均长30cm，柄长5cm；小叶数7～9枚，平均长14cm，叶宽6cm，厚0.2mm，长卵圆形，叶尖渐尖，叶缘全缘；花色为绿色。

3. 果实性状

果实圆形，果皮绿色，果面光滑无茸毛；青皮厚度较薄，容易脱落；坚果圆形，平均纵径3.80cm，横径3.52cm，侧径3.41cm，平均果重约11.4g；壳面光滑，缝合线窄、松，壳厚度1.04mm（以两颊中心处的壳厚为准），内褶壁退化，横隔壁骨质；核仁充实饱满，易取整仁；平均核仁重7.3g，出仁率64.04%，风味香甜。

4. 生物学习性

生长势强，萌芽力强，发枝力强；第二年开始结果，第五年进入盛果期；果枝类型中以长果枝结果为主；连续结果能力较强，以单果为主，生理落果数少；采前落果数较少，易丰产且大小年不显著；萌芽期在4月上旬，雄花盛开期为4月上旬，雌花盛开期为4月中旬，果实采收期为9月中旬，落叶期为11月上旬。

品种评价

抗寒、抗旱、耐瘠薄，高产、优质、广适性强；主要食用及利用部位是种子（果实）；主要病虫害有介壳虫、核桃黑斑病、核桃炭疽病；繁殖方法为嫁接，适宜在深厚、肥沃、有排灌条件的壤土栽培；另外，该品种为早实性类群，生长迅速，成形快，结果早，雄花少，坚果品质佳，壳薄味佳。

大生境

小生境

叶片

植株

单果结果状

西营核桃 2 号

Juglans regia L.'Xiyinghetao 2'

调查编号：CAOQFMYP117

所属树种：核桃 *Juglans regia* L.

提 供 人：栗俊文
电　　话：13467034338
住　　址：山西省长治市襄垣县下良镇郝村

调 查 人：孟玉平
电　　话：13643696321
单　　位：山西省农业科学院生物技术研究中心

调查地点：山西省长治市襄垣县西营镇西营村

地理数据：GPS数据（海拔：955m，经度：E113°03'35.5"，纬度：N36°42'54.3"）

样本类型：枝条

生境信息

来源于当地，最大树龄为30年左右。田间种植。伴生物种为核桃，易受耕作影响。土质为壤土地，坡地，坡向南。目前，仅在当地农户家里有种植，种植年限5年，已发展面积4hm²。

植物学信息

1. 植株情况

树势强，树姿开张，树形为自然圆头形；树高5m，干高0.6m，干周35cm，冠幅东西4m、南北3.5m；树干灰褐色，树皮呈块状裂；枝条密度较疏。

2. 植物学特征

1年生枝条黄绿色，节间平均长度0.9m，平均粗度0.8cm；混合芽长圆形，与副芽贴近；复叶平均长42cm，柄长5.8cm；小叶数7~9枚，平均长15cm，叶宽6.2cm，厚0.1mm，长卵圆形，叶尖渐尖，叶缘全缘；花色为绿色。

3. 果实性状

果实圆形，果皮绿色，果面光滑无茸毛；青皮厚度较薄，容易脱落；坚果圆形，平均纵径3.82cm，横径3.64cm，侧径3.51cm，平均果重约11.2g；壳面光滑，缝合线窄、松，内褶壁退化，横隔壁骨质；核仁充实饱满，易取整仁；平均核仁重7.3g，出仁率65.18%，风味香甜。

4. 生物学习性

生长势强，萌芽力强，发枝力强；第三年开始结果，第五年进入盛果期；果枝类型中以长果枝结果为主；连续结果能力较强，以双果为主，生理落果数少；采前落果数较少，易丰产且大小年不显著；萌芽期在4月上旬，雄花盛开期为4月上旬，雌花盛开期为4月中旬，果实采收期为9月中旬，落叶期为11月上旬。

品种评价

抗寒、抗旱，耐瘠薄，高产、优质，广适性强；主要食用及利用部位是种子（果实）；主要病虫害有介壳虫、核桃黑斑病、核桃炭疽病；繁殖方法为嫁接，适宜在深厚、肥沃、有排灌条件的壤土栽培；坚果品质佳，壳薄味美。

植株

成熟期雄花

单果结果状

双果结果状

西营核桃 3 号

Juglans regia L.'Xiyinghetao 3'

调查编号： CAOQFMYP118

所属树种： 核桃 *Juglans regia* L.

提 供 人： 栗俊文
电　　话： 13467034338
住　　址： 山西省长治市襄垣县下良镇郝村

调 查 人： 孟玉平
电　　话： 13643696321
单　　位： 山西省农业科学院生物技术研究中心

调查地点： 山西省长治市襄垣县西营镇西营村

地理数据： GPS数据（海拔：955m，经度：E113°03'35.5"，纬度：N36°42'54.3"）

样本类型： 枝条

生境信息

来源于当地，最大树龄为30年左右。田间种植。伴生物种为核桃，易受耕作影响。土质为壤土地，坡地，坡向南。土地利用主要为人工林。目前，仅在当地农户家里有种植，种植年限5年，已发展面积3.33hm²。

植物学信息

1. 植株情况

树势强，树姿开张，树形为自然圆头形；树高3m，干高0.6m，干周15cm，冠幅东西2m、南北2m；树干灰褐色，树皮呈块状裂；枝条密度较疏。

2. 植物学特征

1年生枝条黄绿色，节间平均长度0.9m，平均粗度0.8cm；混合芽长圆形，与副芽贴近；复叶平均长30cm，柄长5.0cm；小叶数5~7枚，平均长10cm，叶宽4.2cm，厚0.1mm，长卵圆形，叶尖渐尖，叶缘全缘；花色为绿色。

3. 果实性状

果实椭圆形，果皮绿色，果面光滑无茸毛；青皮厚度较薄，容易脱落；坚果椭圆形，平均纵径4.32cm，横径3.94cm，侧径3.81cm，平均果重约13.2g；壳面光滑，缝合线窄、松，内褶壁退化，横隔壁骨质；核仁充实饱满，易取整仁；平均核仁重9.3g，出仁率70.45%，风味香甜。

4. 生物学习性

生长势强，萌芽力强，发枝力强；具有早实性，第三年开始结果，第五年进入盛果期；果枝类型中以长果枝结果为主；连续结果能力较强，以单果为主，生理落果数少；采前落果数较少，易丰产且大小年不显著；萌芽期在4月上旬，果实采收期为9月中旬，落叶期为11月上旬。

品种评价

抗寒、抗旱、耐瘠薄，高产、优质，广适性强；主要食用及利用部位是种子（果实）；主要病虫害有介壳虫、核桃黑斑病、核桃炭疽病；繁殖方法为嫁接，适宜在深厚、肥沃，有排灌条件的壤土栽培；坚果品质佳，壳薄味美。

大生境

植株

1年生结果状

幼芽

绿森核桃 1 号

Juglans regia L.'Lusenhetao 1'

调查编号：CAOQFMYP150

所属树种：核桃 *Juglans regia* L.

提 供 人：常金柱
电　　话：13467090635
住　　址：山西省长治市襄垣县桃树村

调 查 人：曹秋芬、孟玉平
电　　话：13753480017
单　　位：山西省农业科学院生物技术研究中心

调查地点：山西省长治市襄垣县西营镇西营村

地理数据：GPS数据（海拔：955m，经度：E113°03'35.5"，纬度：N36°42'54.3"）

样本类型：枝条、果实

生境信息

来源于当地，最大树龄为120年左右。田间种植。伴生物种为苹果，易受耕作影响。地形为平地，主要利用作耕地。土质为壤土地。目前，仅在当地一户种植户家中发现1株，种植年限约40年，属于实生苗。

植物学信息

1. 植株情况

树势强，树姿直立，树形为半圆头形；树高10m，干高0.81m，干周146cm，冠幅东西12m、南北12m；树干褐色，树皮呈丝状裂；枝条密度较密。

2. 植物学特征

1年生枝条黄绿色，节间平均长度4cm，平均粗度0.8cm；嫩梢上无茸毛。混合芽长圆形，与副芽贴近；复叶平均长42cm，柄长9cm；小叶数7～9枚，平均长17cm，叶宽7.5cm，长卵圆形，叶尖微尖，叶缘全缘，叶色为浓绿色。

3. 果实性状

果实长圆形，果皮绿色，果面光滑无茸毛；青皮厚度较薄，容易脱落；坚果卵圆形，平均纵径4.03cm，横径3.8cm，侧径3.64cm，平均果重约24.1g；壳面光滑，略麻，缝合线宽、紧密，内褶壁退化，横隔壁骨质；核仁充实饱满，易取整仁；核仁为黄色，风味香甜。

4. 生物学习性

生长势强，萌芽力强，发枝力强；第三年开始结果，第五年进入盛果期；果枝类型中以长果枝结果为主；连续结果能力较强，以双果为主，生理落果数少；采前落果数较少，易丰产且大小年不显著；萌芽期在4月上旬，果实采收期为9月下旬，落叶期为11月上旬。

品种评价

抗寒、抗旱、耐瘠薄、高产、优质、广适性强；主要食用及利用部位是种子（果实）；主要病虫害有介壳虫、核桃黑斑病、核桃炭疽病；繁殖方法为嫁接，适宜在深厚、肥沃、有排灌条件的砂壤土或中壤土栽培；坚果重量大，品质佳，壳薄味佳。

单果结果状

植株

顶端芽

成熟期坚果

叶片

双果结果状

绿森核桃 2 号

Juglans regia L.'Lusenhetao 2'

调查编号： CAOQFMYP151

所属树种： 核桃 *Juglans regia* L.

提 供 人： 常金柱
电　　话： 13467090635
住　　址： 山西省长治市襄垣县桃树村

调 查 人： 曹秋芬、孟玉平
电　　话： 13753480017
单　　位： 山西省农业科学院生物技术研究中心

调查地点： 山西省长治市襄垣县西营镇西营村

地理数据： GPS数据（海拔：955m，经度：E113°03'35.5"，纬度：N36°42'54.3"）

样本类型： 枝条、果实

生境信息

来源于当地，最大树龄为120年左右。田间种植。伴生物种为苹果，易受耕作影响。地形为平地，主要利用作耕地。土质为壤土地。目前，仅在当地一户种植户家中发现1株，种植年限约40年，属于实生苗。

植物学信息

1. 植株情况

树势强，树姿直立，树形为半圆头形；树高9m，干高1.13m，干周104cm，冠幅东西9m、南北10m；树干褐色，树皮呈丝状裂；枝条密度较密。

2. 植物学特征

1年生枝条黄绿色，节间平均长度1cm，平均粗度0.8cm；嫩梢上少茸毛。混合芽长圆形，与副芽贴近；复叶平均长36cm，柄长4cm；小叶数7~9枚，平均长18cm，叶宽9cm，长卵圆形，叶尖渐尖，叶缘全缘，叶色为浓绿色。

3. 果实性状

果实圆形，果皮绿色，果面光滑无茸毛；青皮厚度较薄，容易脱落；坚果圆形，平均纵径4.02cm，横径3.93cm，侧径3.75cm；壳面光滑，略麻，缝合线宽、紧密，内褶壁退化，横隔壁骨质；核仁充实饱满，易取整仁；核仁为黄色，风味略涩。

4. 生物学习性

生长势强，萌芽力强，发枝力强；第四年开始结果，第五年进入盛果期；果枝类型中以中短果枝结果为主；连续结果能力较强，以单果为主，生理落果数少；采前落果数较少，易丰产且大小年不显著；萌芽期在4月上旬，果实采收期为9月下旬，落叶期为11月上旬。

品种评价

抗寒、抗旱、耐瘠薄、高产、优质、广适性强；主要食用及利用部位是种子（果实）；主要病虫害有介壳虫、核桃黑斑病、核桃炭疽病；繁殖方法为嫁接，适宜在深厚、肥沃、有排灌条件的砂壤土或中壤土栽培；坚果重量大，品质佳，壳薄味佳。

单果结果状

植株

小生境

叶片

双果结果状

植株

成熟期坚果

绿森核桃 3 号

Juglans regia L.'Lusenhetao 3'

调查编号： CAOQFMYP152

所属树种： 核桃 *Juglans regia* L.

提 供 人： 常金柱
电　　话： 13467090635
住　　址： 山西省长治市襄垣县桃树村

调 查 人： 曹秋芬、孟玉平
电　　话： 13753480017
单　　位： 山西省农业科学院生物技术研究中心

调查地点： 山西省长治市襄垣县西营镇西营村

地理数据： GPS数据（海拔：955m，经度：E113°03'35.5"，纬度：N36°4254.3"）

样本类型： 枝条、叶片

生境信息

来源于当地，田间种植。伴生物种为苹果，易受耕作影响。地形为平地，主要利用作耕地。土质为壤土地。目前，仅在当地一户种植户家中发现1株，种植年限约20年，属于实生苗。

植物学信息

1. 植株情况

树势中，树姿半开张，树形为半圆头形；树高8m，干高0.82m，干周73cm，冠幅东西8m、南北8m；树干褐色，树皮呈丝状裂；枝条密度较密。

2. 植物学特征

1年生枝条黄绿色，节间平均长度1cm，平均粗度0.8cm；嫩梢上无茸毛。混合芽长三角，与副芽贴近；复叶平均长41.5cm，柄长8cm；小叶数5～7枚，平均长16cm，叶宽8.5cm，长卵圆形，叶尖渐尖，叶缘全缘，叶色为浓绿色。

3. 果实性状

果实圆形，果皮绿色，果面光滑无茸毛；青皮厚度较薄，容易脱落；坚果圆形，平均纵径4.22cm，横径3.96cm，侧径3.85cm；壳面光滑，略麻，缝合线宽、紧密，内褶壁退化，横隔壁骨质；核仁外露，充实饱满，易取整仁；核仁为黄色，风味略涩。

4. 生物学习性

生长势强，萌芽力强，发枝力强；第四年开始结果，第五年进入盛果期；果枝类型中以中短果枝结果为主；连续结果能力较强，以单果和双果为主，生理落果数少；采前落果数较少，易丰产且大小年不显著；萌芽期在4月上旬，果实采收期为9月下旬，落叶期为11月上旬。

品种评价

抗寒、抗旱、耐瘠薄、高产、优质、广适性强；主要食用及利用部位是种子（果实）；主要病虫害有介壳虫、核桃黑斑病、核桃炭疽病；繁殖方法为嫁接，适宜在深厚、肥沃、有排灌条件的壤土地栽培；坚果重量大，品质佳，壳薄味佳。

植株

叶片

单果结果状

南委泉核桃 1号

Juglans regia L.'Nanweiquanhetao 1'

調查編号：CAOQFMYP153

所属树种：核桃 *Juglans regia* L.

提 供 人：张涛
电　　话：13191259375
住　　址：山西省长治市黎城县科技局

调 查 人：曹秋芬、孟玉平
电　　话：13753480017
单　　位：山西省农业科学院生物技
　　　　　术研究中心

调查地点：山西省长治市黎城县西井
　　　　　镇南委泉村

地理数据：GPS数据（海拔：888m，
　　　　　经度：E113°22'52.6"，纬度：N36°41'31.5"）

样本类型：枝条、果实

生境信息

来源于当地，田间种植。伴生物种为玉米，易受耕作影响。地形为平地，主要利用作耕地和人工林。土质为砂壤土地。目前，仅在当地发现3株，种植年限约55年。

植物学信息

1. 植株情况

树势强，树姿直立，树形为半圆头形；树高12m，干高1.2m，干周148cm，冠幅东西10m、南北10m；树干褐色，树皮呈丝状裂；枝条密度中等。

2. 植物学特征

1年生枝条黄绿色，长度和粗度均为中等；混合芽长三角，与副芽贴近；复叶平均长34cm，柄长6cm；小叶数5~7枚，平均长14cm，叶宽6.5cm，长卵圆形，叶尖渐尖，叶缘全缘，叶色为绿色。

3. 果实性状

果实圆形，果皮绿色，果面光滑少茸毛；青皮厚度较薄，容易脱落；坚果圆形，平均纵径3.46cm，横径3.36cm，侧径3.32cm；壳面光滑，略麻，缝合线宽、紧密，壳厚度1.9mm（以两颊中心处的壳厚为准），内褶壁退化，横隔壁骨质；核仁充实饱满，易取整仁；核仁为黄色，风味略涩。

4. 生物学习性

生长势强，萌芽力强，发枝力强；第三年开始结果，第五年进入盛果期；果枝类型中以中短果枝结果为主；连续结果能力较强，以单果和双果为主，生理落果数少；采前落果数较少，易丰产且大小年不显著；雄花盛开期在4月上旬，果实采收期为9月上中旬，落叶期为10月中下旬。

品种评价

抗寒、抗旱，耐瘠薄，高产、优质、广适性强；主要食用及利用部位是种子（果实）；主要病虫害有介壳虫、核桃黑斑病、核桃炭疽病；繁殖方法为嫁接，适宜在深厚、肥沃、有排灌条件的砂壤土栽培；坚果重量大，品质佳，壳薄味佳。

植株

叶片

结果枝条

双果结果状

成熟期坚果

南委泉核桃 2号

Juglans regia L.'Nanweiquanhetao 2'

调查编号： CAOQFMYP154

所属树种： 核桃 *Juglans regia* L.

提 供 人： 张涛
电　　话： 13191259375
住　　址： 山西省长治市黎城县科技局

调 查 人： 曹秋芬、孟玉平
电　　话： 13753480017
单　　位： 山西省农业科学院生物技术研究中心

调查地点： 山西省长治市黎城县西井镇南委泉村

地理数据： GPS数据（海拔：888m，经度：E113°2252.6"，纬度：N36°41'31.5"）

样本类型： 枝条、果实

生境信息

来源于当地，田间种植。伴生物种为玉米，易受耕作影响。地形为平地和河谷，主要利用作耕地和人工林。土质为砂壤土地。目前，仅为零散农户种植，种植年限约55年。

植物学信息

1. 植株情况

树势强，树姿直立，树形为半圆头形；树高13m，干高2.28m，干周137cm，冠幅东西11m、南北10m；树干褐色，树皮呈丝状裂；枝条密度中等。

2. 植物学特征

1年生枝条绿色，长度和粗度均为中等；混合芽长三角，与副芽贴近；复叶平均长37cm，柄长10cm；小叶数7～9枚，平均长14cm，叶宽8cm，长卵圆形，叶尖渐尖，叶缘全缘，叶色为绿色。

3. 果实性状

果实长圆形，果皮绿色，果点颜色黄，密度中等，果面光滑无茸毛；青皮厚度较薄，不易脱落；坚果圆形，平均纵径3.95cm，横径2.98cm，侧径2.86cm；坚果重9.08g；壳面光滑，略麻，缝合线窄、紧密，壳厚度2mm（以两颊中心处的壳厚为准），内褶壁退化，横隔壁骨质；核仁充实饱满，易取整仁；核仁为黄色，浅黄色，风味香甜。

4. 生物学习性

生长势强，萌芽力强，发枝力强；第三年开始结果，第五年进入盛果期；果枝类型中以中短果枝结果为主；连续结果能力较强，以双果为主，生理落果数少；采前落果数较少，易丰产且大小年不显著；萌芽期在4月上旬，果实采收期为9月中旬，落叶期为10月中下旬。

品种评价

抗寒、抗旱，耐瘠薄，高产、优质，广适性强；主要食用及利用部位是种子（果实）；主要病虫害有介壳虫、核桃黑斑病、核桃炭疽病；繁殖方法为嫁接，适宜在深厚、肥沃、有排灌条件的砂壤土栽培；坚果重量大，品质佳，壳薄味佳。

大生境

小生境

植株

单果结果状

成熟期坚果

南委泉核桃 3号

Juglans regia L.'Nanweiquanhetao 3'

调查编号： CAOQFMYP155

所属树种： 核桃 *Juglans regia* L.

提 供 人： 张涛
电　　话： 13191259375
住　　址： 山西省长治市黎城县科技局

调 查 人： 曹秋芬、孟玉平
电　　话： 13753480017
单　　位： 山西省农业科学院生物技术研究中心

调查地点： 山西省长治市黎城县西井镇南委泉村

地理数据： GPS数据（海拔：888m，经度：E113°2252.6"，纬度：N36°41'31.5"）

样本类型： 枝条、果实

生境信息

来源于当地，田间种植。伴生物种为玉米，易受耕作影响。地形为平地和河谷，主要利用作耕地和人工林。土质为砂壤土地。目前，仅为零散农户种植，种植年限约56年。

植物学信息

1.植株情况

树势强，树姿直立，树形为半圆头形；干高1.13m，干周143cm，冠幅东西10m、南北10m；树干褐色，树皮呈丝状裂；枝条密度中等。

2.植物学特征

1年生枝条绿色，长度和粗度均为中等；混合芽长三角，与副芽贴近；复叶平均长40cm，柄长6cm；小叶数7～9枚，平均长16cm，叶宽6.5cm，卵圆形，叶尖渐尖，叶缘全缘，叶色为绿色。

3.果实性状

果实圆形，果皮绿色，果点颜色黄，密度密，果面光滑无茸毛；青皮厚度较厚，易脱落；坚果圆形，平均纵径3.25cm，横径3.13cm，侧径3.06cm；坚果重9.47g；壳面光滑，略麻，缝合线凸、紧密，壳厚度1.6mm（以两颗中心处的壳厚为准），内褶壁退化，横隔壁骨质；核仁充实饱满，易取整仁；核仁为黄褐色，风味香甜，略涩。

4.生物学习性

生长势强，萌芽力强，发枝力强；第三年开始结果，第五年进入盛果期；果枝类型中以中长果枝结果为主；连续结果能力较强，以双果为主，生理落果数少；采前落果数较少，易丰产且大小年不显著；雄花盛开期在4月上旬，果实采收期为9月中旬，落叶期为10月中下旬。

品种评价

抗寒、抗旱，耐瘠薄，高产、优质，广适性强；主要食用及利用部位是种子（果实）；主要病虫害有介壳虫、核桃黑斑病、核桃炭疽病；繁殖方法为嫁接，适宜在深厚、肥沃、有排灌条件的砂壤土栽培；坚果重量大，风味香甜，略涩。

植株

三果结果状

小生境

双果结果状

成熟期坚果

杏树滩核桃 1号

Juglans regia L.'Xingshutanhetao 1'

调查编号：CAOQFMYP156

所属树种：核桃 *Juglans regia* L.

提 供 人：张涛
电 话：13191259375
住 址：山西省长治市黎城县科技局

调 查 人：曹秋芬、孟玉平
电 话：13753480017
单 位：山西省农业科学院生物技术研究中心

调查地点：山西省长治市黎城县西井镇杏树滩村

地理数据：GPS数据（海拔：1061m，经度：E113°20'46.4"，纬度：N36°42'42.4"）

样本类型：枝条、果实

生境信息

来源于当地，旷野小生境，路旁，河滩地种植。易受耕作影响。地形为平地和河谷，主要利用作人工林。土质为砂土地。目前，现存1株，种植年限约56年，有零散农户嫁接种植。

植物学信息

1. 植株情况

树势强，树姿直立，树形为半圆头形；树高16m，干高3.8m，干周160cm；树干褐色，树皮呈丝状裂；枝条密度中等。

2. 植物学特征

1年生枝条绿色，长度和粗度均为中等；混合芽长三角，与副芽贴近；复叶平均长36cm，柄长9cm；小叶数7～9枚，平均长14cm，叶宽8cm，长卵圆形，叶尖渐尖，叶缘全缘，叶色为绿色。

3. 果实性状

果实圆形，果皮浓绿色，果点颜色黄，密度小，果面光滑无茸毛；青皮厚度中等，易脱落；坚果圆形，扁圆，平均纵径3.4cm，横径3.65cm，侧径3.37cm；坚果重12.5g；壳面光滑，缝合线宽、凸、紧密，壳厚度1.3～1.5mm（以两颗中心处的壳厚为准），内褶壁退化，横隔壁骨质；核仁充实饱满，易取整仁；核仁为黄褐色，风味香甜，略涩。

4. 生物学习性

生长势强，萌芽力强，发枝力强；第三年开始结果，第五年进入盛果期；果枝类型中以中长果枝结果为主；连续结果能力较强，以双果为主，生理落果数少；采前落果数较少，易丰产且大小年不显著；雄花盛开期在4月上旬，果实采收期为9月上旬，落叶期为10月下旬。

品种评价

抗寒、抗旱，耐瘠薄，高产、优质，广适性强；主要食用及利用部位是种子（果实）；主要病虫害有介壳虫、核桃黑斑病、核桃炭疽病；繁殖方法为嫁接，适宜在深厚、肥沃、有排灌条件的砂壤土栽培；坚果重量大，味略涩。

天生境

植株

小生境

树干

双果结果状

成熟期坚果

成熟期裂果

洗耳河核桃 1号

Juglans regia L.'Xierhehetao 1'

调查编号： CAOQFMYP157

所属树种： 核桃 *Juglans regia* L.

提 供 人： 张涛
电　　话： 13191259375
住　　址： 山西省长治市黎城县科技局

调 查 人： 曹秋芬、孟玉平
电　　话： 13753480017
单　　位： 山西省农业科学院生物技术研究中心

调查地点： 山西省长治市黎城县西井镇洗耳河村

地理数据： GPS数据（海拔：1322m，经度：E113°20′19.1″，纬度：N36°43′55.5″）

样本类型： 叶片、果实、枝条

生境信息

来源于当地，山坡小生境，路旁，坡地种植。易受筑路影响。土地主要利用作原始林。土质为砂土地。目前，现存1株，种植年限约50年，有零散农户嫁接种植。

植物学信息

1. 植株情况

树势强，树姿直立，树形为半圆头形；干高2.26m，干周1.20m；冠幅东西12m、南北12m；树干灰色，树皮呈丝状裂；枝条密度中等。

2. 植物学特征

1年生枝条绿色，长度中等，粗度较粗；混合芽长三角，与副芽贴近；复叶平均长48cm，柄长10cm；小叶数7～9枚，平均长16cm，叶宽6.8cm，长卵圆形，叶尖急尖，叶缘全缘，叶色为浓绿色。

3. 果实性状

果实圆形，果皮浓绿色，果点颜色黄，密度小，果面光滑无茸毛；青皮厚度中等，易脱落；坚果圆形，扁圆，平均纵径3.4cm，横径3.65cm，侧径3.37cm；坚果重12.5g；壳面光滑，缝合线宽、凸、紧密，壳厚度1.3～1.5mm（以两颗中心处的壳厚为准），内褶壁退化，横隔壁骨质；核仁充实饱满，易取整仁；核仁为黄褐色，风味香甜，略涩。

4. 生物学习性

生长势强，萌芽力强，发枝力强；第三年开始结果，第五年进入盛果期；果枝类型中以长果枝结果为主；连续结果能力较强，以单果为主，生理落果数少；采前落果数较少，易丰产且大小年不显著；雄花盛开期在4月上旬，果实采收期为11月上旬。

品种评价

抗寒、抗旱，耐瘠薄，优质，广适性强；主要食用及利用部位是种子（果实）；主要病虫害有介壳虫、核桃黑斑病、核桃炭疽病；繁殖方法为嫁接，适宜在深厚、肥沃、有排灌条件的砂土栽培；坚果重量大，味略涩。

小生境

植株

叶片

顶芽

单果结果状

谷堆坪核桃 1号

Juglans regia L.'Guduipinghetao 1'

调查编号：CAOQFMYP158

所属树种：核桃 *Juglans regia* L.

提 供 人：张涛
电　　话：13191259375
住　　址：山西省长治市黎城县科技局

调 查 人：曹秋芬、孟玉平
电　　话：13753480017
单　　位：山西省农业科学院生物技术研究中心

调查地点：山西省长治市黎城县西井镇谷堆坪村

地理数据：GPS数据（海拔：1015m，经度：E113°21'08.9"，纬度：N36°4507.8"）

样本类型：叶片、枝条、果实

生境信息

来源于当地，庭院小生境。田间种植。土地主要利用作人工林。易受筑路影响。土质为砂壤土地。目前，仅在当地发现两株，种植年限约100年。

植物学信息

1. 植株情况

树势强，树姿开张，树形为半圆头形；树高16m，干高3.6m，干周200cm，冠幅东西12m、南北12m；树干灰褐色，树皮呈块状裂；枝条密度较密。

2. 植物学特征

1年生枝条黄绿色；混合芽长圆形，与副芽贴近；复叶平均长40cm，柄长9cm；小叶数5~7枚，平均长15cm，叶宽7.5cm，长卵圆形，叶尖渐尖，叶缘全缘。

3. 果实性状

果实圆形，果皮浓绿色，果面光滑无茸毛；青皮厚度较薄，容易脱落；坚果圆形，平均纵径3.51cm，横径3.6cm，侧径3.58cm，平均果重约14.3g；壳面光滑，缝合线宽、平，壳厚度1.8mm（以两颊中心处的壳厚为准），内褶壁退化，横隔壁骨质；核仁充实饱满，易取1/4仁；核仁黄色，风味香甜。

4. 生物学习性

生长势强，萌芽力强，发枝力强；具有早实性，第二年开始结果，第五年进入盛果期；果枝类型中以长果枝结果为主；连续结果能力较强，以单果和双果为主，生理落果数少；采前落果数较少，易丰产且大小年不显著；萌芽期在4月上旬，果实采收期为8月下旬，落叶期为11月上旬。

品种评价

抗寒、抗旱、耐瘠薄，高产、优质，广适性强；主要食用及利用部位是种子（果实）；主要病虫害有介壳虫、核桃黑斑病、核桃炭疽病；繁殖方法为嫁接，适宜在深厚、肥沃、有排灌条件的砂壤土栽培；坚果品质佳，味无涩。

植株

树干

叶片

双果结果状

成熟期坚果

长宁核桃 1 号

Juglans regia L.'Changninghetao 1'

調查编号：CAOQFMYP159

所属树种：核桃 *Juglans regia* L.

提 供 人：张涛
电　　话：13191259375
住　　址：山西省长治市黎城县科技局

調 查 人：曹秋芬、孟玉平
电　　话：13753480017
单　　位：山西省农业科学院生物技
　　　　　术研究中心

調查地点：山西省长治市黎城县东阳
　　　　　关镇长宁村

地理数据：GPS数据（海拔：883m，
　　　　　经度：E113°30′18.4″，纬度：N36°32′53.4″）

样本类型：叶片、果实、枝条

生境信息

来源于当地，田间小生境。田间种植。土地主要利用作耕地和人工林。易受耕地影响。土质为砂壤土地。目前，仅在当地发现1株，种植年限约56年。已有农户分散地埂栽培。

植物学信息

1. 植株情况

属于乔木，树势强，树姿直立，树形为自然半圆头形；树高11m，干高1.9m，干周150cm，冠幅东西16m、南北14m；树干褐色，树皮呈丝状裂；枝条密度中等。

2. 植物学特征

1年生枝条黄绿色，长度和粗度中等；嫩梢上无茸毛；混合芽长三角，与副芽贴近；复叶平均长44cm，柄长7cm；小叶数5～9枚，平均长16cm，叶宽9cm，长卵圆形，叶尖微尖，叶缘全缘，叶片颜色为绿色。

3. 果实性状

果实圆形，果皮绿色，果点颜色黄，密度大；果面光滑无茸毛；青皮厚度较厚，容易脱落；坚果圆形，平均纵径3.34cm，横径3.14cm，侧径3.31cm，平均果重约10g；壳面略麻；壳皮颜色浅；缝合线窄、凸、紧密；壳厚度1.2mm（以两颊中心处的壳厚为准），内褶壁退化，横隔壁骨质；核仁充实饱满，易取整仁；核仁颜色黄白，风味香甜略涩。

4. 生物学习性

生长势强，萌芽力强，发枝力强；第三年开始结果，第五年进入盛果期；果枝类型中以中长果枝结果为主；连续结果能力较强，以单果和双果为主，生理落果数少；采前落果数较少，易丰产且大小年不显著；萌芽期在4月上旬，果实采收期为8月下旬，落叶期为11月上旬。

品种评价

抗寒、抗旱，耐瘠薄，高产、优质，广适性强；主要食用及利用部位是种子（果实）；主要病虫害有介壳虫、核桃黑斑病、核桃炭疽病；繁殖方法为嫁接，适宜在深厚、肥沃、有排灌条件的砂壤土地栽培；坚果品质佳，味香甜。

小生境

植株

顶芽

叶片

成熟期坚果

长宁核桃 2 号

Juglans regia L.'Changninghetao 2'

调查编号：CAOQFMYP160

所属树种：核桃 *Juglans regia* L.

提 供 人：张涛
电　　话：13191259375
住　　址：山西省长治市黎城县科技局

调 查 人：曹秋芬、孟玉平
电　　话：13753480017
单　　位：山西省农业科学院生物技术研究中心

调查地点：山西省长治市黎城县东阳关镇长宁村

地理数据：GPS数据（海拔：883m，经度：E113°30'18.4"，纬度：N36°32'53.4"）

样本类型：叶片、枝条、果实

生境信息

来源于当地，田间小生境。田间种植。伴生物种标志种为玉米。土地主要利用作耕地和人工林。易受耕地影响。土质为砂壤土地。目前，仅在当地发现1株，种植年限约56年。已有农户分散栽培。

植物学信息

1. 植株情况

属于乔木，树势强，树姿直立，树形为自然半圆头形；树高13m，干高1.7m，干周162cm，冠幅东西16m、南北16m；树干褐色，树皮呈丝状裂；枝条密度中等。

2. 植物学特征

1年生枝条绿色，节间长度中等；复叶平均长37cm，柄长6cm；小叶数7～9枚，平均长14cm，叶宽8cm，长卵圆形，叶尖渐尖，叶缘全缘；叶色为浓绿色。

3. 果实性状

果实圆形，果皮黄绿色为绿色，果点颜色黄，密度大；果面光滑无茸毛；青皮厚度较薄，容易脱落；坚果圆形，平均纵径3.3cm，横径3.78cm，侧径3.59cm，平均果重约13.78g；壳面光滑，略麻；壳皮颜色中等；缝合线宽、凸、紧密；壳厚度2mm（以两颊中心处的壳厚为准），内褶壁退化，横隔壁骨质；核仁充实饱满，碎仁。

4. 生物学习性

生长势强，萌芽力强，发枝力强；第三年开始结果，第五年进入盛果期；果枝类型中以长果枝结果为主；连续结果能力较强，以双果为主，生理落果数少；采前落果数较少，易丰产且大小年不显著；萌芽期在4月上旬，果实采收期为8月下旬，落叶期为11月上旬。

品种评价

抗寒、抗旱，耐瘠薄，高产、优质，广适性强；主要食用及利用部位是种子（果实）；主要病虫害有介壳虫、核桃黑斑病、核桃炭疽病；繁殖方法为嫁接，适宜在深厚、肥沃、有排灌条件的砂壤土栽培；坚果品质佳，味香甜。

单果结果状

植株

顶芽

枝条

双果结果状

成熟期坚果

环翠核桃 1 号

Juglans regia L.'Huancuihetao 1'

调查编号： CAOQFMYP162

所属树种： 核桃 *Juglans regia* L.

提 供 人： 张涛
电　　话： 13191259375
住　　址： 山西省长治市黎城县科技局

调 查 人： 曹秋芬、孟玉平
电　　话： 13753480017
单　　位： 山西省农业科学院生物技术研究中心

调查地点： 山西省长治市黎城县西仵乡西仵村

地理数据： GPS数据（海拔：774m，经度：E113°22′22.8″，纬度：N36°27′35.3″）

样本类型： 叶片、枝条、果实

生境信息

来源于当地，田间小生境。田间种植。伴生物种标志种为梨树。土地主要利用作耕地和人工林。易受耕作影响。土质为壤土地。

植物学信息

1. 植株情况

属于乔木，树势强，树姿直立，树形为自然半圆头形；树高12m，干高1.2m，干周162cm，冠幅东西10m、南北10m；树干灰褐色，树皮呈丝状裂；枝条密度中等。

2. 植物学特征

1年生枝条颜色为黄绿，节间长度中等，节间平均长度为2cm，粗度较粗；嫩梢上茸毛较少，颜色为灰。复叶平均长30cm，柄长5cm；小叶数7~9枚，平均长10cm，叶宽5cm，长卵圆形，叶尖渐尖，叶缘全缘；叶色为浓绿色。

3. 果实性状

果实长圆形，果皮黄绿色，果点颜色黄，密度大；果面光滑无茸毛；青皮厚度较薄，容易脱落；坚果椭圆形，平均纵径3.66cm，横径3.28cm，侧径3.05cm，平均果重约11.60g；壳面光滑，略麻；壳皮颜色中等；缝合线窄、凸、较松；壳厚度1.8mm（以两颊中心处的壳厚为准），内褶壁退化，横隔壁骨质；核仁充实饱满，易取整仁；核仁色泽发黄，风味香甜。

4. 生物学习性

生长势强，萌芽力强，发枝力强；第三年开始结果，第五年进入盛果期；果枝类型中以长果枝结果为主；连续结果能力较强，以双果和三果为主，生理落果数少，采前落果数较少，易丰产且大小年不显著；萌芽期在4月上旬，果实采收期为8月下旬，落叶期为11月上旬。

品种评价

抗寒、抗旱，耐瘠薄，高产、优质，广适性强；主要食用及利用部位是种子（果实）；主要病虫害有介壳虫、核桃黑斑病、核桃炭疽病；繁殖方法为嫁接，适宜在深厚、肥沃、有排灌条件的壤土栽培；坚果品质佳，味香甜。

植株

枝条

三果结果状

多果结果状

成熟期坚果

成县核桃 1 号

Juglans regia L.'Chengxianhetao 1'

调查编号：CAOQFMYP260

所属树种：核桃 *Juglans regia* L.

提 供 人：郭社旗
电　　话：15593909080
住　　址：甘肃省陇南市成县林业局

调 查 人：曹秋芬、孟玉平
电　　话：13753480017
单　　位：山西省农业科学院生物技术研究中心

调查地点：甘肃省陇南市成县陈院镇大垭村

地理数据：GPS数据（海拔：1157m，经度：E105°42'09"，纬度：N33°47'54"）

样本类型：叶片、枝条、果实

生境信息

来源于当地，田间小生境。田间种植，地形为平地和梯田。土地主要利用作耕地和人工林。易受耕作影响。土质为壤土地。目前，仅在当地发现1株，种植年限约20年，种植户已嫁接出几株。

植物学信息

1. 植株情况

属于乔木，树势强，树姿直立，树形为自然半圆头形；树高13m，干高1.3m，干周70cm，冠幅东西10m、南北10m；树干灰色，树皮呈丝状裂；枝条密度较疏。

2. 植物学特征

1年生枝条黄绿色，节间平均长度和粗度中等；混合芽长圆形，与副芽贴近；复叶平均长35cm，柄长7cm；小叶数7枚，平均长13.5cm，叶宽7cm，厚0.1mm，长卵圆形，叶尖渐尖，叶缘全缘；叶片颜色为绿色。

3. 果实性状

果实长圆形，果皮绿色，果面光滑无茸毛；青皮厚度较薄，容易脱落；坚果圆形，较大，平均纵径4.80cm，横径4.31cm，侧径3.93cm，平均果重约15.2g；壳面光滑，缝合线窄，松，壳厚度1.2mm（以两颊中心处的壳厚为准），内褶壁退化，横隔壁骨质；核仁充实饱满，易取整仁；核仁风味香甜。

4. 生物学习性

生长势强，萌芽力强，发枝力强；具有早实性，第二年开始结果，第五年进入盛果期；果枝类型中以长果枝结果为主；连续结果能力较强，以双果和三果为主，生理落果数少；采前落果数较少，易丰产且大小年不显著；萌芽期在4月上旬，果实采收期为9月中旬，落叶期为11月上旬。

品种评价

抗病、抗旱，耐瘠薄，高产、优质、广适性强；主要食用及利用部位是种子（果实）；主要病虫害有介壳虫、核桃黑斑病、核桃炭疽病；繁殖方法为嫁接，适宜在深厚、肥沃、有排灌条件的壤土栽培；坚果品质佳，味清香。

天生墙

植株

双果结果状

三果结果状

多果结果状

成县核桃

Juglans regia L.'Chengxianhetao'

调查编号：CAOQFMYP261

所属树种：核桃 *Juglans regia* L.

提 供 人：郭社旗
电　　话：15593909080
住　　址：甘肃省陇南市成县林业局

调 查 人：曹秋芬、孟玉平
电　　话：13753480017
单　　位：山西省农业科学院生物技术研究中心

调查地点：甘肃省陇南市成县陈院镇大垭村

地理数据：GPS数据（海拔：1157m，经度：E105°42'09"，纬度：N33°47'54"）

样本类型：叶片、果实

生境信息

来源于当地，田间小生境。田间种植，地形为平地和梯田。土地主要利用作耕地。易受耕作影响。土质为壤土地。目前，仅在当地发现1株，种植年限约6年，少量种植户有栽培。

植物学信息

1. 植株情况

属乔木，树势中等，树姿半开张，树形为自然半圆头形；树高8m，干高1m，干周35cm，冠幅东西5m、南北5m；树干灰色，树皮呈丝状裂；枝条密度中等。

2. 植物学特征

1年生枝条黄绿色，节间长度和粗度均中等；混合芽长圆形，与副芽贴近；嫩梢上无茸毛，皮目小、少、平；复叶平均长39cm，柄长10cm；小叶数7枚，平均长14cm，叶宽6cm，长卵圆形，叶尖渐尖，叶缘全缘；叶片颜色为浓绿色。

3. 果实性状

果实近圆形，果皮绿色，果面光滑无茸毛；青皮厚度较薄，容易脱落；坚果卵圆形，平均纵径4.00cm，横径3.81cm，侧径3.54cm，平均果重约13.2g；壳面光滑，缝合线窄、松，壳厚度1.24mm（以两颊中心处的壳厚为准），内褶壁退化，横隔壁骨质；核仁充实饱满，易取整仁；核仁风味香甜。

4. 生物学习性

生长势强，萌芽力强，发枝力强；第三年开始结果，第五年进入盛果期；果枝类型中以中短果枝结果为主；连续结果能力较强，以双果为主，生理落果数少；采前落果数较少，易丰产且大小年不显著；萌芽期在4月上旬，果实采收期为9月中旬，落叶期为11月上旬。

品种评价

该品种为杂交选出的优系、抗寒、抗旱、耐瘠薄、高产、优质、广适性强；主要食用及利用部位是种子（果实）；主要病虫害有介壳虫、核桃黑斑病、核桃炭疽病；繁殖方法为嫁接，适宜在深厚、肥沃、有排灌条件的壤土地栽培；坚果品质佳，味道香甜。

小生境

雌花

2年生结果状

植株

双果结果状

成县乌仁核桃 3号

Juglans regia L.'Chengxianwurenhetao 3'

- 调查编号：CAOQFMYP262
- 所属树种：核桃 *Juglans regia* L.
- 提 供 人：郭社旗
  电　　话：15593909080
  住　　址：甘肃省陇南市成县林业局
- 调 查 人：曹秋芬、孟玉平
  电　　话：13753480017
  单　　位：山西省农业科学院生物技术研究中心
- 调查地点：甘肃省陇南市成县陈院镇大垭村
- 地理数据：GPS数据（海拔：1157m，经度：E105°42'09"，纬度：N33°47'54"）
- 样本类型：果实、叶片

生境信息

来源于当地，庭院小生境。路边种植，伴生生物种的标志种为玉米。土地主要利用作平地和梯田。易受筑路影响。土质为壤土地。目前，仅在当地发现1株，种植年限约30年，种植户零星分布。

植物学信息

1. 植株情况

属乔木，树势中等，树姿半开张，树形为自然半圆头形；树高10m，干高2.5m，干周70cm，冠幅东西9m、南北8m；树干褐灰色，树皮呈丝状裂；枝条密度中等。

2. 植物学特征

1年生枝条绿色，节间长度和粗度均中等；混合芽长圆形，与副芽贴近；嫩梢上无茸毛，皮目小、少、平，近圆形；复叶平均长40cm，柄长11cm；小叶数5～7枚，平均长14cm，叶宽8cm，长卵圆形，叶尖渐尖，叶缘全缘；叶片颜色为绿色。

3. 果实性状

果实卵圆形，果皮绿色，果面光滑无茸毛；青皮厚度较薄，容易脱落；坚果卵圆形，平均纵径4.02cm，横径3.84cm，侧径3.65cm，平均果重约14.3g；壳面光滑，缝合线宽、松，内褶壁退化，横隔壁骨质；核仁充实饱满，易取整仁；核仁风味香甜。

4. 生物学习性

生长势强，萌芽力强，发枝力强；第三年开始结果，第五年进入盛果期；果枝类型中以长果枝结果为主；连续结果能力较强，以单果为主，生理落果数少；采前落果数较少，易丰产且大小年不显著；萌芽期在4月上旬，果实采收期为9月中旬，落叶期为11月上旬。

品种评价

抗寒、抗旱、耐瘠薄，高产、优质，广适性强；主要食用及利用部位是种子（果实）；主要病虫害有介壳虫、核桃黑斑病、核桃炭疽病；繁殖方法为嫁接，适宜在深厚、肥沃、有排灌条件的壤土地栽培；雄花穗可入药，果仁为黑色。

小生境

单果结果状

叶片

长坝核桃 1 号

Juglans regia L.'Changbahetao 1'

调查编号： CAOQFMYP241

所属树种： 核桃 *Juglans regia* L.

提 供 人： 王司远
电　　话： 13659393671
住　　址： 甘肃省陇南市康县林业局

调 查 人： 曹秋芬、孟玉平
电　　话： 13753480017
单　　位： 山西省农业科学院生物技
术研究中心

调查地点： 甘肃省陇南市康县长坝镇
段家庄村

地理数据： GPS数据（海拔：1256m，
经度：E105°27'28"，纬度：N33°24'48"）

样本类型： 叶片、果实

生境信息

来源于当地，田间小生境。田间种植，地形为坡地，坡向西。伴生生物种的标志种为花椒。土地主要利用作耕地。易受耕作影响。土质为砂壤土地。目前，仅在当地发现1株，种植年限约100年，少量种植户有栽培。

植物学信息

1. 植株情况

属乔木，树势中等，树姿直立，树形为自然半圆头形；树高14m，干高2m，干周245cm，冠幅东西8m、南北9m；树干褐灰色，树皮呈丝状裂；枝条密度中等。

2. 植物学特征

1年生枝条黄绿色，节间长度和粗度均中等；混合芽长圆形，与副芽贴近；复叶平均长37.5cm，柄长8.5cm；小叶数5枚，平均长16cm，叶宽8.5cm，长卵圆形，叶尖渐尖，叶缘全缘；叶片颜色为绿。

3. 果实性状

果实长圆形，果皮绿色，果面光滑无茸毛；青皮厚度较薄，容易脱落；坚果卵圆形，平均纵径4.00cm，横径3.74cm，侧径3.46cm，平均果重约11.2g；壳面光滑，缝合线窄、松，内褶壁退化，横隔壁骨质；核仁充实饱满，易取整仁；核仁风味香甜。

4. 生物学习性

生长势强，萌芽力强，发枝力强；第三年开始结果，第五年进入盛果期；果枝类型中以长果枝结果为主；连续结果能力较强，以双果和三果为主，生理落果数少；采前落果数较少，易丰产且大小年不显著；萌芽期在4月上中旬，果实采收期为9月初上旬，落叶期为11月上旬。

品种评价

果面有锈，绵核桃，皮薄，成熟期较晚；抗寒、抗旱，耐瘠薄，高产、优质，广适性强；主要食用及利用部位是种子（果实）；主要病虫害有介壳虫、核桃黑斑病、核桃炭疽病；繁殖方法为嫁接，适宜在深厚、肥沃、有排灌条件的砂壤土栽培。

大生境

植株

树干

幼芽

双果结果状

三果结果状

青果果仁

长坝核桃 2 号

Juglans regia L.'Changbahetao 2'

调查编号： CAOQFMYP242

所属树种： 核桃 *Juglans regia* L.

提 供 人： 王司远
电　　话： 13659393671
住　　址： 甘肃省陇南市康县林业局

调 查 人： 曹秋芬、孟玉平
电　　话： 13753480017
单　　位： 山西省农业科学院生物技术研究中心

调查地点： 甘肃省陇南市康县长坝镇段家庄村

地理数据： GPS数据（海拔：1256m，经度：E105°27'28"，纬度：N33°24'48"）

样本类型： 叶片、果实

生境信息

来源于当地，田间小生境。田间种植，地形为坡地，坡向西。伴生生物种的标志种为玉米和大豆。土地主要利用作耕地。易受耕作影响。土质为砂壤土地。目前，仅在当地发现1株，种植年限约60年。

植物学信息

1. 植株情况

属乔木，树势中等，树姿半开张，树形为自然半圆头形；树高12m，干高2.5m，干周135cm，冠幅东西8m、南北10m；树干灰色，树皮呈丝状裂；枝条密度中等。

2. 植物学特征

1年生枝条绿色，节间长度和粗度均中等；混合芽长圆形，与副芽贴近；复叶平均长37cm，柄长9cm；小叶数5枚，平均长14.5cm，叶宽7.5cm，椭圆形，叶尖微尖，叶缘全缘；叶片颜色为绿。

3. 果实性状

果实近圆形，果皮绿色，果面光滑无茸毛；青皮厚度较薄，容易脱落；坚果卵圆形，平均纵径4.20cm，横径4.04cm，侧径3.96cm，平均果重约11.8g；壳面光滑，缝合线高、松，内褶壁退化，横隔壁骨质；核仁充实饱满，易取整仁；核仁风味香甜。

4. 生物学习性

生长势强，萌芽力强，发枝力强；第三年开始结果，第五年进入盛果期；果枝类型中以中长果枝结果为主；连续结果能力较强，以双果和三果为主，生理落果数少；采前落果数较少，易丰产且大小年不显著；萌芽期在4月上中旬，果实采收期为9月初上旬，落叶期为11月上旬。

品种评价

当地实生苗，成熟较早，皮厚；抗病性强；主要食用及利用部位是种子（果实）；繁殖方法为嫁接，适宜在深厚、肥沃、有排灌条件的砂壤土栽培。

植株

双果结果状

叶片

三果结果状

青果果仁

平洛核桃 1 号

Juglans regia L.'Pingluohetao 1'

调查编号：CAOQFMYP247

所属树种：核桃 *Juglans regia* L.

提 供 人：王司远
电　　话：13659393671
住　　址：甘肃省陇南市康县林业局

调 查 人：曹秋芬、孟玉平
电　　话：13753480017
单　　位：山西省农业科学院生物技术研究中心

调查地点：甘肃省陇南市康县平洛镇张坪村

地理数据：GPS数据（海拔：1096m，经度：E105°22'45"，纬度：N33°32'32"）

样本类型：叶片、果实

生境信息

来源于当地，田间小生境。田间种植，地形为坡地，梯田。伴生生物种的标志种为花椒。土地主要利用作人工林。易受耕作影响。土质为砂壤土地。目前，仅在当地发现1株，种植年限约18年。

植物学信息

1. 植株情况

属乔木，树势强，树姿直立，树形为自然半圆头形；树高10m，干高2.5m，干周94cm，冠幅东西8m、南北8m；树干灰色，树皮呈丝状裂；枝条密度中等。

2. 植物学特征

1年生枝条绿色，节间长度和粗度均中等；混合芽长圆形，与副芽贴近；复叶平均长40cm，柄长8cm；小叶数7枚，平均长15.5cm，叶宽7cm，长卵圆形，叶尖急尖，叶缘全缘；叶片颜色为绿。

3. 果实性状

果实长圆形，果皮绿色，果面光滑无茸毛；青皮厚度较薄，容易脱落；坚果卵圆形，平均纵径4.35cm，横径4.21cm，侧径4.16cm，平均果重约13.0g；壳面光滑，缝合线窄、松，内褶壁退化，横隔壁骨质；核仁充实饱满，易取整仁；核仁风味香甜。

4. 生物学习性

生长势强，萌芽力强，发枝力强；第三年开始结果，第五年进入盛果期；果枝类型中以长果枝结果为主；连续结果能力较强，以双果为主，生理落果数少；采前落果数较少，易丰产且大小年不显著；萌芽期在4月上旬，果实采收期为9月中旬，落叶期为11月上旬。

品种评价

抗寒、抗旱，耐瘠薄，丰产、优质，广适性强；主要食用及利用部位是种子（果实）；主要病虫害有介壳虫、核桃黑斑病、核桃炭疽病；繁殖方法为嫁接，适宜在深厚、肥沃、有排灌条件的砂壤土栽培；坚果品质佳，壳薄味佳。

单果结果状

小生境

植株

叶片

双果结果状

孙家院核桃 1号

Juglans regia L.'Sunjiayuanhetao 1'

调查编号： CAOQFMYP250

所属树种： 核桃 *Juglans regia* L.

提 供 人： 王司远
电　　话： 13659393671
住　　址： 甘肃省陇南市康县林业局

调 查 人： 曹秋芬、孟玉平
电　　话： 13753480017
单　　位： 山西省农业科学院生物技术研究中心

调查地点： 甘肃省陇南市康县城关镇孙家院村

地理数据： GPS数据（海拔：1110m，经度：E105°36'20"，纬度：N33°19'51"）

样本类型： 叶片、枝条

生境信息

来源于当地，田间小生境、路边。田间种植，地形为坡地，梯田。土地主要利用作人工林。易受耕作影响。土质为砂壤土地。目前，仅在当地发现1株，种植年限约18年。

植物学信息

1. 植株情况

属乔木，树势强，树姿直立，树形为自然半圆头形；树高12m，干高2m，干周108cm，冠幅东西8m、南北8m；树干褐色，树皮呈丝状裂；枝条密度中等。

2. 植物学特征

1年生枝条绿色，节间长度和粗度均中等；混合芽长圆形，与副芽贴近；复叶平均长48cm，柄长16cm；小叶数7～9枚，平均长14cm，叶厚6.5mm，长卵圆形，叶尖渐尖，叶缘全缘；叶片颜色为绿。

3. 果实性状

果实长圆形，果皮绿色，果面光滑无茸毛；青皮厚度较薄，容易脱落；坚果卵圆形，平均纵径4.05cm，横径3.91cm，侧径4.16cm，平均果重约12.0g；壳面光滑，缝合线窄、松，内褶壁退化，横隔壁骨质；核仁充实饱满，易取整仁；核仁风味香甜。

4. 生物学习性

生长势强，萌芽力强，发枝力强；第三年开始结果，第五年进入盛果期；果枝类型中以长果枝结果为主；连续结果能力较强，以双果和三果为主，生理落果数少；采前落果数较少，易丰产且大小年不显著；萌芽期在4月上旬，果实采收期为9月上旬，落叶期为11月上旬。

品种评价

绵核桃，有隔年落果现象；抗寒、抗旱，耐瘠薄，丰产、优质、广适性强；主要食用及利用部位是种子（果实）；主要病虫害有介壳虫、核桃黑斑病、核桃炭疽病；繁殖方法为嫁接，适宜在深厚、肥沃、有排灌条件的砂壤土栽培；坚果品质佳，壳薄味佳。

植株

三果结果状

叶片

大树结果状

孙家院核桃 2号

Juglans regia L.'Sunjiayuanhetao 2'

調查编号：　CAOQFMYP251

所属树种：　核桃 *Juglans regia* L.

提 供 人：　王司远
电　　话：　13659393671
住　　址：　甘肃省陇南市康县林业局

調查人：　曹秋芬、孟玉平
电　　话：　13753480017
单　　位：　山西省农业科学院生物技术研究中心

調查地点：　甘肃省陇南市康县城关镇孙家院村

地理数据：　GPS数据（海拔：1110m，经度：E105°36'20"，纬度：N33°19'51"）

样本类型：　叶片

生境信息

来源于当地，田间小生境、路边。田间种植，地形为平地。土地主要利用作人工林。易受耕作影响。土质为砂土地。目前，仅在当地发现1株，种植年限约30年。

植物学信息

1. 植株情况

属乔木，树势中等，树姿半开张，树形为自然半圆头形；树高9m，干高1.9m，干周96cm，冠幅东西9m、南北10m；树干灰色，树皮呈丝状裂；枝条密度中等。

2. 植物学特征

1年生枝条绿色，节间长度和粗度均中等；混合芽长圆形，与副芽贴近；复叶平均长47cm，柄长11.5cm；小叶数5枚，平均长17.5cm，叶宽8cm，长卵圆形，叶尖渐尖，叶缘全缘；叶片颜色为绿。

3. 果实性状

果实圆形，果皮绿色，果面光滑无茸毛；青皮厚度较薄，容易脱落；坚果卵圆形，平均纵径4.00cm，横径3.91cm，侧径3.96cm，平均果重约12.5g；壳面光滑，缝合线窄、松，内褶壁退化，横隔壁骨质；核仁充实饱满，易取整仁；核仁风味香甜。

4. 生物学习性

生长势强，萌芽力强，发枝力强；第三年开始结果，第五年进入盛果期；果枝类型中以长果枝结果为主；连续结果能力较强，以双果和三果为主，生理落果数少；采前落果数较少，易丰产且大小年不显著；萌芽期在4月上旬，果实采收期为9月上旬，落叶期为11月上旬。

品种评价

结果性状好，年年丰产，出仁率高；主要食用及利用部位是种子（果实）；主要病虫害有介壳虫、核桃黑斑病、核桃炭疽病；繁殖方法为嫁接，适宜在深厚、肥沃、有排灌条件的砂土栽培；果仁白，品质佳，壳薄味佳。

小生境

植株

双果结果状

三果结果状

多果结果状

孙家院核桃 3号

Juglans regia L.'Sunjiayuanhetao 3'

- 调查编号： CAOQFMYP252

- 所属树种： 核桃 *Juglans regia* L.

- 提 供 人： 王司远
  电　　话： 13659393671
  住　　址： 甘肃省陇南市康县林业局

- 调 查 人： 曹秋芬、孟玉平
  电　　话： 13753480017
  单　　位： 山西省农业科学院生物技术研究中心

- 调查地点： 甘肃省陇南市康县城关镇孙家院村

- 地理数据： GPS数据（海拔：1110m，经度：E105°36'20"，纬度：N33°19'51"）

- 样本类型： 叶片、枝条

生境信息

　　来源于当地，田间小生境。田间种植，地形为平地。伴生生物种的标志种为核桃、银杏。地主要利用作人工林。易受耕作影响。土质为砂土地。目前，仅在当地发现1株，种植年限约20年。

植物学信息

1. 植株情况

　　属乔木，树势中等，树姿半开张，树形为自然半圆头形；树高20m，干高1.7m，干周242cm，冠幅东西15m、南北12m；树干灰褐色，树皮呈丝状裂；枝条密度中等。

2. 植物学特征

　　1年生枝条绿色，节间长度和粗度均中等；混合芽长圆形，与副芽贴近；复叶平均长43.5cm，柄长9cm；小叶数7~9枚，平均长14cm，叶宽7cm，长卵圆形，叶尖渐尖，叶缘全缘；叶片颜色为绿。

3. 果实性状

　　果实圆形，果皮绿色，果面光滑无茸毛；青皮厚度较薄，容易脱落；坚果卵圆形，平均纵径4.20cm，横径3.97cm，侧径3.94cm，平均果重约12.9g；壳面光滑，缝合线窄、松，内褶壁退化，横隔壁骨质；核仁充实饱满，易取整仁；核仁风味香甜。

4. 生物学习性

　　生长势强，萌芽力强，发枝力强；第三年开始结果，第五年进入盛果期；果枝类型中以长果枝结果为主；连续结果能力较强，以双果和三果为主，生理落果数少；采前落果数较少，易丰产且大小年不显著；萌芽期在4月上旬，果实采收期为9月上旬，落叶期为11月上旬。

品种评价

　　结果性状好，年年丰产，抗旱；主要食用及利用部位是种子（果实）；主要病虫害有介壳虫、核桃黑斑病、核桃炭疽病；繁殖方法为嫁接，适宜在深厚、肥沃、有排灌条件的砂土栽培；果仁白，品质佳，壳薄味佳。

小生境

树干

大树结果株

植株

双果结果状

孙家院核桃 4号

Juglans regia L.'Sunjiayuanhetao 4'

○ 调查编号： CAOQFMYP253

○ 所属树种： 核桃 *Juglans regia* L.

○ 提 供 人： 王司远
　　电　　话： 13659393671
　　住　　址： 甘肃省陇南市康县林业局

○ 调 查 人： 曹秋芬、孟玉平
　　电　　话： 13753480017
　　单　　位： 山西省农业科学院生物技术研究中心

○ 调查地点： 甘肃省陇南市康县城关镇孙家院村

○ 地理数据： GPS数据（海拔：1110m，经度：E105°36'20"，纬度：N33°19'51"）

○ 样本类型： 叶片、枝条

生境信息

来源于当地，田间小生境。田间种植，地形为平地。伴生生物种的标志种为核桃。地主要利用作人工林。易受耕作影响。土质为砂壤土地。目前，仅在当地发现1株，种植年限约20年。

植物学信息

1. 植株情况

属乔木，树势中等，树姿半开张，树形为自然半圆头形；树高9.5m，干高1.9m，干周95cm，冠幅东西12m、南北12m；树干灰、褐色，树皮呈丝状裂；枝条密度中等。

2. 植物学特征

1年生枝条绿色，节间长度和粗度均中等；混合芽长圆形，与副芽贴近；复叶平均长38cm，柄长9cm；小叶数7枚，平均长12cm，叶宽7.5cm，长卵圆形，叶尖微尖，叶缘全缘；叶片颜色为绿。

3. 果实性状

果实圆形，果皮绿色，果面光滑无茸毛；青皮厚度较薄，容易脱落；坚果卵圆形，平均纵径4.25cm，横径4.07cm，侧径3.97cm，平均果重约12.7g；壳面光滑，缝合线窄、松，内褶壁退化，横隔壁骨质；核仁充实饱满，易取整仁；核仁风味香甜。

4. 生物学习性

生长势强，萌芽力强，发枝力强；第三年开始结果，第五年进入盛果期；果枝类型中以长果枝结果为主；连续结果能力较强，以双果和三果为主，生理落果数少；采前落果数较少，易丰产且大小年不显著；萌芽期在4月上旬，果实采收期为9月上旬，落叶期为11月上旬。

品种评价

结果性状好，年年丰产，抗旱；主要食用及利用部位是种子（果实）；主要病虫害有介壳虫、核桃黑斑病、核桃炭疽病；繁殖方法为嫁接，适宜在深厚、肥沃、有排灌条件的砂壤土栽培；果仁白，品质佳，壳薄味佳。

植株

小生境

叶片

双果结果状

三果结果状

崔家湾核桃 1号

Juglans regia L.'Cuijiawanhetao 1'

调查编号：CAOQFMYP254

所属树种：核桃 *Juglans regia* L.

提 供 人：王司远
电　　话：13659393671
住　　址：甘肃省陇南市康县林业局

调 查 人：曹秋芬、孟玉平
电　　话：13753480017
单　　位：山西省农业科学院生物技术研究中心

调查地点：甘肃省陇南市康县城关镇孙家院村

地理数据：GPS数据（海拔：1110m，经度：E105°36′20″，纬度：N33°19′51″）

样本类型：叶片

生境信息

来源于当地，庭院小生境。田间种植，地形为平地、河道边。伴生生物种的标志种为核桃。地主要利用作人工林。易受耕作影响。土质为砂壤土地。目前，仅在当地发现1株，种植年限约20年。

植物学信息

1. 植株情况

属乔木，树势中等，树姿半开张，树形为自然半圆头形；树高12m，干高1.9m，干周116cm，冠幅东西10m、南北9m；树干灰、褐色，树皮呈丝状裂；枝条密度密。

2. 植物学特征

1年生枝条绿色，节间长度和粗度均中等；皮目少；混合芽长圆形，与副芽贴近；复叶平均长29.5cm，柄长8cm；小叶数7枚，平均长11cm，叶宽5cm，卵圆形，叶尖微尖，叶缘全缘；叶片颜色为绿。

3. 果实性状

果实圆形，果皮绿色，果面光滑无茸毛；青皮厚度较薄，容易脱落；坚果卵圆形，平均纵径4.18cm，横径4.05cm，侧径3.91cm，平均果重约11.2g；壳面光滑，缝合线窄、松，内褶壁退化，横隔壁骨质；核仁充实饱满，易取整仁；核仁风味香甜。

4. 生物学习性

生长势强，萌芽力强，发枝力强；第三年开始结果，第五年进入盛果期；果枝类型中以长果枝结果为主；连续结果能力较强，以双果和三果为主，生理落果数少；采前落果数较少，易丰产但大小年显著；萌芽期在4月上旬，果实采收期为9月上旬，落叶期为11月上旬。

品种评价

有隔年落果现象，不太抗病；主要食用及利用部位是种子（果实）；主要病虫害有介壳虫、核桃黑斑病、核桃炭疽病；繁殖方法为嫁接，适宜在深厚、肥沃、有排灌条件的砂壤土栽培；果仁白，品质佳，壳薄味佳。

叶片

三果结果状

植株

大树结果状

玄麻湾核桃 1号

Juglans regia L.'Xuanmawanhetao 1'

○ 调查编号： CAOQFMYP255

○ 所属树种： 核桃 *Juglans regia* L.

○ 提 供 人： 王司远
　　电　　话： 13659393671
　　住　　址： 甘肃省陇南市康县林业局

○ 调 查 人： 曹秋芬、孟玉平
　　电　　话： 13753480017
　　单　　位： 山西省农业科学院生物技术研究中心

○ 调查地点： 甘肃省陇南市康县碾坝乡安家坝村

○ 地理数据： GPS数据（海拔：1172m，经度：E105°33'02"，纬度：N33°18'49"）

○ 样本类型： 叶片

生境信息

来源于当地，庭院小生境。田间种植，地形为平地、河道边。伴生生物种的标志种为核桃。地主要利用作人工林。易受城市扩建影响。土质为砂壤土地。目前，仅在当地发现1株，种植年限约100年。

植物学信息

1. 植株情况

属乔木，树势中等，树姿直立，树形为自然半圆头形；树高20m，干高2m，干周182cm，冠幅东西20m、南北20m；树干黑色，树皮呈丝状裂；枝条密度中。

2. 植物学特征

1年生枝条绿色，节间长度和粗度均中等；皮目少；混合芽长圆形，与副芽贴近；复叶平均长34cm，柄长6.5cm；小叶数7枚，平均长14.5cm，叶宽6.7cm，卵圆形，叶尖微尖，叶缘全缘；叶片颜色为绿。

3. 果实性状

果实圆形，果皮绿色，果面光滑无茸毛；青皮厚度较薄，容易脱落；坚果卵圆形，平均纵径4.16cm，横径4.01cm，侧径3.95cm，平均果重约11.7g；壳面光滑，缝合线窄、松，内褶壁退化，横隔壁骨质；核仁充实饱满，易取整仁；核仁风味香甜。

4. 生物学习性

生长势强，萌芽力强，发枝力强；第三年开始结果，第五年进入盛果期；果枝类型中以长果枝结果为主；连续结果能力较强，以双果和三果为主，生理落果数少；采前落果数较少，易丰产但大小年显著；萌芽期在4月上旬，果实采收期为9月上旬，落叶期为11月上旬。

品种评价

有隔年落果现象，不太抗病；主要食用及利用部位是种子（果实）；主要病虫害有介壳虫、核桃黑斑病、核桃炭疽病；繁殖方法为嫁接，适宜在深厚、肥沃、有排灌条件的砂壤土栽培；果仁白，品质佳，壳薄味佳。

植株

叶片

双果结果状

三果结果状

玄麻湾核桃 2号

Juglans regia L.'Xuanmawanhetao 2'

调查编号： CAOQFMYP256

所属树种： 核桃 *Juglans regia* L.

提 供 人： 王司远
电　　话： 13659393671
住　　址： 甘肃省陇南市康县林业局

调 查 人： 曹秋芬、孟玉平
电　　话： 13753480017
单　　位： 山西省农业科学院生物技术研究中心

调查地点： 甘肃省陇南市康县碾坝乡安家坝村

地理数据： GPS数据（海拔：1172m，经度：E105°33'02"，纬度：N33°18'49"）

样本类型： 叶片、果实

生境信息

来源于当地，庭院小生境，村路旁种植。伴生物种为核桃，易受耕作影响。土质为砂土地。目前，仅在当地一户种植户院中发现1株，种植年限约100年。

植物学信息

1. 植株情况

属乔木，树势中等，树姿直立，树形为自然半圆头形；树高24m，干高3m，干周270cm，冠幅东西22m、南北22m；树干黑色，树皮呈丝状裂；枝条密度较密。

2. 植物学特征

1年生枝条绿色，节间长度和粗度均中等；皮目少；混合芽长圆形，与副芽贴近；复叶平均长34cm，柄长8cm；小叶数7枚，平均长14cm，叶宽6.5cm，卵圆形，叶尖微尖，叶缘全缘；叶片颜色为绿。

3. 果实性状

果实卵圆形，果皮绿色，果面光滑无茸毛；青皮厚度较薄，容易脱落；坚果卵圆形，平均纵径4.24cm，横径4.11cm，侧径4.01cm，平均果重约12.6g；壳面光滑，缝合线窄、松，内褶壁退化，横隔壁骨质；核仁充实饱满，易取整仁；核仁风味香甜。

4. 生物学习性

生长势强，萌芽力强，发枝力强；第三年开始结果，第五年进入盛果期；果枝类型中以中长果枝结果为主；连续结果能力较强，以双果和三果为主，生理落果数少；采前落果数较少，易丰产且大小年不显著；萌芽期在4月上旬，果实采收期为9月上旬，落叶期为11月上旬。

品种评价

高产、优质，广适性强；2012年产仁量达50kg；主要食用及利用部位是种子（果实）；主要病虫害有介壳虫、核桃黑斑病、核桃炭疽病；繁殖方法为嫁接，适宜在深厚、肥沃、有排灌条件的砂土栽培。

植株

树干

双果结果状

三果结果状

陇选核桃 1 号

Juglans regia L.'Longxuanhetao 1'

调查编号：CAOQFMYP201

所属树种：核桃 *Juglans regia* L.

提 供 人：张进德
电　　话：13909399126
住　　址：甘肃省陇南市武都区城关
　　　　　镇上黄家坝村

调 查 人：曹秋芬、孟玉平
电　　话：13753480017
单　　位：山西省农业科学院生物技
　　　　　术研究中心

调查地点：甘肃省陇南市武都区城关
　　　　　镇上黄家坝村

地理数据：GPS数据（海拔：1004m，
　　　　　经度：E104°50'45.4"，纬度：N33°250.16"）

样本类型：叶片、果实

生境信息

来源于当地，庭院小生境，村路旁种植。伴生物种为核桃，易受筑路影响。土质为砂土地。目前，仅在当地一户种植户家中发现1株，种植年限约30年，已有嫁接苗。

植物学信息

1. 植株情况

属乔木，树势中等，树姿直立，树形为自然半圆头形；树高5～6m，干高0.8m，干周36cm，冠幅东西3.5m、南北3.5m；树干灰色，树皮呈丝状裂；枝条密度较密。

2. 植物学特征

1年生枝条绿色，节间长度和粗度均中等；皮目少；混合芽长圆形，与副芽贴近；复叶平均长32cm，柄长10cm；小叶数7枚，平均长14.5cm，叶宽7cm，卵圆形，叶尖微尖，叶缘全缘；叶片颜色为绿。

3. 果实性状

果实卵圆形，果皮绿色，果面光滑无茸毛；青皮厚度较薄，容易脱落；坚果卵圆形，平均纵径4.12cm，横径4.01cm，侧径4.00cm，平均果重约12.2g；壳面光滑，缝合线窄、松，内褶壁退化，横隔壁骨质；核仁充实饱满，易取整仁；核仁风味香甜。

4. 生物学习性

生长势强，萌芽力强，发枝力强；第三年开始结果，第五年进入盛果期；果枝类型中以中长果枝结果为主；连续结果能力较强，以双果和三果为主，生理落果数少；采前落果数较少，易丰产且大小年不显著；萌芽期在4月上旬，果实采收期为9月上旬，落叶期为11月上旬。

品种评价

结果能力强，存在着多果现象；高产、优质、广适性强；主要食用及利用部位是种子（果实）；主要病虫害有介壳虫、核桃黑斑病、核桃炭疽病；繁殖方法为嫁接，适宜在深厚、肥沃、有排灌条件的砂土栽培。

叶片

双果结果状

植株

串果

成县核桃 2 号

Juglans regia L.'Chengxianhetao 2'

调查编号： CAOQFMYP202

所属树种： 核桃 *Juglans regia* L.

提 供 人： 张进德
电　　话： 13909399126
住　　址： 甘肃省陇南市武都区城关镇上黄家坝村

调 查 人： 曹秋芬、孟玉平
电　　话： 13753480017
单　　位： 山西省农业科学院生物技术研究中心

调查地点： 甘肃省陇南市武都区城关镇上黄家坝村

地理数据： GPS数据（海拔：1004m，经度：E104°50'45.4"，纬度：N33°25'0.16"）

样本类型： 叶片、枝条、果实

生境信息

来源于当地，庭院小生境，村路旁种植。伴生物种为核桃，易受筑路影响。土质为砂土地。目前，仅在当地一户种植户院中发现1株，种植年限约30年，已有嫁接苗。

植物学信息

1. 植株情况

属乔木，树势强，树姿直立，树形为自然半圆头形；树高7m，干高0.9m，干周53cm，冠幅东西4.2m、南北4.2m；树干灰色，树皮呈丝状裂；枝条密度较密。

2. 植物学特征

1年生枝条绿色，节间长度和粗度均中等；皮目少；混合芽长圆形，与副芽贴近；复叶平均长33cm，柄长10cm；小叶数7枚，平均长15.1cm，叶宽8cm，卵圆形，叶尖微尖，叶缘全缘；叶片颜色为绿。

3. 果实性状

果实卵圆形，果皮绿色，果面光滑无茸毛；青皮厚度较薄，容易脱落；坚果卵圆形，平均纵径4.15cm，横径4.07cm，侧径4.00cm，平均果重约13.5g；壳面光滑，缝合线窄、松，内褶壁退化，横隔壁骨质；核仁充实饱满，易取整仁；核仁风味香甜。

4. 生物学习性

生长势强，萌芽力强，发枝力强；第三年开始结果，第五年进入盛果期；果枝类型中以中长果枝结果为主；连续结果能力较强，以双果和三果为主，生理落果数少，采前落果数较少，易丰产且大小年不显著；萌芽期在4月上旬，果实采收期为9月上旬，落叶期为11月上旬。

品种评价

结果能力强，存在着多果现象；高产、优质、广适性强；主要食用及利用部位是种子（果实）；主要病虫害有介壳虫、核桃黑斑病、核桃炭疽病；繁殖方法为嫁接，适宜在深厚、肥沃、有排灌条件的砂土栽培。

植株

叶片

顶芽

双果结果状

西当核桃 6 号

Juglans regia L.'Xidanghetao 6'

调查编号： CAOQFMYP203

所属树种： 核桃 *Juglans regia* L.

提 供 人： 张进德
电　　话： 13909399126
住　　址： 甘肃省陇南市武都区城关镇上黄家坝村

调 查 人： 曹秋芬、孟玉平
电　　话： 13753480017
单　　位： 山西省农业科学院生物技术研究中心

调查地点： 甘肃省陇南市武都区城关镇上黄家坝村

地理数据： GPS数据（海拔：1004m，经度：E104°50'45.4"，纬度：N33°25'0.16"）

样本类型： 叶片、枝条

生境信息

来源于当地，庭院小生境，村路旁种植。伴生物种为核桃，易受筑路影响。土质为砂土地。目前，仅在当地一户种植户院中发现1株，种植年限约30年，已有嫁接苗。

植物学信息

1. 植株情况

属乔木，树势强，树姿直立，树形为自然半圆头形；树高7m，干高0.83m，干周50cm，冠幅东西4m、南北4m；树干灰色，树皮呈丝状裂；枝条密度较密。

2. 植物学特征

1年生枝条绿色，节间长度和粗度均中等；皮目少；混合芽长圆形，与副芽贴近；复叶平均长32cm，柄长10cm；小叶数7枚，平均长14.5cm，叶宽8cm，卵圆形，叶尖微尖，叶缘全缘；叶片颜色为绿。

3. 果实性状

果实卵圆形，果皮绿色，果面光滑无茸毛；青皮厚度较薄，容易脱落；坚果卵圆形，平均纵径4.27cm，横径4.13cm，侧径4.01cm，平均果重约13.2g；壳面光滑、缝合线窄、紧，内褶壁退化，横隔壁骨质；核仁充实饱满，易取整仁；核仁风味香甜。

4. 生物学习性

生长势强，萌芽力强，发枝力强；第三年开始结果，第五年进入盛果期；果枝类型中以中长果枝结果为主；连续结果能力较强，以单果和双果为主，生理落果数少；采前落果数较少，易丰产且大小年不显著；萌芽期在4月上旬，果实采收期为9月上旬，落叶期为11月上旬。

品种评价

结果能力强；高产、优质、广适性强；主要食用及利用部位是种子（果实）；主要病虫害有介壳虫、核桃黑斑病、核桃炭疽病；繁殖方法为嫁接，适宜在深厚、肥沃、有排灌条件的砂土栽培。

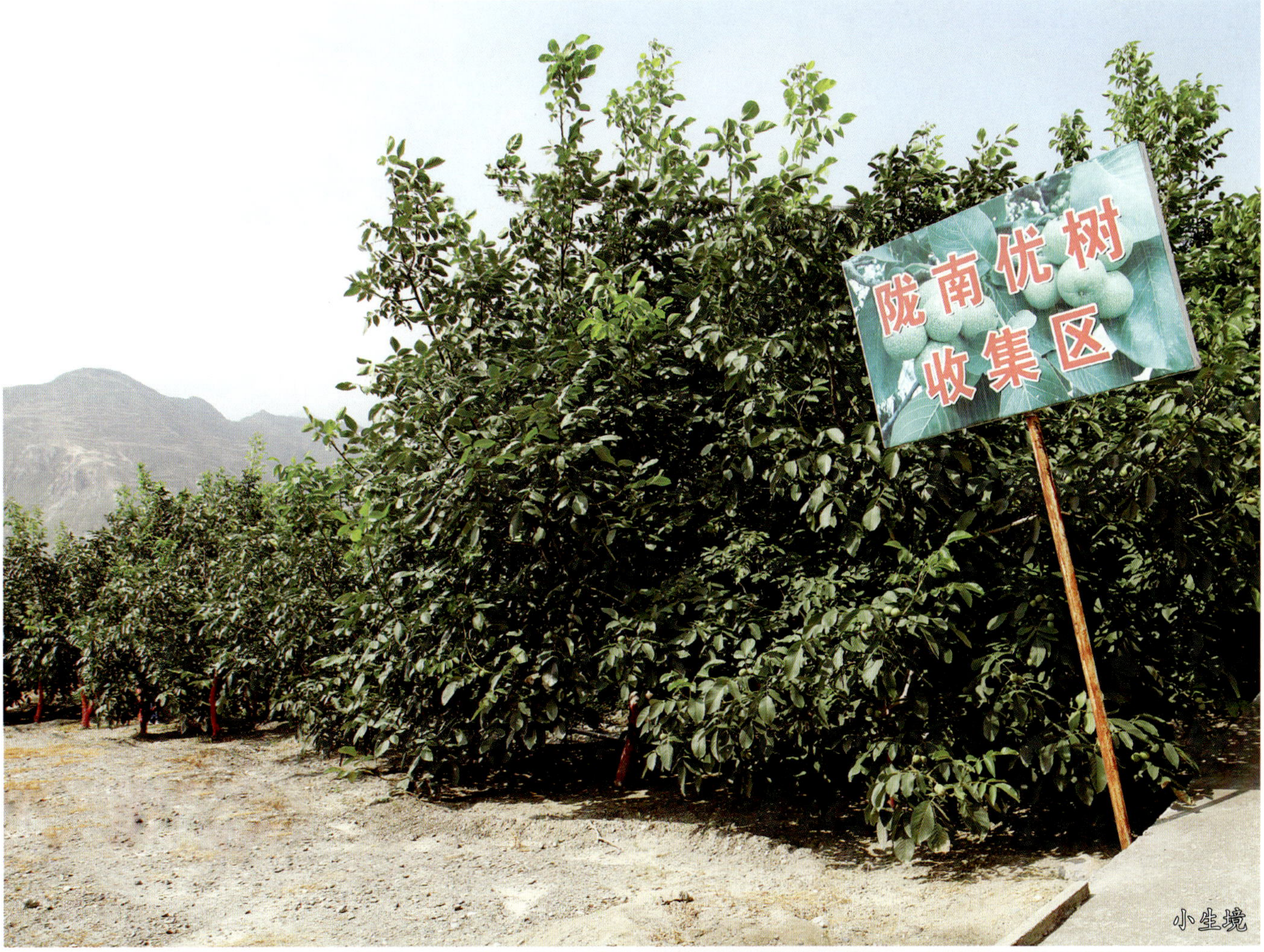

小生境

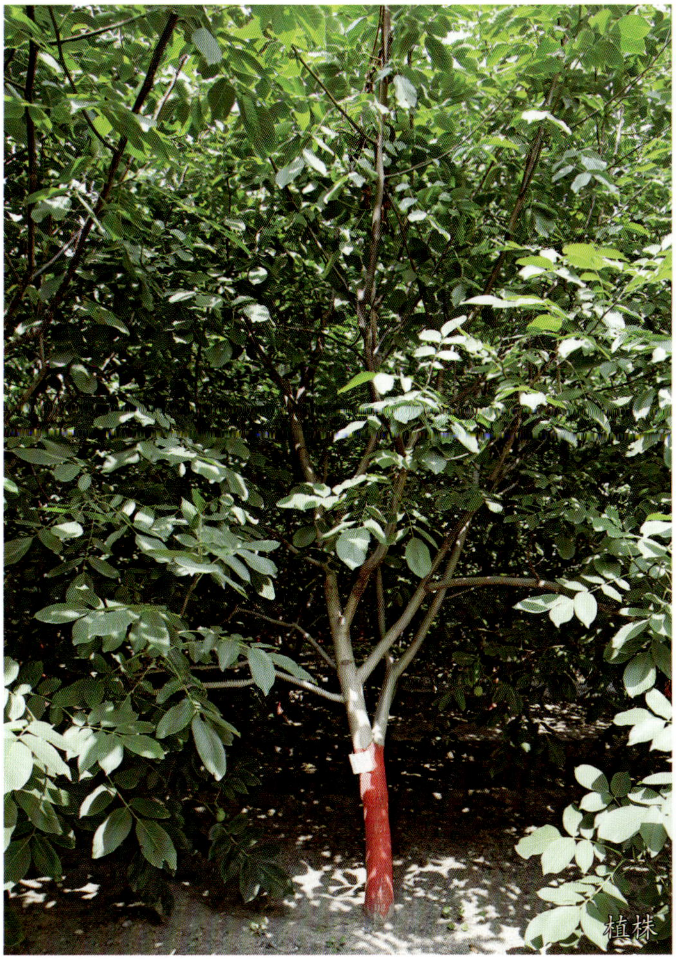
植株

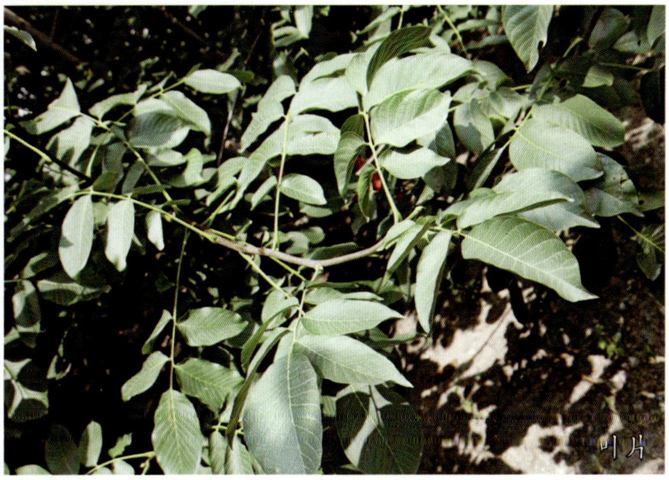
叶片

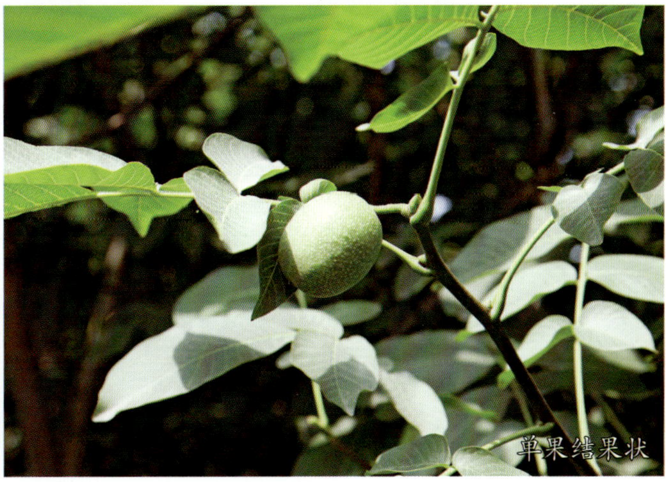
单果结果状

陇南核桃 14号

Juglans regia L.'Longnanhetao 14'

⊙ 调查编号： CAOQFMYP204

📇 所属树种： 核桃 *Juglans regia* L.

📄 提 供 人： 张进德
电　　话： 13909399126
住　　址： 甘肃省陇南市武都区城关镇上黄家坝村

📑 调 查 人： 曹秋芬、孟玉平
电　　话： 13753480017
单　　位： 山西省农业科学院生物技术研究中心

📍 调查地点： 甘肃省陇南市武都区城关镇上黄家坝村

🌐 地理数据： GPS数据（海拔：1004m，经度：E104°50′45.4″，纬度：N33°250.16″）

🖼 样本类型： 枝条

📋 生境信息

来源于当地，庭院小生境，村路旁种植。伴生物种为核桃，易受筑路影响。土质为砂土地。目前，仅在当地一户种植户院中发现1株，种植年限约30年，已有嫁接苗。

📋 植物学信息

1. 植株情况

属乔木，树势强，树姿直立，树形为自然半圆头形；树高6.8m，干高0.95m，干周42cm，冠幅东西4m、南北4m；树干灰色，树皮呈丝状裂；枝条密度较密。

2. 植物学特征

1年生枝条绿色，节间长度和粗度均中等；皮目少；混合芽长圆形，与副芽贴近；复叶平均长33cm，柄长12cm；小叶数7枚，平均长14.8cm，叶宽8cm，卵圆形，叶尖微尖，叶缘全缘；叶片颜色为绿。

3. 果实性状

果实卵圆形，果皮绿色，果面光滑无茸毛；青皮厚度较薄，容易脱落；坚果卵圆形，平均纵径4.22cm，横径4.13cm，侧径4.06cm，平均果重约13.5g；壳面光滑、缝合线窄、紧，内褶壁退化，横隔壁骨质；核仁充实饱满，易取整仁；核仁风味香甜。

4. 生物学习性

生长势强，萌芽力强，发枝力强；第三年开始结果，第五年进入盛果期；果枝类型中以中长果枝结果为主；连续结果能力较强，以单果和双果为主，生理落果数少；采前落果数较少，易丰产且大小年不显著；萌芽期在4月上旬，果实采收期为9月上旬，落叶期为11月上旬。

📋 品种评价

结果能力强；高产、优质、广适性强；主要食用及利用部位是种子（果实）；主要病虫害有介壳虫、核桃黑斑病、核桃炭疽病；繁殖方法为嫁接，适宜在深厚、肥沃、有排灌条件的砂土栽培。

叶片

陇南L—14
品种来源：礼县林业局

树干

植株

单果结果状

双果结果状

陇南 L-13 核桃

Juglans regia L.'LongnanL-13hetao'

- 调查编号：CAOQFMYP205

- 所属树种：核桃 *Juglans regia* L.

- 提 供 人：张进德
  电　　话：13909399126
  住　　址：甘肃省陇南市武都区城关镇上黄家坝村

- 调 查 人：曹秋芬、孟玉平
  电　　话：13753480017
  单　　位：山西省农业科学院生物技术研究中心

- 调查地点：甘肃省陇南市武都区城关镇上黄家坝村

- 地理数据：GPS数据（海拔：1004m，经度：E104°50′45.4″，纬度：N33°250.16″）

- 样本类型：枝条

生境信息

来源于当地，田间小生境，村路旁种植。伴生物种为核桃，易受耕作影响。土质为砂土地。目前，仅在当地一户种植户院中发现1株，种植年限约30年，已有嫁接苗。

植物学信息

1. 植株情况

属乔木，树势强，树姿直立，树形为自然半圆头形；树高5.5m，干高0.85m，干周32cm，冠幅东西2.5m、南北3m；树干灰色，树皮呈丝状裂；枝条密度中等。

2. 植物学特征

1年生枝条黄绿色，节间长度和粗度均中等；皮目少；混合芽长圆形，与副芽贴近；复叶平均长32cm，柄长12.4cm；小叶数7枚，平均长14.2cm，叶宽7.8cm，卵圆形，叶尖微尖，叶缘全缘；叶片颜色为绿。

3. 果实性状

果实长圆形，果皮绿色，果面光滑无茸毛；青皮厚度较薄，容易脱落；坚果卵圆形，平均纵径4.12cm，横径3.93cm，侧径4.06cm，平均果重约12.5g；壳面光滑，缝合线窄、紧，内褶壁退化，横隔壁骨质；核仁充实饱满，易取整仁；核仁风味香甜。

4. 生物学习性

生长势强、萌芽力强、发枝力强；第三年开始结果，第五年进入盛果期；果枝类型中以中长果枝结果为主；连续结果能力较强，以单果和双果为主，生理落果数少；采前落果数较少，易丰产且大小年不显著；萌芽期在4月上旬，果实采收期为9月上旬，落叶期为11月上旬。

品种评价

结果能力强；高产、优质、广适性强；主要食用及利用部位是种子（果实）；主要病虫害有介壳虫、核桃黑斑病、核桃炭疽病；繁殖方法为嫁接，适宜在深厚、肥沃、有排灌条件的砂土栽培。

植株

幼芽

双果结果状

陇南 L-12 核桃

Juglans regia L.'LongnanL-12hetao'

调查编号： CAOQFMYP206

所属树种： 核桃 *Juglans regia* L.

提 供 人： 张进德
电　　话： 13909399126
住　　址： 甘肃省陇南市武都区城关镇上黄家坝村

调 查 人： 曹秋芬、孟玉平
电　　话： 13753480017
单　　位： 山西省农业科学院生物技术研究中心

调查地点： 甘肃省陇南市武都区城关镇上黄家坝村

地理数据： GPS数据（海拔：1004m，经度：E104°50′45.4″，纬度：N33°250.16″）

样本类型： 枝条、果实

生境信息

来源于当地，田间小生境。伴生物种为核桃，易受耕作影响。土质为砂土地。目前，仅在当地一户种植户家中发现1株，种植年限约30年，已有嫁接苗。

植物学信息

1. 植株情况

属乔木，树势强，树姿直立，树形为自然半圆头形；树高5.5m，干高0.95m，干周31cm，冠幅东西2.5m、南北3m；树干灰色，树皮呈丝状裂；枝条密度中等。

2. 植物学特征

1年生枝条黄绿色，节间长度和粗度均中等；皮目少；混合芽长圆形，与副芽贴近；复叶平均长32cm，柄长12.6cm；小叶数7枚，平均长14.5cm，叶宽8cm，卵圆形，叶尖微尖，叶缘全缘；叶片颜色为绿。

3. 果实性状

果实长圆形，果皮绿色，果面光滑无茸毛；青皮厚度较薄，容易脱落；坚果卵圆形，平均纵径4.11cm，横径3.92cm，侧径4.03cm，平均果重约12.3g；壳面光滑，缝合线窄、紧，内褶壁退化，横隔壁骨质；核仁充实饱满，易取整仁；核仁风味香甜。

4. 生物学习性

生长势强，萌芽力强，发枝力强；第三年开始结果，第五年进入盛果期；果枝类型中以中长果枝结果为主；连续结果能力较强，以双果为主，生理落果数少；采前落果数较少，易丰产且大小年不显著；萌芽期在4月上旬，果实采收期为9月上旬，落叶期为11月上旬。

品种评价

结果能力强；高产、优质、广适性强；主要食用及利用部位是种子（果实）；主要病虫害有介壳虫、核桃黑斑病、核桃炭疽病；繁殖方法为嫁接，适宜在深厚、肥沃、有排灌条件的砂土栽培。

陇南L—12

品种来源：礼县林业局

树干

叶片

双果结果状

陇南 LD-15 核桃

Juglans regia L.'LongnanLD-15hetao'

调查编号：CAOQFMYP207

所属树种：核桃 *Juglans regia* L.

提 供 人：张进德
电　　话：13909399126
住　　址：甘肃省陇南市武都区城关镇上黄家坝村

调 查 人：曹秋芬、孟玉平
电　　话：13753480017
单　　位：山西省农业科学院生物技术研究中心

调查地点：甘肃省陇南市武都区城关镇上黄家坝村

地理数据：GPS数据（海拔：1004m，经度：E104°50′45.4″，纬度：N33°250.16″）

样本类型：枝条

生境信息

来源于当地，田间小生境。伴生物种为核桃，易受耕作影响。土质为砂土地。目前，仅在当地一户种植户家中发现1株，种植年限约30年，已有嫁接苗。

植物学信息

1. 植株情况

属乔木，树势强，树姿直立，树形为自然半圆头形；树高5.5m，干高1m，干周39cm，冠幅东西2.5m、南北3m；树干灰色，树皮呈丝状裂；枝条密度中等。

2. 植物学特征

1年生枝条黄绿色，节间长度和粗度均中等；皮目少；混合芽长圆形，与副芽贴近；复叶平均长32cm，柄长12.4cm；小叶数7枚，平均长14.8cm，叶宽7cm，卵圆形，叶尖微尖，叶缘全缘；叶片颜色为绿。

3. 果实性状

果实长圆形，果皮绿色，果面光滑无茸毛；青皮厚度较薄，容易脱落；坚果卵圆形，平均纵径4.19cm，横径3.97cm，侧径3.93cm，平均果重约12g；壳面光滑，缝合线窄、紧，内褶壁退化，横隔壁骨质；核仁充实饱满，易取整仁；核仁风味香甜。

4. 生物学习性

生长势强，萌芽力强，发枝力强；第三年开始结果，第五年进入盛果期；果枝类型中以中长果枝结果为主；连续结果能力较强，以双果为主，生理落果数少；采前落果数较少，易丰产且大小年不显著；萌芽期在4月上旬，果实采收期为9月上旬，落叶期为11月上旬。

品种评价

结果能力强；高产、优质、广适性强；主要食用及利用部位是种子（果实）；主要病虫害有介壳虫、核桃黑斑病、核桃炭疽病；繁殖方法为嫁接，适宜在深厚、肥沃、有排灌条件的砂土栽培。

植株

叶片

陇南LD—15

品种来源：两当县林业局

树干

双果结果状

陇南 L-16 核桃

Juglans regia L.'LongnanL-16hetao'

◉ 调查编号：CAOQFMYP208

▣ 所属树种：核桃 *Juglans regia* L.

▤ 提 供 人：张进德
　 电　　话：13909399126
　 住　　址：甘肃省陇南市武都区城关镇上黄家坝村

▤ 调 查 人：曹秋芬、孟玉平
　 电　　话：13753480017
　 单　　位：山西省农业科学院生物技术研究中心

◉ 调查地点：甘肃省陇南市武都区城关镇上黄家坝村

🌐 地理数据：GPS数据（海拔：1004m，经度：E104°50'45.4"，纬度：N33°250.16"）

▣ 样本类型：枝条

生境信息

来源于当地，田间小生境。伴生物种为核桃，易受耕作影响。土质为砂土地。目前，仅在当地一户种植户家中发现1株，种植年限约30年，已有嫁接苗。

植物学信息

1. 植株情况

属乔木，树势强，树姿直立，树形为自然半圆头形；树高6m，干高1.03m，干周28cm，冠幅东西3m、南北3m；树干灰色，树皮呈丝状裂；枝条密度中等。

2. 植物学特征

1年生枝条黄绿色，节间长度和粗度均中等；皮目少；混合芽长圆形，与副芽贴近；复叶平均长38cm，柄长15cm；小叶数5~7枚，平均长14cm，叶宽8.7cm，卵圆形，叶尖微尖，叶缘全缘；叶片颜色为绿。

3. 果实性状

果实长圆形，果皮绿色，果面光滑无茸毛；青皮厚度较薄，容易脱落；坚果卵圆形，平均纵径4.44cm，横径4.27cm，侧径4.19cm，平均果重约14.6g；壳面光滑，缝合线窄、紧，内褶壁退化，横隔壁骨质；核仁充实饱满，易取整仁；核仁风味香甜。

4. 生物学习性

生长势强，萌芽力强，发枝力强；第三年开始结果，第五年进入盛果期；果枝类型中以中长果枝结果为主；连续结果能力较强，以双果为主，生理落果数少；采前落果数较少，易丰产且大小年不显著；萌芽期在4月上旬，果实采收期为9月上旬，落叶期为11月上旬。

品种评价

结果能力强；果个大，高产、优质、广适性强；主要食用及利用部位是种子（果实）；主要病虫害有介壳虫、核桃黑斑病、核桃炭疽病；繁殖方法为嫁接，适宜在深厚、肥沃、有排灌条件的砂土栽培。

叶片

陇南L—12

品种来源：礼县林业局

植林

树干

单果结果状

双果结果状

陇南核桃 11号

Juglans regia L. 'Longnanhetao 11'

调查编号: CAOQFMYP209

所属树种: 核桃 *Juglans regia* L.

提 供 人: 张进德
电 话: 13909399126
住 址: 甘肃省陇南市武都区城关镇上黄家坝村

调 查 人: 曹秋芬、孟玉平
电 话: 13753480017
单 位: 山西省农业科学院生物技术研究中心

调查地点: 甘肃省陇南市武都区城关镇上黄家坝村

地理数据: GPS数据（海拔：1004m，经度：E104°50′45.4″，纬度：N33°25′0.16″）

样本类型: 枝条

生境信息

来源于当地，田间小生境。伴生物种为核桃，易受耕作影响。土质为砂土地。目前，仅在当地一户种植户家中发现1株，种植年限约20年，已有嫁接苗。

植物学信息

1. 植株情况

属乔木，树势强，树姿直立，树形为自然半圆头形；树高12m，干高1.2m，干周14cm，冠幅东西5m、南北5m；树干灰色，树皮呈丝状裂；枝条密度中等。

2. 植物学特征

1年生枝条黄绿色，节间长度和粗度均中等；皮目少；混合芽长圆形，与副芽贴近；复叶平均长34cm，柄长12cm；小叶数5~7枚，平均长13.2cm，叶宽7cm，卵圆形，叶尖微尖，叶缘全缘；叶片颜色为绿。

3. 果实性状

果实近圆形，果皮绿色，果面光滑无茸毛；青皮厚度较薄，容易脱落；坚果卵圆形，平均纵径4.14cm，横径4.02cm，侧径3.96cm，平均果重约12.6g；壳面光滑，缝合线窄、紧，内褶壁退化，横隔壁骨质；核仁充实饱满，易取整仁；核仁风味香甜。

4. 生物学习性

生长势强，萌芽力强，发枝力强；第三年开始结果，第五年进入盛果期；果枝类型中以中长果枝结果为主；连续结果能力较强，以双果为主，生理落果数少；采前落果数较少，易丰产且大小年不显著；萌芽期在4月上旬，果实采收期为9月上旬，落叶期为11月上旬。

品种评价

杂交优系，结果能力强；高产、优质、广适性强；主要食用及利用部位是种子（果实）；抗病性强；繁殖方法为嫁接，适宜在深厚、肥沃、有排灌条件的砂土栽培。

植株

叶片

双果结果状

单果和双果结果状

陇南 WD-21 核桃

Juglans regia L.'LongnanWD-21hetao'

调查编号： CAOQFMYP210

所属树种： 核桃 *Juglans regia* L.

提 供 人： 张进德
电　　话： 13909399126
住　　址： 甘肃省陇南市武都区城关镇上黄家坝村

调 查 人： 曹秋芬、孟玉平
电　　话： 13753480017
单　　位： 山西省农业科学院生物技术研究中心

调查地点： 甘肃省陇南市武都区城关镇上黄家坝村

地理数据： GPS数据（海拔：1004m，经度：E104°50'45.4"，纬度：N33°25'0.16"）

样本类型： 叶片、果实

生境信息

来源于当地，田间小生境。伴生物种为核桃，易受耕作影响。土质为砂土地。目前，仅在当地一户种植户家中发现1株，种植年限约30年，已有嫁接苗。

植物学信息

1. 植株情况

属乔木，树势强，树姿直立，树形为自然半圆头形；树高13m，干高1.7m，干周54cm，冠幅东西5m、南北5m；树干灰色，树皮呈丝状裂；枝条密度中等。

2. 植物学特征

1年生枝条黄绿色，节间长度和粗度均中等；皮目少、平；混合芽长圆形，与副芽贴近；复叶平均长35cm，柄长14cm；小叶数5~9枚，平均长13.6cm，叶宽8cm，卵圆形，叶尖微尖，叶缘全缘；叶片颜色为绿。

3. 果实性状

果实长圆形，果皮绿色，果面光滑无茸毛；青皮厚度较薄，容易脱落；坚果卵圆形，平均纵径4.56cm，横径3.97cm，侧径4.16cm，平均果重约11.8g；壳面光滑，缝合线窄、紧，内褶壁退化，横隔壁骨质；核仁充实饱满，易取整仁；核仁风味香甜。

4. 生物学习性

生长势强，萌芽力强，发枝力强；第三年开始结果，第五年进入盛果期；果枝类型中以中长果枝结果为主；连续结果能力较强，以双果为主，生理落果数少；采前落果数较少，易丰产且大小年不显著；萌芽期在4月上旬，果实采收期为9月上旬，落叶期为11月上旬。

品种评价

结果能力强；高产、优质、广适性强；主要食用及利用部位是种子（果实）；主要病虫害有介壳虫、核桃黑斑病、核桃炭疽病；繁殖方法为嫁接，适宜在深厚、肥沃、有排灌条件的砂土栽培。

植株

叶片

陇南WD-21

品种来源：武都区林业局

树干

裂果状

双果结果状

陇南 L-14 核桃

Juglans regia L.'LongnanWD-20hetao'

调查编号： CAOQFMYP211

所属树种： 核桃 *Juglans regia* L.

提 供 人： 张进德
电　　话： 13909399126
住　　址： 甘肃省陇南市武都区城关
镇上黄家坝村

调 查 人： 曹秋芬、孟玉平
电　　话： 13753480017
单　　位： 山西省农业科学院生物技
术研究中心

调查地点： 甘肃省陇南市武都区城关
镇上黄家坝村

地理数据： GPS数据（海拔：1004m，
经度：E104°50'45.4"，纬度：N33°25'0.16"）

样本类型： 叶片、枝条

生境信息

来源于当地，田间小生境。伴生物种为核桃，易受耕作影响。土质为砂土地。目前，仅在当地一户种植户院中发现2株，种植年限约30年，已有嫁接苗。

植物学信息

1. 植株情况

属乔木，树势强，树姿直立，树形为自然半圆头形；树高15m，干高1m，干周38cm，冠幅东西4.5m、南北4.5m；树干灰色，树皮呈丝状裂；枝条密度中等。

2. 植物学特征

1年生枝条黄绿色，节间长度和粗度均中等；皮目少、平；混合芽长圆形，与副芽贴近；复叶平均长34cm，柄长13cm；小叶数5~7枚，平均长13cm，叶宽7.5cm，卵圆形，叶尖微尖，叶缘全缘；叶片颜色为绿。

3. 果实性状

果实圆形，果皮绿色，果面光滑无茸毛；青皮厚度较薄，容易脱落；坚果卵圆形，平均纵径4.05cm，横径3.98cm，侧径4.03cm，平均果重约11.3g；壳面光滑，缝合线窄、紧，内褶壁退化，横隔壁骨质；核仁充实饱满，易取整仁；核仁风味香甜。

4. 生物学习性

生长势强，萌芽力强，发枝力强；第三年开始结果，第五年进入盛果期；果枝类型中以中长果枝结果为主；连续结果能力较强，以双果为主，生理落果数少；采前落果数较少，易丰产且大小年不显著；萌芽期在4月上旬，果实采收期为9月上旬，落叶期为11月上旬。

品种评价

抗寒、高产、优质、广适性强；主要食用及利用部位是种子（果实）；主要病虫害有介壳虫、核桃黑斑病、核桃炭疽病；繁殖方法为嫁接，适宜在深厚、肥沃、有排灌条件的砂土栽培。

植株

叶片

双果结果状

陇南 L-14 核桃

Juglans regia L. 'LongnanL-14hetao'

- 调查编号： CAOQFMYP212
- 所属树种： 核桃 *Juglans regia* L.
- 提供人： 张进德
  电话： 13909399126
  住址： 甘肃省陇南市武都区城关镇上黄家坝村
- 调查人： 曹秋芬、孟玉平
  电话： 13753480017
  单位： 山西省农业科学院生物技术研究中心
- 调查地点： 甘肃省陇南市武都区城关镇上黄家坝村
- 地理数据： GPS数据（海拔：1004m，经度：E104°50'45.4"，纬度：N33°250.16"）
- 样本类型： 枝条、果实

生境信息

来源于当地，田间小生境。伴生物种为核桃，易受耕作影响。土质为砂土地。目前，仅在当地一户种植户院中发现1株，种植年限约30年，已有嫁接苗。

植物学信息

1. 植株情况

属乔木，树势强，树姿直立，树形为自然半圆头形；树高18m，干高1.46m，干周45cm，冠幅东西4.2m、南北4.5m；树干灰色，树皮呈丝状裂；枝条密度中等。

2. 植物学特征

1年生枝条黄绿色，节间长度和粗度均中等；皮目少、平；混合芽长圆形，与副芽贴近；复叶平均长32.4cm，柄长13cm；小叶数5～7枚，平均长10cm，叶宽6.8cm，卵圆形，叶尖微尖，叶缘全缘；叶片颜色为绿。

3. 果实性状

果实圆形，果皮绿色，果面光滑无茸毛；青皮厚度较薄，容易脱落；坚果卵圆形，平均纵径4.05cm，横径3.98cm，侧径4.01cm，平均果重约11.5g；壳面光滑，缝合线窄、紧，内褶壁退化，横隔壁骨质；核仁充实饱满，易取整仁；核仁风味香甜。

4. 生物学习性

生长势强，萌芽力强，发枝力强；第三年开始结果，第五年进入盛果期；果枝类型中以中长果枝结果为主；连续结果能力较强，以双果为主，生理落果数少；采前落果数较少，易丰产且大小年不显著；萌芽期在4月上旬，果实采收期为9月上旬，落叶期为11月上旬。

品种评价

抗寒、抗贫瘠、高产、优质、广适性强；主要食用及利用部位是种子（果实）；主要病虫害有介壳虫、核桃黑斑病、核桃炭疽病；繁殖方法为嫁接，适宜在深厚、肥沃、有排灌条件的砂土栽培。

植株

叶片

陇南 L—14

品种来源：礼县林业局

树干

双果结果状

陇南 K-25 核桃

Juglans regia L.'LongnanK-25hetao'

- 调查编号：CAOQFMYP213
- 所属树种：核桃 *Juglans regia* L.
- 提 供 人：张进德
  电　　话：13909399126
  住　　址：甘肃省陇南市武都区城关镇上黄家坝村
- 调 查 人：曹秋芬、孟玉平
  电　　话：13753480017
  单　　位：山西省农业科学院生物技术研究中心
- 调查地点：甘肃省陇南市武都区城关镇上黄家坝村
- 地理数据：GPS数据（海拔：1004m，经度：E104°50'45.4"，纬度：N33°25'0.16"）
- 样本类型：枝条

生境信息

来源于当地，田间小生境。伴生物种为核桃，易受耕作影响。土质为砂土地。目前，仅在当地一户种植户院中发现1株，种植年限约50年，已有嫁接苗。

植物学信息

1. 植株情况

属乔木，树势强，树姿直立，树形为自然半圆头形；树高18m，干高0.88m，干周50cm，冠幅东西5m、南北4.5m；树干灰色，树皮呈丝状裂；枝条密度中等。

2. 植物学特征

1年生枝条黄绿色，节间长度和粗度均中等；皮目少、平；混合芽长圆形，与副芽贴近；复叶平均长32.8cm，柄长15cm；小叶数5~7枚，平均长12cm，叶宽8cm，长圆形，叶尖微尖，叶缘全缘；叶片颜色为绿。

3. 果实性状

果实卵圆形，果皮黄绿色，果面光滑无茸毛；青皮厚度较薄，容易脱落；坚果卵圆形，平均纵径4.12cm，横径3.99cm，侧径4.08cm，平均果重约12.5g；壳面光滑，缝合线窄、紧，内褶壁退化，横隔壁骨质；核仁充实饱满，易取整仁；核仁风味香甜。

4. 生物学习性

生长势强，萌芽力强，发枝力强；第三年开始结果，第五年进入盛果期；果枝类型中以中长果枝结果为主；连续结果能力较强，以双果为主，生理落果数少；采前落果数较少，易丰产且大小年不显著；萌芽期在4月上旬，果实采收期为9月上旬，落叶期为11月上旬。

品种评价

抗旱、耐贫瘠、高产、优质、广适性强；主要食用及利用部位是种子（果实）；主要病虫害有介壳虫、核桃黑斑病、核桃炭疽病；繁殖方法为嫁接，适宜在深厚、肥沃、有排灌条件的砂土栽培。

植株

叶片

陇南K—25
品种来源：康县林业局
树干

双果结果状

陇南 W-01 核桃

Juglans regia L. 'LongnanW-01hetao'

○ 调查编号：CAOQFMYP214

○ 所属树种：核桃 *Juglans regia* L.

○ 提 供 人：张进德
电　　话：13909399126
住　　址：甘肃省陇南市武都区城关镇上黄家坝村

○ 调 查 人：曹秋芬、孟玉平
电　　话：13753480017
单　　位：山西省农业科学院生物技术研究中心

○ 调查地点：甘肃省陇南市武都区城关镇上黄家坝村

○ 地理数据：GPS数据（海拔：1004m，经度：E104°50'45.4"，纬度：N33°25'0.16"）

○ 样本类型：枝条

生境信息

来源于当地，田间小生境。伴生物种为核桃，易受耕作影响。土质为砂土地。目前，仅在当地一户种植户院中发现1株，种植年限约50年，已有嫁接苗。

植物学信息

1. 植株情况

属乔木，树势中等，树姿半开张，树形为自然半圆头形；树高12m，干高1.28m，干周35cm，冠幅东西7m、南北7m；树干灰色，树皮呈丝状裂；枝条密度较疏。

2. 植物学特征

1年生枝条绿色，节间长度和粗度均中等；皮目少、平；混合芽长圆形，与副芽贴近；复叶平均长33cm，柄长15cm；小叶数7～9枚，平均长12cm，叶宽8cm，长圆形，叶尖微尖，叶缘全缘；叶片颜色为绿。

3. 果实性状

果实近圆形，果皮黄绿色，果面光滑无茸毛；青皮厚度较薄，容易脱落；坚果圆形，平均纵径4.11cm，横径4.00cm，侧径4.08cm，平均果重约11.8g；壳面光滑，缝合线窄、紧，内褶壁退化，横隔壁骨质；核仁充实饱满，易取整仁；核仁风味香甜。

4. 生物学习性

生长势强，萌芽力强，发枝力强；第三年开始结果，第五年进入盛果期；果枝类型中以中长果枝结果为主；连续结果能力较强，以双果为主，生理落果数少；采前落果数较少，易丰产且大小年不显著；萌芽期在4月上旬，果实采收期为9月上旬，落叶期为11月上旬。

品种评价

抗旱、耐贫瘠、高产、优质，广适性强；主要食用及利用部位是种子（果实）；主要病虫害有介壳虫、核桃黑斑病、核桃炭疽病；繁殖方法为嫁接，适宜在深厚、肥沃、有排灌条件的砂土栽培。

叶片

植株

陇南W—01

品种来源：文县林业局

树干

幼芽

双果结果状

陇南 X-10 核桃

Juglans regia L.'LongnanX-10hetao'

调查编号： CAOQFMYP215

所属树种： 核桃 *Juglans regia* L.

提 供 人： 张进德
电　　话： 13909399126
住　　址： 甘肃省陇南市武都区城关镇上黄家坝村

调 查 人： 曹秋芬、孟玉平
电　　话： 13753480017
单　　位： 山西省农业科学院生物技术研究中心

调查地点： 甘肃省陇南市武都区城关镇上黄家坝村

地理数据： GPS数据（海拔：1004m，经度：E104°50'45.4"，纬度：N33°25'0.16"）

样本类型： 枝条

生境信息

来源于当地，田间小生境。伴生物种为核桃，易受耕作影响。土质为砂土地。目前，仅在当地一户种植户院中发现1株，种植年限约50年，已有嫁接苗。

植物学信息

1. 植株情况

属乔木，树势中等，树姿半开张，树形为自然半圆头形；树高15m，干高1.2m，干周62cm，冠幅东西5m、南北4.8m；树干灰褐色，树皮呈丝状裂；枝条密度较疏。

2. 植物学特征

1年生枝条黄绿色，节间长度和粗度均中等；皮目少、平；混合芽长圆形，与副芽贴近；复叶平均长34cm，柄长15cm；小叶数7枚，平均长12.2cm，叶宽7.5cm，长椭圆形，叶尖微尖，叶缘全缘；叶片颜色为绿。

3. 果实性状

果实近圆形，果皮黄绿色，果面光滑无茸毛；青皮厚度较薄，容易脱落；坚果圆形，平均纵径4.15cm，横径4.02cm，侧径4.11cm，平均果重约12.4g；壳面光滑，缝合线窄、松，内褶壁退化，横隔壁骨质；核仁充实饱满，易取整仁；核仁风味香甜。

4. 生物学习性

生长势强，萌芽力强，发枝力强；第三年开始结果，第五年进入盛果期；果枝类型中以中长果枝结果为主；连续结果能力较强，以双果为主，生理落果数少；采前落果数较少，易丰产且大小年不显著；萌芽期在4月上旬，果实采收期为9月上旬，落叶期为11月上旬。

品种评价

抗旱、耐贫瘠、高产、优质，广适性强；主要食用及利用部位是种子（果实）；较抗病；繁殖方法为嫁接，适宜在深厚、肥沃、有排灌条件的砂土栽培；坚果品质好，味道香甜不涩。

植株

陇南X—10
品种来源：西和县林业局
树干

双果结果状

叶片

三果结果状

民和 L-49 核桃

Juglans regia L. 'MinheL-49hetao'

- 调查编号：CAOQFMYP273

- 所属树种：核桃 *Juglans regia* L.

- 提 供 人：顾文艺
  电　　话：13909784996
  住　　址：青海省农林科学院林业科学研究所

- 调 查 人：曹秋芬、孟玉平
  电　　话：13753480017
  单　　位：山西省农业科学院生物技术研究中心

- 调查地点：青海省海东地区民和回族土族自治县官亭镇鲍家村

- 地理数据：GPS数据（海拔：1804m，经度：E102°47'35.53"，纬度：N35°52'17.07"）

- 样本类型：果实

生境信息

来源当地，庭院小生境。代表生长环境的建群种、优势种、标志种为榆树。地形为平地。土壤质地为砂壤土。土地利用主要为人工林。影响因子为砍伐、耕作。种植年限为50多年。现存株数1株。

植物学信息

1. 植株情况

树势强，树姿半开张，树形为半圆头形；树高16m，干高1.3m，干周186cm，冠幅东西9m、南北9.6m；树干灰褐色，树皮呈块状裂；枝条密度较密。

2. 植物学特征

1年生枝条黄绿色，节间平均长1.3m，平均粗度0.9cm；混合芽长圆形，与副芽贴近；复叶平均长43cm，柄长5.4cm；小叶数5~7枚，平均长15cm，叶宽8cm，厚0.2mm，长卵圆形，叶尖渐尖，叶缘全缘；叶色为黄绿。

3. 果实性状

果实卵圆形，果皮绿色，果面光滑无茸毛；青皮厚度较薄，容易脱落；坚果卵圆形，平均纵径4.20cm，横径3.71cm，侧径3.64cm，平均果重约12.5g；壳面光滑，缝合线窄、松，内褶壁退化，横隔壁骨质；核仁充实饱满，易整取仁；核仁风味香甜。

4. 生物学习性

萌芽力强，发枝力强；新梢一年平均长89cm，（夏、秋）梢生长量50cm；生长势极强；第三年开始结果，第五年进入盛果期；果台副梢抽生及连续结果能力较强，以单果和双果为主，偶有三果，坐果力强；生理落果及采前落果少；易丰产且大小年不显著；萌芽期在4月上旬，雄花盛开期在4月上旬，果实采收期在10月中旬，落叶期为11月上旬。

品种评价

耐寒，广适性强；主要食用及利用部位是种子（果实）；主要病虫害有介壳虫、核桃黑斑病、核桃炭疽病；繁殖方法为嫁接，适宜在深厚、肥沃、有排灌条件的砂壤土栽培；坚果品质佳，味不涩。

生境

植株

结果枝

小生境

民和 L-50 核桃

Juglans regia L. 'MinheL-50hetao'

调查编号：CAOQFMYP275

所属树种：核桃 *Juglans regia* L.

提 供 人：顾文艺
电　　话：13909784996
住　　址：青海省农林科学院林业科
　　　　　学研究所

调 查 人：曹秋芬、孟玉平
电　　话：13753480017
单　　位：山西省农业科学院生物技
　　　　　术研究中心

调查地点：青海省海东地区民和回族土
　　　　　族自治县核桃庄镇核桃庄村

地理数据：GPS数据（海拔：1892m，
　　　　　经度：E102°47′57.16″，纬度：N35°52′34.42″）

样本类型：种子

生境信息

来源当地，田间小生境。代表生长环境的建群种、优势种、标志种为杨树、玉米。地形为坡地。土壤质地为砂壤土。土地利用主要为耕地。影响因子为耕作。种植年限为40多年。现存株数1株。

植物学信息

1. 植株情况

树势强，树姿半开张，树形为半圆头形；树高12m，干高1.1m，干周194cm，冠幅东西8m、南北9.6m；树干灰褐色，树皮呈块状裂；枝条密度较密。

2. 植物学特征

1年生枝条黄绿色，节间平均长1.35m，平均粗度0.9cm；混合芽长圆形，与副芽贴近；复叶平均长44cm，柄长5.7cm；小叶数5～7枚，平均长17cm，叶宽9cm，厚0.2 mm，长卵圆形，叶尖微尖，叶缘全缘；叶色为黄绿。

3. 果实性状

果实卵圆形，果皮绿色，果面光滑无茸毛；青皮厚度较薄，容易脱落；坚果卵圆形，平均纵径4.35cm，横径3.84cm，侧径3.74cm，平均果重约12.8g；壳面光滑，缝合线窄、松，内褶壁退化，横隔壁骨质；核仁充实饱满，易整取仁；核仁风味香甜。

4. 生物学习性

萌芽力强，发枝力强；新梢一年平均长86cm，（夏、秋）梢生长量49cm；生长势强；第三年开始结果，第五年进入盛果期；果台副梢抽生及连续结果能力较强，以双果为主，坐果力强；生理落果及采前落果少；易丰产且大小年不显著；萌芽期在4月上旬，雄花盛开期在4月上旬，果实采收期在10月中旬，落叶期为11月上旬。

品种评价

耐寒，广适性强；主要食用及利用部位是种子（果实）；主要病虫害有介壳虫、核桃黑斑病、核桃炭疽病；繁殖方法为嫁接，适宜在深厚、肥沃、有排灌条件的砂壤土栽培；坚果品质佳，味不涩。

大生境

小生境

植株

结果枝

安家滩核桃1号

Juglans regia L. 'Anjiatanhetao 1'

- 调查编号：LITZLJS015
- 所属树种：核桃 *Juglans regia* L.
- 提 供 人：张志忠
  电　　话：13911789232
  住　　址：北京市门头沟区安家滩林果服务站
- 调 查 人：刘佳棻
  电　　话：010－51513910
  单　　位：北京市农林科学院农业综合发展研究所
- 调查地点：北京市门头沟区安家滩村
- 地理数据：GPS数据（海拔：463m，经度：E115°57'47"，纬度：N39°57'03"）
- 样本类型：枝条

生境信息

来源于当地，最大树龄为120年左右。田间种植。伴生物种为核桃，易受耕作影响。土质为黏壤土地。目前，仅在当地一户种植户院中发现2株，种植年限约16年。

植物学信息

1. 植株情况

树势强，树姿开张，树形为圆头形；树高7.2m，干高2.3m，干周86cm，冠幅东西6.9m、南北6.6m；树干灰褐色，树皮呈块状裂；枝条密度较密。

2. 植物学特征

1年生枝条黄绿色，节间平均长1.2m，平均粗度0.8cm；混合芽长圆形，与副芽贴近；复叶平均长42cm，柄长5cm；小叶数5～9枚，平均长14cm，叶宽6cm，厚0.2mm，长卵圆形，叶尖渐尖，叶缘全缘；雄花序平均长度10cm；雄花芽少，雄花数多，柱头黄绿。

3. 果实性状

果实长圆形，果皮绿色，果面光滑无茸毛；青皮厚度较薄，容易脱落；坚果卵圆形，平均纵径4.00cm，横径3.51cm，侧径3.31cm，平均果重约12.1g；壳面光滑，缝合线窄、松，壳厚度1.04mm（以两颊中心处的壳厚为准），内褶壁退化，横隔壁骨质；核仁充实饱满，易整取仁；平均核仁重7.9g，出仁率64.75%，风味香甜。蛋白质含量19.26%，脂肪含量64.39%。

4. 生物学习性

萌芽力强，发枝力强；新梢一年平均长88cm，（夏、秋）梢生长量40cm；生长势中；早实，第二年开始结果，第五年进入盛果期；果枝中有36%长果枝，47%中果枝，15%短果枝，腋花芽结果率为2%；果台副梢抽生及连续结果能力较强，以单果和双果为主，坐果力强；生理落果及采前落果少；易丰产且大小年不显著，单株平均产量（盛果期）10kg；萌芽期在4月上旬，雄花盛开期在4月上旬，雌花盛开期在4月中旬，雄花序凋落期5月上旬，果实采收期在9月中旬，落叶期为11月上旬。

品种评价

高产、优质、广适性强；主要食用及利用部位是种子（果实）；主要病虫害有介壳虫、核桃黑斑病、核桃炭疽病；繁殖方法为嫁接，适宜在深厚、肥沃、有排灌条件的黏壤土栽培；本品种为早实性类群，生长迅速，成形快，结果早，雄花少，坚果品质佳，壳薄味佳，不涩，用手一捏即破，仁色很浅。

植株

雌花

雄花

叶片

果实

安家滩核桃2号

Juglans regia L. 'Anjiatanhetao 2'

调查编号：LITZLJS016

所属树种：核桃 *Juglans regia* L.

提 供 人：张志忠
电　　话：13911789232
住　　址：北京市门头沟区安家滩林
　　　　　果服务站

调 查 人：刘佳岑
电　　话：010－51513910
单　　位：北京市农林科学院农业综
　　　　　合发展研究所

调查地点：北京市门头沟区安家滩村

地理数据：GPS数据（海拔：463m，
　　　　　经度：E115°57'13"，纬度：N39°57'25"）

样本类型：枝条

生境信息

　　来源于当地，最大树龄为120年左右。田间种植。伴生物种为核桃，易受耕作、砍伐影响；地处坡地，坡度45o，坡向向北，土地利用主要是建筑和人工林；土质为黏壤土地。目前，仅在当地一户种植户院中发现1株，种植年限约30年。

植物学信息

1. 植株情况

　　树势中等，树姿开张，树形为圆头形；树高15.2m，干高1.75m，干周156cm，冠幅东西12.9m、南北11.6m；树干灰色，树皮呈块状裂；枝条密度较密。

2. 植物学特征

　　1年生枝条黄绿色，节间平均长1.3m，平均粗度0.84cm；混合芽长圆形，与副芽贴近；复叶平均长40cm，柄长4.9cm；小叶数8枚，平均长13cm，叶宽6cm，厚0.2mm，长卵圆形，叶尖渐尖，叶缘全缘；雄花序平均长度9cm；雄花芽少，雄花数多，柱头黄绿。

3. 果实性状

　　果实长圆形，果皮绿色，果面光滑无茸毛；青皮厚度中等，容易脱落；坚果卵圆形，平均纵径4.10cm，横径3.70cm，侧径3.01cm，平均果重约10.2g；壳面略麻，缝合线窄、松，壳厚度1.01mm（以两颗中心处的壳厚为准），内褶壁退化，横隔壁骨质；核仁充实饱满，易整取仁；平均核仁重6.8g，出仁率66%，风味香甜。蛋白质含量17.33%，脂肪含量60.35%。

4. 生物学习性

　　萌芽力强，发枝力强；新梢一年平均长90cm，（夏、秋）梢生长量46cm；生长势中；早实，第二年开始结果，第五年进入盛果期；果枝中有30%长果枝，40%中果枝，25%短果枝，腋花芽结果率为5%；果台副梢抽生及连续结果能力较强，以单果和双果为主，坐果力中等；生理落果及采前落果少；易丰产且大小年不显著，单株平均产量（盛果期）8.5kg；萌芽期在4月上旬，雄花盛开期在4月上旬，雌花盛开期在4月中旬，雄花序凋落期5月上旬，果实采收期在9月中旬，落叶期为11月上旬。

品种评价

　　高产、优质、广适性强；主要食用及利用部位是种子（果实）；主要病虫害有介壳虫、核桃黑斑病、核桃炭疽病；繁殖方法为嫁接，适宜在深厚、肥沃、有排灌条件的黏壤土栽培。

植株

果实

雌花

叶片

安家滩核桃 3号

Juglans regia L. 'Anjiatanhetao 3'

调查编号：LITZLJS020

所属树种：核桃 *Juglans regia* L.

提 供 人：张志忠
电　　话：13911789232
住　　址：北京市门头沟区安家滩林
　　　　　果服务站

调 查 人：刘佳芬
电　　话：010－51513910
单　　位：北京市农林科学院农业综
　　　　　合发展研究所

调查地点：北京市门头沟区安家滩村

地理数据：GPS数据（海拔：463m，
　　　　　经度：E115°57′02″，纬度：N39°57′44″）

样本类型：枝条、果实

生境信息

来源于当地，最大树龄为50年左右。田间种植。伴生物种为核桃，易受耕作、修路影响。地处坡地，坡度25o，坡向向北，土地利用主要是建筑和耕地；土质为黏壤土地。目前，仅在当地一户种植户院中发现1株，种植年限约10年。

植物学信息

1. 植株情况
树势强，树姿半开张，树形为半圆头形；树高7.9m，干高1.65m，干周75cm，冠幅东西9.6m、南北8.6m；树干灰色，树皮呈块状裂；枝条密度较密。

2. 植物学特征
1年生枝条黄绿色，节间平均长1.01m，平均粗度0.79cm；混合芽长圆形，与副芽贴近；复叶平均长43cm，柄长4.6cm；小叶数5～9枚，平均长12cm，叶宽6.2cm，厚0.2mm，长卵圆形，叶尖渐尖，叶缘全缘；雄花序：平均长度11.3cm；雄花芽少，雄花数多，柱头淡黄。

3. 果实性状
果实长圆形，果皮绿色，果面光滑无茸毛；青皮厚度较薄，容易脱落；坚果椭圆形，平均纵径4.02cm，横径3.71cm，侧径3.22cm，平均果重约13.1g；壳面光滑，缝合线窄、松，壳厚度1.04mm（以两颗中心处的壳厚为准），内褶壁退化，横隔壁骨质；核仁充实饱满，易整取仁；平均核仁重8.2g，出仁率62.5%，风味香甜。蛋白质含量18.55%，脂肪含量63.39%。

4. 生物学习性
萌芽力中，发枝力强；新梢一年平均长87cm，（夏、秋）梢生长量30cm；生长势中；早实，第三年开始结果，第五年进入盛果期；果枝中有33%长果枝，46%中果枝，15%短果枝，腋花芽结果率为6%；果台副梢抽生及连续结果能力较强，以单果和双果为主，坐果力强；生理落果及采前落果少；易丰产且大小年不显著，单株平均产量（盛果期）9.85kg；萌芽期在4月上旬，雄花盛开期在4月上旬，雌花盛开期在4月中旬，雄花序凋落期5月上旬，果实采收期在9月中旬，落叶期为11月上旬。

品种评价

高产、优质、广适性强；主要食用及利用部位是种子（果实）；主要病虫害有介壳虫、核桃黑斑病、核桃炭疽病；繁殖方法为嫁接，适宜在深厚、肥沃、有排灌条件的黏壤土栽培。

植株

雌花

枝条

树干

叶片

坚果

安家滩核桃 4 号

Juglans regia L. 'Anjiatanhetao 4'

◎ 调查编号：LITZLJS019

所属树种：核桃 *Juglans regia* L.

提 供 人：张志忠
电　　话：13911789232
住　　址：北京市门头沟区安家滩林
　　　　　果服务站

调 查 人：刘佳芩
电　　话：010-51513910
单　　位：北京市农林科学院农业综
　　　　　合发展研究所

调查地点：北京市门头沟区安家滩村

地理数据：GPS数据（海拔：463m，
　　　　　经度：E115°57'02"，纬度：N39°57'44"）

样本类型：枝条、果实

生境信息

　　来源于当地，最大树龄为100年左右。田间种植。伴生物种为核桃，易受砍伐影响。土质为砂壤土地。目前，仅在当地一户种植户院中发现1株，种植年限约100年。

植物学信息

1. 植株情况

　　树势强，树姿开张，树形为半圆头形；树高11.2m，干高1.75m，干周85cm，冠幅东西10.2m、南北9.6m；树干灰褐色，树皮呈块状裂；枝条密度较密。

2. 植物学特征

　　1年生枝条黄绿色，节间平均长1.09m，平均粗度0.69cm；混合芽长圆形，与副芽贴近；复叶平均长39cm，柄长4.6cm；小叶数8枚，平均长14cm，叶宽5.3cm，厚0.2mm，椭圆形，叶尖渐尖，叶缘全缘；雄花序平均长度11.8cm；雄花芽少，雄花数多，柱头黄绿。

3. 果实性状

　　果实长圆形，果皮绿色，果面光滑无茸毛；青皮厚度中等，难脱落；坚果圆形，平均纵径4.2cm，横径4.02cm，侧径3.51cm，平均果重约13g；壳面光滑，缝合线窄、松，壳厚度1.14mm（以两颗中心处的壳厚为准），内褶壁退化，横隔壁骨质；核仁充实饱满，易整取仁；平均核仁重8g，出仁率61.5%，风味香甜。蛋白质含量18.55%，脂肪含量60.23%。

4. 生物学习性

　　萌芽力强，发枝力强；新梢一年平均长80cm，（夏、秋）梢生长量39cm；生长势中；早实，第五年开始结果，第八年进入盛果期；果枝中有25%长果枝，40%中果枝，30%短果枝，腋花芽结果率为10%；果台副梢抽生及连续结果能力较强，以单果和双果为主，坐果力强；生理落果及采前落果少；易丰产且大小年显著，单株平均产量（盛果期）9.5kg；萌芽期在4月上旬，雄花盛开期在4月上旬，雌花盛开期在4月中旬，雄花序凋落期5月上旬，果实采收期在9月中旬，落叶期为11月上旬。

品种评价

　　高产、耐贫瘠；主要食用及利用部位是种子（果实）；主要病虫害有介壳虫、核桃黑斑病、核桃炭疽病；繁殖方法为嫁接，适宜在深厚、肥沃、有排灌条件的砂壤土栽培。

果实

坚果

植株

枝条

叶片

瓜草地核桃 1号

Juglans regia L.'Guacaodihetao 1'

调查编号：LITZLJS017

所属树种：核桃 *Juglans regia* L.

提 供 人：李宏水
电　　话：13910570170
住　　址：北京市门头沟区瓜草地村

调 查 人：刘佳芬
电　　话：010－51513910
单　　位：北京市农林科学院农业综
　　　　　合发展研究所

调查地点：北京市门头沟区瓜草地村

地理数据：GPS数据（海拔：461m，
　　　　　经度：E115°56'25"，纬度：N39°58'20"）

样本类型：枝条

生境信息

来源于当地，最大树龄为110年左右。田间种植。伴生物种为核桃，易受耕作影响。土质为黏壤土地。目前，仅在当地一户种植户院中发现1株，种植年限约30年。

植物学信息

1. 植株情况

树势强，树姿开张，树形为圆头形；树高12.6m，干高1.9m，干周110cm，冠幅东西11.9m、南北9.5m；树干褐色，树皮呈块状裂；枝条密度较密。

2. 植物学特征

1年生枝条黄绿色，节间平均长1.3m，平均粗度0.65cm；混合芽长圆形，与副芽贴近；复叶平均长45cm，柄长4.5cm；小叶数6～9枚，平均长13.5cm，叶宽5.6cm，厚0.2mm，长卵圆形，叶尖渐尖，叶缘全缘；雄花序平均长度9.5cm；雄花芽少，雄花数多，柱头黄绿。

3. 果实性状

果实长圆形，果皮绿色，果面光滑无茸毛；青皮厚度较薄，容易脱落；坚果椭圆形，平均纵径4.6cm，横径3.65cm，侧径3.31cm，平均果重约12.9g；壳面略麻，缝合线窄、松，壳厚度1.04mm（以两颊中心处的壳厚为准），内褶壁退化，横隔壁骨质；核仁充实饱满，易整取仁；平均核仁重8.5g，出仁率65.8%，风味香甜。蛋白质含量17.66%，脂肪含量59.29%。

4. 生物学习性

萌芽力中弱，发枝力中；新梢一年平均长78cm，（夏、秋）梢生长量36cm；生长势中；早实，第三年开始结果，第五年进入盛果期；果枝中有25%长果枝，48%中果枝，25%短果枝，腋花芽结果率为2%；果台副梢抽生及连续结果能力较强，以单果和双果为主，坐果力强；生理落果及采前落果少；易丰产且大小年不显著，单株平均产量（盛果期）10kg；萌芽期在4月上旬，雄花盛开期在4月上旬，雌花盛开期在4月中旬，雄花序凋落期5月上旬，果实采收期在9月中旬，落叶期为11月上旬。

品种评价

高产、优质、广适性强；主要食用及利用部位是种子（果实）；主要病虫害有介壳虫、核桃黑斑病、核桃炭疽病；繁殖方法为嫁接，适宜在深厚、肥沃、有排灌条件的黏壤土栽培。

植株

叶片

雌花

坚果

瓜草地核桃 2号

Juglans regia L.'Guacaodihetao 2'

调查编号： LITZLJS021

所属树种： 核桃 *Juglans regia* L.

提 供 人： 李宏水
电　　话： 13910570170
住　　址： 北京市门头沟区瓜草地村

调 查 人： 刘佳芩
电　　话： 010–51513910
单　　位： 北京市农林科学院农业综合发展研究所

调查地点： 北京市门头沟区瓜草地村

地理数据： GPS数据（海拔：461m，
经度：E115°56'33"，纬度：N39°58'10"）

样本类型： 枝条

生境信息

来源于当地，最大树龄为50年左右。田间种植。伴生物种为核桃，易受砍伐影响。土质为黏壤土地。目前，仅在当地一户种植户院中发现1株，种植年限约15年。

植物学信息

1. 植株情况

树势中等，树姿开张，树形为圆头形；树高10.5m，干高1.66m，干周75.6cm，冠幅东西9.6m、南北8.7m；树干灰色，树皮呈块状裂；枝条密度较密。

2. 植物学特征

1年生枝条黄绿色，节间平均长1.2m，平均粗度0.69cm；混合芽长圆形，与副芽贴近；复叶平均长39cm，柄长5.5cm；小叶数9枚，平均长15cm，叶宽6cm，厚0.2mm，长卵圆形，叶尖渐尖，叶缘全缘；雄花序：平均长度12cm；雄花芽少，雄花数多，柱头淡黄。

3. 果实性状

果实长圆形，果皮绿色，果面光滑无茸毛；青皮厚度较薄，容易脱落；坚果椭圆形，平均纵径4.5cm，横径4.02cm，侧径4.01cm，平均果重约15g；壳面光滑，缝合线窄、松，壳厚度1.1mm（以两颊中心处的壳厚为准），内褶壁退化，横隔壁骨质；核仁充实饱满，易整取仁；平均核仁重8.2g，出仁率54.6%，风味香甜。蛋白质含量17.26%，脂肪含量64.25%。

4. 生物学习性

萌芽力强，发枝力强；新梢一年平均长78cm，（夏、秋）梢生长量36cm；生长势中；第二年开始结果，第五年进入盛果期；果枝中有30%长果枝，37%中果枝，25%短果枝，腋花芽结果率为8%；果台副梢抽生及连续结果能力较强，以单果和双果为主，坐果力强；生理落果及采前落果少；易丰产且大小年不显著，单株平均产量（盛果期）9kg；萌芽期在4月上旬，雄花盛开期在4月上旬，雌花盛开期在4月中旬，雄花序凋落期5月上旬，果实采收期在9月中旬，落叶期为11月上旬。

品种评价

高产、耐贫瘠；主要食用及利用部位是种子（果实）；主要病虫害有介壳虫、核桃黑斑病、核桃炭疽病；繁殖方法为嫁接，适宜在深厚、肥沃、有排灌条件的黏壤土栽培。

雌花

坚果

植株

叶片

二里腰村笨核桃1号

Juglans regia L.'Erliyaocunbenhetao 1'

- **调查编号：** CAOSYXMS006
- **所属树种：** 核桃 *Juglans regia* L.
- **提 供 人：** 李强
  电 话： 15239768346
  住 址： 河南省济源市邵原镇二里腰村椿树洼
- **调 查 人：** 薛茂盛
  电 话： 13569144873
  单 位： 国有济源市黄楝树林场
- **调查地点：** 河南省济源市邵原镇二里腰村椿树洼
- **地理数据：** GPS数据（海拔：825 m，经度：E112°060.311"，纬度：N35°1526.33"）
- **样本类型：** 枝条

生境信息

来源于当地，最大树龄30年。小生境类型为庭院，伴生物种为栎树。易受放牧影响，地形为坡地，坡度25°，坡向阳，土地利用为耕地，土壤类型为砂壤土，pH大于7。种植年限为10年。

植物学信息

1. 植株情况

乔木，树势中等；树姿直立；树形为乱头形；树高20m，冠幅东西8m、南北10m，干高4m，干周110cm；主干灰色；树皮丝状裂；枝条密度中等。

2. 植物学特征

1年生枝黄绿色，节间平均长1.2cm，长度中等，粗度中等，平均粗0.65cm；雄花序平均长度5cm；雄花芽少，雄花数多，柱头黄绿色；嫩梢茸毛少，灰色；皮目小、少、凸、近圆形；多年生枝灰褐色。先端叶长15.8cm，小叶数7片；小叶长9.8cm，小叶宽6.2cm，小叶厚0.1mm，小叶柄长0.3cm。小叶椭圆形，浓绿色，叶尖渐尖，叶缘全缘。

3. 果实性状

果实长圆形；果皮绿色，果点浅黄色，密度大，果面无茸毛；青皮较薄；脱青皮难易程度为中等。果个大小为中等、壳薄，绵仁。

4. 生物学习性

萌芽力强，发枝力弱，新梢一年平均生长6.6cm，（夏、秋）梢生长量4.8cm，生长势中等；晚实，开始结果年龄10年，盛果期年龄15年以上；坐果力中等，生理落果少，采前落果少，产量中等，大小年显著，单株平均产量75kg。雄花盛开期4月中旬，雌花盛开期4月中旬，雄花序凋落期4月下旬；果实采收期9月中下旬，落叶期11月上旬。

品种评价

该品种具有抗病、耐贫瘠、广适性等主要优点，主要用途是食用，利用部位为种子（果实）；对寒、旱、涝、瘠、盐、风等恶劣环境的抵抗能力强；繁殖方法为嫁接，对土壤、地势、栽培条件无要求。

灌林

叶片

雄花

枝条

果实

青果

二里腰村笨核桃 2 号

Juglans regia L.'Erliyaocunbenhetao 2'

- 调查编号：CAOSYXMS012
- 所属树种：核桃 *Juglans regia* L.
- 提 供 人：杨红雷
  电　　话：13403997079
  住　　址：河南省济源市邵原镇二里腰村椿树洼
- 调 查 人：薛茂盛
  电　　话：13569144873
  单　　位：国有济源市黄楝树林场
- 调查地点：河南省济源市邵原镇二里腰村椿树洼
- 地理数据：GPS数据（海拔：595m，经度：E112°06'58.56"，纬度：N35°15'19.55"）
- 样本类型：枝条

生境信息

来源于外地，最大树龄为100年。小生境类型为庭院。伴生物种为杨树。易受放牧影响，地形为平地，土地利用为耕地，土壤类型为壤土，pH大于7。种植年限60年。

植物学信息

1. 植株情况

乔木，树势中等；树姿开张；树形为乱头形；树高35m，冠幅东西10m、南北15m，干高6m，干周175cm；主干灰色；树皮丝状裂；枝条密度中等。

2. 植物学特征

1年生枝黄绿色；长度中等；粗度中等；复叶长36cm，复叶柄长6.5cm，小叶数7枚，小叶长14cm，叶宽8cm，小叶厚1mm；小叶椭圆形。浓绿色；叶尖微尖；叶缘全缘；雄花序平均长度12cm；雄花芽少，雄花数少，柱头黄绿色。

3. 果实性状

果实圆形；果皮绿色；果面有茸毛；青皮厚度中等；脱青皮难易程度为中等。坚果圆形；坚果纵径4cm，横径3cm；壳面略麻；缝合线凸、紧密；壳厚度1.0mm（以两颊中心处的壳厚为准）；内褶壁为膜质；横隔壁为膜质；核仁充实；核仁饱满；核仁黄白色；风味香甜。

4. 生物学特性

萌芽力弱；发枝力弱；大小年显著；萌芽期为3月中旬，雄花盛开期4月下旬，雌花盛开期4月下旬，雄花序凋落期5月下旬，果实采收期9月上旬。

品种评价

该品种具有高产、抗病、耐贫瘠、广适性等主要优点，主要用途是食用，主要利用部位为种子（果实）。

果实

生境

植株

雄花

枝条

黄楝树村核桃1号

Juglans regia L. 'Huanglianshucunhetao 1'

調查編號：CAOSYWWZ021

所属树种：核桃 *Juglans regia* L.

提 供 人：李明江
电　　话：15938125640
住　　址：河南省济源市邵原镇黄楝树村弧洼

调 查 人：王文战
电　　话：13838902065
单　　位：国有济源市苗圃场

调查地点：河南省济源市邵原镇黄楝树村胡凹

地理数据：GPS数据（海拔：656.4 m，
经度：E112°04′01.98″，纬度：N35°13′04.88″）

样本类型：枝条

生境信息

来源于当地，最大树龄为100年，田间小生境。伴生物种为栎树。易受耕作影响，土地利用为耕地，土壤类型为砂壤土，pH大于7。种植年限60年，现存4株，种植农户4户。

植物学信息

1. 植株情况

乔木，树势中等；树姿开张；树形为乱头形；树高2.5m，冠幅东西8m、南北16m，干高2.08m，干周208cm；主干灰色；树皮块状裂；枝条密度较疏。

2. 植物学特征

1年生枝黄绿色，节间平均长1.1cm，长度中等，粗度中等；雄花序平均长度5.5cm；雄花芽少，雄花数多，柱头黄绿色。嫩梢茸毛少，灰色。皮目小、少、凸、近圆形。多年生枝灰褐色；小叶椭圆形，浓绿色，叶尖渐尖，叶缘全缘。

3. 果实性状

果实长圆形；果皮绿色，果点浅黄色，密度大，果面无茸毛；青皮较薄；脱青皮难易程度为中等；果个大小为中等、壳薄、绵仁。

4. 生物学习性

萌芽力中等，发枝力弱，新梢一年平均生长5.0cm，（夏、秋）梢生长量4.0cm，生长势中等。晚实品种，开始结果年龄10年，盛果期年龄15年以上；坐果力中等，生理落果少，采前落果少，产量中等，大小年显著，单株平均产量75kg；雌花盛开期4月上旬，雄花盛开期4月中旬，雄花序凋落期4月下旬；果实采收期9月中旬，落叶期10月下旬。

品种评价

该品种具有抗病、耐贫瘠、广适性等主要优点，主要用途是食用，利用部位为种子（果实）；对寒、旱、涝、瘠、盐、风等恶劣环境的抵抗能力强；繁殖方法为嫁接，对土壤、地势、栽培条件无要求。

植株

结果枝

雌花

叶片

果实

承留村核桃 1号

Juglans regia L.'Chengliucunhetao 1'

- 调查编号： CAOSYWWZ027

- 所属树种： 核桃 *Juglans regia* L.

- 提 供 人： 赵家武
  电　　话： 13782854618
  住　　址： 河南省济源市承留镇承留村

- 调 查 人： 王文战
  电　　话： 13838902065
  单　　位： 国有济源市苗圃场

- 调查地点： 河南省济源市承留镇承留村

- 地理数据： GPS数据（海拔： 167m，
  经度： E112°29'09.28"，纬度： N35°04'29.69"）

- 样本类型： 果实

生境信息

　　来源于外地，最大树龄为45年。小生境为庭院。伴生物种为桐树、椿树。地形为平地，土壤质地为壤土，pH大于5。种植年限10年。

植物学信息

1. 植株情况

　　乔木，树势强；树姿直立；树形为圆头形；树高4.5m，冠幅东西6m、南北10m，干高3m，干周105cm；主干灰色；树皮块状裂；枝条密度中等。

2. 植物学特征

　　1年生枝黄绿色，节间平均长0.9cm，长度中等，粗度中等；雄花序平均长度5.0cm；雄花芽少，雄花数较多，柱头黄绿色；嫩梢茸毛中等，灰色。皮目小、少、凸、近圆形。多年生枝灰褐色；小叶椭圆形，浓绿色，叶尖渐尖，叶缘全缘。

3. 果实性状

　　果实椭圆形。坚果纵径3.9cm，横径3.8cm；坚果重17.45g；壳面略麻；壳皮颜色浅；缝合线宽、较松；壳厚度1.0mm（以两颊中心处的壳厚为准）；内褶壁退化；横隔壁膜质；能取整仁，平均核仁重11.5g；核仁较充实，核仁不饱满，核仁黄褐色，风味略涩。

4. 生物学习性

　　萌芽力强，发枝力中等，新梢一年平均生长4.5cm，生长势强；早实，开始结果年龄5年，盛果期年龄8～15年；坐果力中等，生理落果少，采前落果少，产量高，大小年显著；萌芽期3月下旬，雌花盛开期4月上中旬，雄花盛开期4月中旬；果实采收期8月中旬，落叶期10月下旬。

品种评价

　　该品种具有高产、抗病、耐贫瘠、广适性等主要优点，主要用途是食用，利用部位为种子（果实）；对寒、旱、涝、瘠、盐、风等恶劣环境的抵抗能力强；繁殖方法为嫁接，对土壤、地势、栽培条件无要求。

植株

叶片

雌花

枝条

坚果

结果枝

承留村核桃 2号

Juglans regia L.'Chengliucunhetao 2'

- 调查编号：CAOSYWWZ029

- 所属树种：核桃 *Juglans regia* L.

- 提供人：刘小朋
  - 电　话：15939104325
  - 住　址：河南省济源市承留镇承留村

- 调查人：王文战
  - 电　话：13838902065
  - 单　位：国有济源市苗圃场

- 调查地点：河南省济源市承留镇承留村

- 地理数据：GPS数据（海拔：167m，经度：E112°29'09.28"，纬度：N35°04'29.69"）

- 样本类型：果实

生境信息

来源于外地，最大树龄为45年。小生境为庭院。伴生物种为桐树、椿树。地形为平地，土壤质地为壤土，pH大于5。种植年限10年。

植物学信息

1. 植株情况

乔木，树势强；树姿直立；树形为半圆形；树高5.5m，冠幅东西5m、南北8m，干高2.8m，干周110cm；主干灰色；树皮块状裂；枝条密度中等。

2. 植物学特征

1年生枝黄绿色，节间平均长1.5cm，长度中等，粗度中等；雌花较多，柱头黄绿色；嫩梢茸毛中等，灰色。皮目小、少、凸、近圆形；多年生枝灰褐色；小叶椭圆形，绿色，叶尖渐尖，叶缘全缘。

3. 果实性状

果实椭圆形。坚果纵径3.7cm，横径3.6cm；坚果重15.5g；壳面略麻；壳皮颜色浅；缝合线宽、较松；壳厚度1.1mm（以两颊中心处的壳厚为准）；内褶壁退化；横隔壁膜质；能取整仁，平均核仁重11.5g；核仁较充实，核仁不饱满，核仁黄褐色，风味略涩。

4. 生物学习性

萌芽力强，发枝力中等，新梢一年平均生长7cm，（夏、秋）梢生长量5.5cm，生长势强。早实，开始结果年龄5年，盛果期年龄5～15年；坐果力中等，生理落果少，采前落果少，产量高，大小年显著；萌芽期3月下旬，雌花盛开期4月上中旬，雄花盛开期4月中旬。果实采收期8月中旬，落叶期10月下旬。

品种评价

该品种具有高产、抗病、耐贫瘠、广适性等主要优点，主要用途是食用，利用部位为种子（果实）；对寒、旱、涝、瘠、盐、风等恶劣环境的抵抗能力强；繁殖方法为嫁接，对土壤、地势、栽培条件无要求。

青果

生境

植株

雌花

叶片

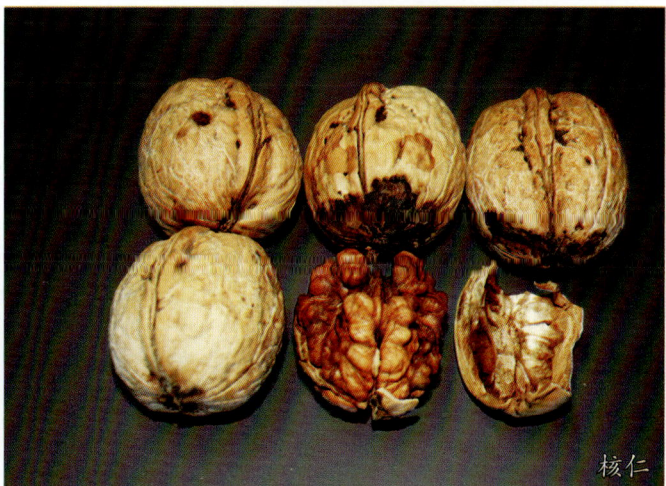

坚果

核仁

大沟河村核桃

Juglans regia L.'Dagouhecunhetao'

🔘 调查编号：CAOSYWWZ031

🏷 所属树种：核桃 *Juglans regia* L.

📄 提 供 人：夏鹏云
电　　话：15803910197
住　　址：河南省济源市承留镇大沟
河村油房庄

📋 调 查 人：王文战
电　　话：13838902065
单　　位：国有济源市苗圃场

📍 调查地点：河南省济源市承留镇大沟
河村油房庄

🌐 地理数据：GPS数据（海拔：281m，
经度：E112°27'18.94"，纬度：N35°01'51.84"）

🖼 样本类型：果实

📋 生境信息

来源于当地，小生境为庭院。伴生物种为桐树、杨树。影响因子为放牧，地形为平地，土壤质地为砂壤土。

📑 植物学信息

1. 植株情况

乔木，树势中等，树姿半直立；树形为半圆形；树高12m，冠幅东西8m、南北10m，干高2m，干周122cm；主干灰色；树皮块状裂；枝条密度中等。

2. 植物学特征

1年生枝黄绿色，节间平均长1.2cm，长度中等，粗度中等；雌花较多，柱头黄绿色。嫩梢茸毛中等，灰色。皮目小、少、凸、近圆形；多年生枝灰褐色；复叶长38cm，复叶柄长20cm，小叶数7枚，小叶长12cm，叶宽7cm；小叶卵圆形；叶片绿色，叶尖渐尖，叶缘全缘。

3. 果实性状

果实椭圆形。坚果纵径3.5cm，横径3.6cm；坚果重14g；壳面略麻；壳皮颜色浅；缝合线宽、较松；壳厚度1.0mm（以两颊中心处的壳厚为准）；内褶壁退化；横隔壁膜质；能取1/2仁，平均核仁重10.2g，核仁较充实，不饱满，核仁黄褐色，风味略涩。

4. 生物学习性

萌芽力中等，发枝力中等，新梢一年平均生长4cm，生长势中等。晚实，开始结果年龄8年，盛果期年龄10～15年；坐果力中等，生理落果少，采前落果少，产量中等，大小年显著；萌芽期4月初，雌花盛开期4月中旬，雄花盛开期4月中下旬；果实采收期9月中下旬，落叶期10月下旬。

📖 品种评价

该品种具有抗病、耐贫瘠、广适性等主要优点，主要用途是食用，主要利用部位为种子（果实）；对寒、旱、涝、瘠、盐、风等恶劣环境的抵抗能力强；繁殖方法为嫁接，对土壤、地势、栽培条件无要求。

植株

枝条

叶片

雌花

枝条

果实

南姚河西村核桃

Juglans regia L.'Nanyaohexicunhetao'

调查编号：CAOSYWWZ032

所属树种：核桃 *Juglans regia* L.

提 供 人：王成材
电　　话：13283911939
住　　址：河南省济源市承留镇南姚河西村

调 查 人：王文战
电　　话：13838902065
单　　位：国有济源市苗圃场

调查地点：河南省济源市承留镇南姚河西村

地理数据：GPS数据（海拔：107.6m，经度：E112°30′49.74″，纬度：N35°04′06.53″）

样本类型：果实

生境信息

来源于当地，最大树龄40年，小生境为庭院，伴生物种为榆树。影响因子为城市扩建，地形为平地，土壤质地为壤土。

植物学信息

1. 植株情况

乔木，树高13m，冠幅东西8m、南北14m，干高2.5m，干周104cm；主干灰色；树皮丝状裂；枝条密度中等。

2. 植物学特征

1年生枝黄绿色，节间平均长1.0cm，长度中等，粗度中等；雌花较多，柱头黄绿色。嫩梢茸毛中等，灰色。皮目小、少、凸、近圆形；多年生枝灰褐色；复叶长63cm，复叶柄长33cm，小叶数7枚，小叶长18cm，叶宽8cm；小叶长卵圆形；叶片绿色，叶尖渐尖，叶缘全缘。

3. 果实性状

果实较大，椭圆形。坚果果个大，坚果纵径4.1cm，横径3.8cm；坚果重18.5g；壳面略麻；壳皮颜色浅；缝合线宽、较松；壳厚度1.2mm（以两颗中心处的壳厚为准）；内褶壁退化；横隔壁膜质；易取1/2仁，平均核仁重13.5g，核仁较充实，核仁不饱满，核仁黄褐色，具有香味。

4. 生物学习性

萌芽力中等，发枝力中等，新梢一年平均生长5.5cm，（夏、秋）梢生长量5.0cm，生长势中等；晚实，开始结果年龄10年，盛果期年龄15年以上；坐果力中等，生理落果较多，采前落果严重，产量中等，大小年显著。萌芽期4月上旬，雌花盛开期4月中下旬，雄花盛开期4月中下旬；果实采收期9月下旬，落叶期10月下旬。

品种评价

该品种具有抗病、耐贫瘠、广适性等主要优点，主要用途是食用，利用部位为种子（果实）；对寒、旱、涝、瘠、盐、风等恶劣环境的抵抗能力强；繁殖方法为嫁接，对土壤、地势、栽培条件无要求。

植株

叶片

雌花

枝条

枝条

青果

轵城村核桃

Juglans regia L.'Zhichengcunhetao'

调查编号： CAOSYXMS033

所属树种： 核桃 *Juglans regia* L.

提 供 人： 夏鹏云
电　　话： 15803910397
住　　址： 河南省济源市轵城镇轵城
　　　　　大街

调 查 人： 王文战
电　　话： 13838902065
单　　位： 国有济源市苗圃场

调查地点： 河南省济源市轵城镇轵城
　　　　　村黄河饭店

地理数据： GPS数据（海拔：148.27m，
　　　　　经度：E112°35'13.17"，纬度：N35°02'44.39"）

样本类型： 果实

生境信息

来源于当地，小生境为庭院，伴生物种为杨树。影响因子为城市扩建，地形为平地，土壤质地为砂壤土。

植物学信息

1. 植株情况

乔木，树高25m，冠幅东西25m、南北30m，干高4m，干周160cm；主干灰色；树皮丝状裂；枝条密度中等。

2. 植物学特征

1年生枝黄绿色，节间平均长1.5cm，长度中等，粗度中等；雌花较多，柱头黄绿色；嫩梢茸毛中等，灰色。皮目小、少、凸、近圆形；多年生枝灰褐色；复叶长50cm，复叶柄长22cm，小叶数7枚，小叶长15cm，叶宽8cm；小叶长卵圆形；叶片绿色，叶尖渐尖，叶缘全缘。

3. 果实性状

果实中等大小，椭圆形。果皮绿色，果点白色，果面无茸毛，青皮厚度中等，较易脱青皮；坚果椭圆形，坚果纵径3.7cm，横径3.5cm；坚果重13.5g；壳面略麻；壳皮颜色浅；缝合线宽、较松；壳厚度1.0mm（以两颊中心处的壳厚为准）；内褶壁退化；横隔壁膜质；能取1/2仁，平均核仁重10.3g，核仁较充实，核仁不饱满，核仁黄褐色，有涩味。

4. 生物学习性

萌芽力中等，发枝力中等，新梢一年平均生长8.5cm，（夏、秋）梢生长量8.0cm，生长势中等；早实，开始结果年龄3～4年，盛果期年龄5～15年。果枝类型为长果枝85%，单枝坐果为单、双果为主，坐果部位主要在上部，坐果力中等，生理落果少，采前落果一般，产量中等，大小年显著；萌芽期3月下旬，雌花盛开期4月中旬，雄花盛开期4月中下旬；果实采收期8月上旬，落叶期10月下旬。

品种评价

该品种具有抗病、耐贫瘠、广适性等主要优点，主要用途是食用，主要利用部位为种子（果实）；对寒、旱、涝、瘠、盐、风等恶劣环境的抵抗能力强；繁殖方法为嫁接，对土壤、地势、栽培条件无要求。

青果

植株

雌花

枝条

树干

叶片

茶店村核桃

Juglans regia L.'Chadiancunhetao'

调查编号：CAOSYXMS035

所属树种：核桃 *Juglans regia* L.

提供人：夏鹏云
电　话：15803910397
住　址：河南省济源市轵城镇轵城大街

调查人：薛茂盛
电　话：13569144873
单　位：国有济源市黄楝树林场

调查地点：河南省济源市克井镇茶店村

地理数据：GPS数据（海拔：271m，经度：E112°27'55.29"，纬度：N35°10'26.22"）

样本类型：果实、枝条

生境信息

来源于外地，最大树龄为40年。小生境为庭院。伴生物种为泡桐、榆树。影响因子为砍伐，地形为平地，土地利用为耕地，土壤质地为砂壤土，pH大于7.5。种植年限40年。

植物学信息

1. 植株情况

乔木，树势中等，树姿开张；树形为圆头形。树高12m，冠幅东西13m、南北14m，干高2.2m，干周114cm；主干灰色；树皮丝状裂；枝条密度中等。

2. 植物学特征

1年生枝黄绿色，节间平均长2.0cm，长度中等，粗度中等，平均粗0.8cm；雌花较多，柱头黄绿色。嫩梢茸毛少，灰色；皮目小、少、凸、近圆形；多年生枝灰褐色；小叶长卵圆形，叶片绿色，叶尖渐尖，叶缘全缘。

3. 果实性状

果实长圆形。果皮绿色，果点白色，果面无茸毛，青皮厚度中等，较易脱青皮；坚果椭圆形，坚果较大，纵径4.4cm，横径3.8cm，坚果重16.93g；壳面略麻；缝合线窄、较松；壳厚度1.0mm（以两颊中心处的壳厚为准）；内褶壁为骨质；横隔壁骨质；易取整仁，平均核仁重15.6g；核仁充实、饱满，核仁黄色，风味略涩。

4. 生物学习性

萌芽力中等，发枝力中等，新梢一年平均生长4.0cm，生长势中等；早实，开始结果年龄3～4年，盛果期年龄5～15年；果枝类型为长果枝85%，单枝坐果为单、双果为主，坐果部位主要在上部，坐果力中等，生理落果少，采前落果一般，产量中等，大小年显著；萌芽期3月下旬，雌花盛开期4月中旬，雄花盛开期4月中下旬；果实采收期8月上中旬，落叶期10月下旬。

品种评价

该品种具有抗病、耐贫瘠、广适性等主要优点，主要用途是食用，主要利用部位为种子（果实）；对寒、旱、涝、瘠、盐、风等恶劣环境的抵抗能力强；繁殖方法为嫁接，对土壤、地势、栽培条件无要求。

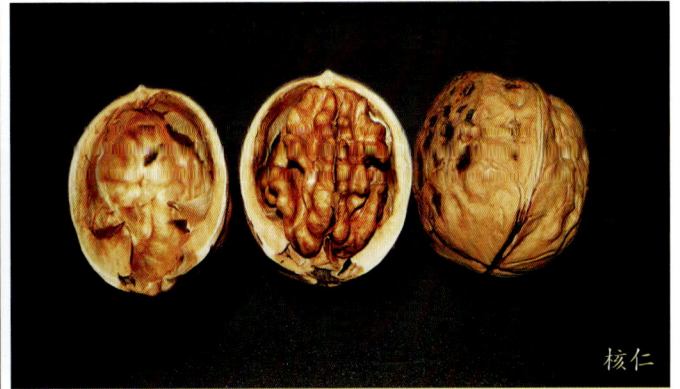

植株

雌花

叶片

枝条

枝条

坚果

核仁

神沟村核桃

Juglans regia L.'Shengoucunhetao'

調查编号：CAOSYXMS037

所属树种：核桃 *Juglans regia* L.

提 供 人：侯留群
电　　话：13513812671
住　　址：河南省济源市邵原镇神沟村

调 查 人：薛茂盛
电　　话：13569144873
单　　位：国有济源市黄楝树林场

调查地点：河南省济源市邵原镇神沟
村庙洼

地理数据：GPS数据（海拔：550m，
经度：E112°11'04.91"，纬度：N35°11'27.35"）

样本类型：果实

生境信息

最大树龄为150年。小生境为庭院。伴生物种为杨树、侧柏。影响因子为放牧，地形为坡地，坡度为15°，土地利用为人工林，土壤质地为砂壤土，pH大于7.5。种植年限150年，现存2株，种植面积0.13hm²，种植农户1户。

植物学信息

1. 植株情况

乔木，树势中等，树姿开张；树形为圆头形。树高8m，冠幅东西12m、南北12m，干高1.6m，干周210cm；主干灰色；树皮丝状裂；枝条密度中等。

2. 植物学特征

1年生枝黄绿色，节间平均长1.6cm，长度中等，粗度中等，平均粗0.9cm；雌花较多，柱头黄绿色；嫩梢茸毛少，灰色。皮目小、少、凸、近圆形；多年生枝灰褐色。小叶长卵圆形，叶片绿色，叶尖渐尖，叶缘全缘。

3. 果实性状

果实圆形。果皮绿色，果点白色，果面无茸毛，青皮厚度中等，较易脱青皮；坚果椭圆形，坚果大小中等，纵径4.16cm，横径3.8cm，坚果重13g；壳面略麻，缝合线窄、较松；壳厚度1.4mm（以两颊中心处的壳厚为准）；内褶壁退化；横隔壁革质，易取整仁，平均核仁重9.6g；核仁不饱满，核仁黄色，风味略涩。

4. 生物学习性

萌芽力中等，发枝力中等，新梢一年平均生长5.5cm，（夏、秋）梢生长量5.0cm，生长势中等；早实品种，开始结果年龄3~4年，盛果期年龄5~15年；果枝类型为长果枝85%，单枝坐果为单、双果为主，坐果部位主要在中上部，坐果力中等，生理落果少，采前落果一般，产量高，大小年显著。萌芽期3月下旬，雌花盛开期4月中旬，雄花盛开期4月中下旬；果实采收期7月下旬，落叶期10月下旬。

品种评价

该品种具有高产、抗病、耐贫瘠、广适性等主要优点，主要用途是食用，主要利用部位为种子（果实）；对寒、旱、涝、瘠、盐、风等恶劣环境的抵抗能力强；繁殖方法为嫁接，对土壤、地势、栽培条件无要求。

生境

植株

雌花

树干

枝条

结果枝

青果

董家店核桃

Juglans regia L.'Dongjiadianhetao'

- 调查编号： CAOSYLFQ007

- 所属树种： 核桃 *Juglans regia* L.

- 提 供 人： 陆凤勤
  电　　话： 13833421695
  住　　址： 河北省承德市兴隆县林业局

- 调 查 人： 李好先
  电　　话： 13903834781
  单　　位： 中国农业科学院郑州果树研究所

- 调查地点： 河北省承德市兴隆县青松岭镇董家店村水泉沟

- 地理数据： GPS数据（海拔：2118m，经度：E117°26′25.7″，纬度：N40°19′30.89″）

- 样本类型： 叶片、枝条

生境信息

来源于当地，最大树龄为230年。小生境为旷野。影响因子为砍伐、放牧，地形为30°的坡地，土地利用为人工林，土质为砂土。种植年限80年，现存100多株，种植5.33hm²，种植农户80多户。

植物学信息

1. 植株情况

乔木，树姿半开张；树形圆头形。树高15m，冠幅东西13m、南北18m，干高1.6m，干周220cm。树皮块状裂。

2. 植物学特征

1年生枝绿色，长度中等，节间平均长2cm，平均粗2.5cm；嫩梢上茸毛灰色，皮目大、多、凸、近圆形；多年生枝灰褐色。复叶长15cm，复叶柄长4.5cm，小叶数9片，小叶长3cm，小叶宽2.5cm，小叶厚0.15mm。小叶卵圆形，绿色，叶尖微尖，叶缘全缘。

3. 生物学习性

萌芽力强；发枝力强；新梢一年平均长150cm，（夏、秋）梢生长量120cm；生长势强。开始结果年龄5～6年，盛果期年龄9～10年；果枝类型为长果枝90%，中果枝10%，短果枝0%，腋花芽结果0%；果台副梢抽生及连续结果能力中等，单枝坐果以单果为主；坐果力中等；生理落果少；采前落果少；产量中等；大小年不显著，单株平均产量（盛果期）100kg（青皮）；萌芽期为4月上旬，雌花盛开期5月上旬，雄花盛开期5月上中旬，雄花序凋落期5月下旬，果实采收期10月上旬，落叶期11月上旬。

品种评价

该品种优质，抗病，抗旱，耐贫瘠，主要用于食用，繁殖方法为嫁接。对寒、旱、涝、瘠、盐、风等恶劣环境的抵抗能力强；对修剪反应不敏感，对土壤、地势、栽培条件无要求。

植株

大生境

小生境

叶片

雌花

青果

北辛庄核桃 1号

Juglans regia L.'Beixinzhuanghetao 1'

调查编号： CAOSYLYQ003

所属树种： 核桃 *Juglans regia* L.

提 供 人： 李永清
电　　话： 13513222022
住　　址： 河北省保定市阜平县林业局

调 查 人： 李好先
电　　话： 13903834781
单　　位： 中国农业科学院郑州果树
　　　　　研究所

调查地点： 河北省保定市阜平县史家
　　　　　寨乡北辛庄村

地理数据： GPS数据（海拔：1446m，
　　　　　经度：E113°50'35.2"，纬度：N38°59'50.0"）

样本类型： 果实、叶片、枝条

生境信息

来源于当地，最大树龄为500年。小生境为旷野，伴生物种为杨柳，地形为平地，土地利用为耕地、人工林，土壤质地为砂壤土。种植年限50年，现存6株，种植面积0.33hm²，种植农户10户。

植物学信息

1.植株情况

乔木，树势强，树姿半开张，树形为圆头形。树高15m，冠幅东西12m、南北12m，干高4.2m，干周120cm。主干灰色，树皮丝状裂，枝条密度中等。

2.植物学特征

1年生枝绿色，长度中等，节间平均长4cm，平均粗0.8cm；嫩梢上茸毛少，灰色；皮目小、中、凸、近圆形；混合芽为长三角形，侧生混合芽率为80%，多年生枝灰褐色。先端叶片长12cm，小叶数7片，小叶长6cm，小叶宽4.1cm，小叶厚0.2mm，小叶柄长0.1cm；小叶椭圆形，绿色，叶尖渐尖，叶缘少锯。

3.果实性状

坚果圆形，坚果纵径3.56cm，横径3.16cm，侧径3.32cm，坚果重17g。壳面略麻，壳皮颜色浅，缝合线凸、紧密。

4.生物学习性

新梢一年平均长60cm。开始结果年龄8年，盛果期年龄12年。果枝类型为短果枝90%；坐果力弱，生理落果少，采前落果少，产量低，大小年不显著。萌芽期为4月下旬，雄花盛开期5月中旬，雌花盛开期5月中下旬，雄花序凋落期6月上旬，果实采收期10月中旬，落叶期11月上旬。

品种评价

抗病，抗旱，耐贫瘠，主要用于食用，繁殖方法为嫁接。

生境

植株

雌花

叶片

结果枝

果实

北辛庄核桃 2号

Juglans regia L.'Beixinzhuanghetao 2'

调查编号： CAOSYLYQ004

所属树种： 核桃 *Juglans regia* L.

提 供 人： 李永清
电　　话： 13513222022
住　　址： 河北省保定市阜平县林业局

调 查 人： 李好先
电　　话： 13903834781
单　　位： 中国农业科学院郑州果树研究所

调查地点： 河北省保定市阜平县史家寨乡北辛庄村

地理数据： GPS数据（海拔：1433m，经度：E113°50′35.3″，纬度：N38°59′50.4″）

样本类型： 果实、叶片、枝条

生境信息

来源于当地，最大树龄为500年。小生境是旷野，伴生物种为松树、柳树，地处平地，土地利用为耕地、人工林，土质为砂壤土。种植年限50年。

植物学信息

1. 植株情况

乔木，树势中等；树姿半开张；树形圆头形；树高13m，冠幅东西6m、南北4m，干高1.7m，干周100cm；主干灰色；树皮块状裂；枝条密度较疏。

2. 植物学特征

1年生枝绿色，节间平均长2cm，长度中等，粗度中等，平均粗0.6cm；雄花序平均长度5.5cm；雄花芽少，雄花数多，柱头黄绿色；嫩梢茸毛少，灰色。皮目小、少、凸、近圆形。多年生枝灰褐色；先端叶长10cm，小叶数7片，小叶长6cm，小叶宽4.5cm，小叶厚0.15mm，小叶柄长0.2cm。小叶椭圆形，绿色，叶尖渐尖，叶缘少锯。

3. 果实性状

果实长圆形；果皮绿色，果点浅黄色，密度大，果面无茸毛；青皮较薄；脱青皮难易程度为中等；果个大小为中等、壳薄、绵仁。

4. 生物学习性

萌芽力中等，发枝力弱，新梢一年平均长8cm。开始结果年龄8年，盛果期年龄12年；果枝类型为短果枝90%；结果部位为全树结果，坐果力弱，生理落果少，采前落果少，产量低，大小年不显著。萌芽期4月下旬，雄花盛开期5月中旬，雌花盛开期5月中下旬，雄花序凋落期6月上旬，果实采收期10月中旬，落叶期11月上旬。

品种评价

该品种具有抗病、耐贫瘠、广适性等主要优点，主要用途是食用，主要利用部位为种子（果实）；对寒、旱、涝、瘠、盐、风等恶劣环境的抵抗能力强；繁殖方法为嫁接，对土壤、地势、栽培条件无要求。

树干

枝条

雌花

枝条

生境

结果枝

青果

北辛庄核桃3号

Juglans regia L.'Beixinzhuanghetao 3'

- 调查编号： CAOSYLYQ005
- 所属树种： 核桃 *Juglans regia* L.
- 提 供 人： 李永清
  电　　话： 13513222022
  住　　址： 河北省保定市阜平县林业局
- 调 查 人： 李好先
  电　　话： 13903834781
  单　　位： 中国农业科学院郑州果树研究所
- 调查地点： 河北省保定市阜平县史家寨乡北辛庄村
- 地理数据： GPS数据（海拔：1454m，经度：E113°50'35.1"，纬度：N38°59'50.1"）
- 样本类型： 果实、叶片、枝条

生境信息

来源于当地，最大树龄为50年。小生境是旷野，伴生物种为柳树，地形为平地，影响因子为耕地、人工林，土壤质地为砂壤土。种植年限20年。

植物学信息

1. 植株情况

乔木，树势弱；树姿半开张；树形为圆头形；树高13m，冠幅东西4m、南北5m，干高5m，干周97cm；主干灰色；树皮丝状裂；枝条密度中等。

2. 植物学特征

1年生枝绿色，节间平均长2cm，长度中等，粗度中等，平均粗0.6cm；雌花数多，柱头黄绿色；嫩梢茸毛少，灰色；皮目小、少、凸、近圆形；多年生枝灰褐色；先端叶长10cm，小叶数7片，小叶长5.3cm，小叶宽4.2cm，小叶厚0.25mm，小叶柄长0.25cm。小叶椭圆形，绿色，叶尖渐尖，叶缘少锯。

3. 果实性状

果实椭圆形；果皮绿色；果点浅黄色，密度大；果面无茸毛，青皮较薄；脱青皮难易程度为中等；果个大小为中等、壳薄、绵仁。

4. 生物学习性

萌芽力中等，发枝力弱，新梢一年平均长13cm；晚实品种，开始结果年龄8年，盛果期年龄12年；果枝类型为短果枝90%；结果部位为全树结果，坐果力弱，生理落果少，采前落果少，产量低，大小年不显著；萌芽期4月下旬，雌花盛开期5月中旬，雄花盛开期5月中下旬，雄花序凋落期6月中旬，果实采收期10月下旬，落叶期11月上旬。

品种评价

该品种具有抗病、耐贫瘠等主要优点，主要用途是食用，主要利用部位为种子（果实）；对寒、旱、涝、瘠、盐、风等恶劣环境的抵抗能力强；繁殖方法为嫁接，对土壤、地势、栽培条件无要求。

生境

树干

枝条

雌花

叶片

枝条

青果

北辛庄核桃 4号

Juglans regia L.'Beixinzhuanghetao 4'

调查编号：CAOSYLYQ006

所属树种：核桃 *Juglans regia* L.

提 供 人：李永清
电　　话：13513222022
住　　址：河北省保定市阜平县林业局

调 查 人：李好先
电　　话：13903834781
单　　位：中国农业科学院郑州果树
　　　　　研究所

调查地点：河北省保定市阜平县史家
　　　　　寨乡北辛庄村

地理数据：GPS数据（海拔：1437m，
　　　　　经度：E113°50'34.6"，纬度：N38°59'50.3"）

样本类型：果实、叶片、枝条

生境信息

来源于当地，最大树龄为50年。小生境是旷野，伴生物种为松树、柳树，地形为平地，影响因子为耕地、人工林，土壤质地为砂壤土。种植年限15年。

植物学信息

1. 植株情况

乔木，树势弱；树姿半开张；树形为圆头形；树高15m，冠幅东西10m、南北6m，干高5m，干周110cm；主干灰色；树皮丝状裂；枝条密度中等。

2. 植物学特征

1年生枝绿色，节间平均长4cm，长度中等，粗度中等，平均粗0.9cm；雌花数多，柱头黄绿色；嫩梢茸毛少，灰色。皮目小、少、凸、近圆形；多年生枝灰褐色。先端叶长10cm，小叶数7片，小叶长6.5cm，小叶宽3.5cm，小叶厚0.18mm，小叶柄长0.05cm；小叶椭圆形，绿色，叶尖渐尖，叶缘少锯。

3. 果实性状

果实椭圆形；果皮绿色；果点浅黄色，密度大；果面无茸毛，青皮较薄；脱青皮难易程度为中等。果个大小为中等、纵径3.6cm，横径3.4cm，坚果重13.9g；壳面略麻；缝合线窄、较松；壳厚度0.9mm（以两颊中心处的壳厚为准）；内褶壁革质，横隔壁革质；易取整仁，平均核仁重9.6g，充实不饱满，核仁黄色，风味略涩。

4. 生物学习性

萌芽力中等，发枝力弱，新梢一年平均长15cm。开始结果年龄8年，盛果期年龄10～15年；果枝类型为短果枝90%，中果枝10%；结果部位为全树结果，坐果力弱，生理落果少，采前落果少，产量低，大小年不显著；萌芽期4月下旬，雌花盛开期5月中旬，雄花盛开期5月中下旬，雄花序凋落期6月中旬，果实采收期10月下旬，落叶期11月上旬。

品种评价

该品种具有耐贫瘠的优点，主要用途是食用，主要利用部位为种子（果实）；对寒、旱、涝、瘠、盐、风等恶劣环境的抵抗能力强；繁殖方法为嫁接，对土壤、地势、栽培条件无要求。

植株

生境

雌花

枝条

叶片

树干

青果

北辛庄核桃 5号

Juglans regia L.'Beixinzhuanghetao 5'

调查编号： CAOSYLYQ007

所属树种： 核桃 *Juglans regia* L.

提 供 人： 李永清
电　　话： 13513222022
住　　址： 河北省保定市阜平县林业局

调 查 人： 李好先
电　　话： 13903834781
单　　位： 中国农业科学院郑州果树研究所

调查地点： 河北省保定市阜平县史家寨乡北辛庄村

地理数据： GPS数据（海拔：1456m，经度：E113°50'33.5"，纬度：N38°59'51.2"）

样本类型： 果实、叶片、枝条

生境信息

来源于当地，小生境是旷野，伴生物种为松树、柳树，地形为平地，影响因子为耕地，土壤质地为砂壤土。种植年限80年。

植物学信息

1. 植株情况

乔木，树势中等；树姿半开张；树形为圆头形；树高18m，冠幅东西15m、南北15m，干高2.5m，干周200cm；主干灰色；树皮丝状裂；枝条密度中等。

2. 植物学特征

1年生枝绿色，节间平均长3cm，长度中等，粗度中等，平均粗0.9cm；雌花数多，柱头黄绿色；嫩梢茸毛少，灰色。皮目小、少、凸、近圆形；多年生枝灰褐色。混合芽为长三角形，先端叶长18cm，小叶数7片，小叶长4cm，小叶宽2cm，小叶厚0.20mm，小叶柄长0.08cm；小叶椭圆形，绿色，叶尖渐尖，叶缘少锯。

3. 果实性状

果实椭圆形；果皮绿色；果点浅黄色，密度大；果面茸毛少，青皮厚度中等；脱青皮难易程度为中等；果个大小为中等、纵径3.5cm，横径3.4cm，坚果重13.3g；壳面略麻；缝合线窄、较松；壳厚度0.95mm（以两颊中心处的壳厚为准）；内褶壁革质，横隔壁革质；易取1/2仁，平均核仁重8.8g，充实不饱满，核仁黄色，风味略涩。

4. 生物学习性

萌芽力中等，发枝力弱，新梢一年平均长8cm；开始结果年龄8年，盛果期年龄10~15年；果枝类型为长果枝0%、中果枝10%、短果枝90%；单枝坐果数以单、双果为主，结果部位为全树结果，坐果力弱，生理落果少，采前落果少，产量低，大小年不显著。萌芽期4月下旬，雌花盛开期5月中旬，雄花盛开期5月中下旬，雄花序凋落期6月上旬，果实采收期10月中旬，落叶期11月上旬。

品种评价

该品种具有耐贫瘠的优点，主要用途是食用，主要利用部位为种子（果实）；对寒、旱、涝、瘠、盐、风等恶劣环境的抵抗能力强；繁殖方法为嫁接，对土壤、地势、栽培条件无要求。

雌花

枝条

植株

叶片

树干

青果

银河村核桃 1号

Juglans regia L.'Yinhecunhetao 1'

调查编号： CAOSYLYQ010

所属树种： 核桃 *Juglans regia* L.

提 供 人： 李永清
电　　话： 13513222022
住　　址： 河北省保定市阜平县林业局

调 查 人： 李好先
电　　话： 13903834781
单　　位： 中国农业科学院郑州果树研究所

调查地点： 河北省保定市阜平县吴王口镇银河村

地理数据： GPS数据（海拔：1159m，经度：E113°50'10"，纬度：N39°00'17.5"）

样本类型： 果实、叶片、枝条

生境信息

来源于当地，小生境是庭院，伴生物种为杨树，影响因子是耕作、砍伐，地形为平地，土地利用为耕地，土壤质地为砂壤土。种植年限60年。

植物学信息

1. 植株情况

乔木，树势强，树姿开张，树形圆头形。树高18m，冠幅东西16m、南北10m，干高5m，干周240cm。主干灰色，树皮块裂状，枝条密度中等。

2. 植物学特征

1年生枝黄绿色，长度中等，节间平均长2cm，平均粗0.5cm；嫩梢上茸毛少，灰色；皮目大小中等、数量中等、凸、近圆形；多年生枝灰褐色；混合芽为长三角形；先端叶长10cm，小叶数7片，小叶长5cm，小叶宽3.5cm，小叶厚0.25mm，小叶柄长0.5cm；小叶椭圆形，绿色，叶尖渐尖，叶缘少锯。

3. 果实性状

果实近圆形；果皮绿色；果点浅黄色，密度大；果面茸毛少，青皮厚度中等；脱青皮难易程度为中等；果个大小为中等，纵径3.8cm，横径3.7cm，坚果重14.2g；壳面略麻；缝合线窄、较松；壳厚度1.0mm（以两颊中心处的壳厚为准）；内褶壁革质，横隔壁革质；易取1/2仁，平均核仁重10.3g，充实不饱满，核仁黄色，风味略涩。

4. 生物学习性

萌芽力中等，发枝力弱，新梢一年平均长15cm；开始结果年龄8年，盛果期年龄12～15年；果枝类型为长果枝0%，中果枝10%，短果枝90%；单枝坐果数以三果为主，结果部位为全树结果，坐果力强，生理落果少，采前落果少，产量高，大小年不显著；萌芽期4月下旬，雌花盛开期5月上旬，雄花盛开期5月中旬，雄花序凋落期5月下旬，果实采收期9月下旬，落叶期11月上旬。

品种评价

该品种具有高产、抗病、耐贫瘠等主要优点，结果较密，4、5、6个果都有，丰产；主要用途是食用，主要利用部位为种子（果实）；对寒、旱、涝、瘠、盐、风等恶劣环境的抵抗能力强；繁殖方法为嫁接，对土壤、地势、栽培条件无要求。

植株

雌花

枝条

结果枝

青果

银河村核桃 2号

Juglans regia L.'Yinhecunhetao 2'

调查编号： CAOSYLYQ011

所属树种： 核桃 *Juglans regia* L.

提供人： 李永清
电　话： 13513222022
住　址： 河北省保定市阜平县林业局

调查人： 李好先
电　话： 13903834781
单　位： 中国农业科学院郑州果树研究所

调查地点： 河北省保定市阜平县吴王口镇银河村

地理数据： GPS数据（海拔：1150m，经度：E113°54'02.7"，纬度：N39°00'14.3"）

样本类型： 果实、叶片、枝条

生境信息

来源于当地，小生境是庭院，伴生物种为杨树、柳树，地形为平地，影响因子是耕作、砍伐，土地利用为耕地，土壤质地砂壤土。种植年限50年。

植物学信息

1. 植株情况

乔木，树势强，树姿半开张，树形圆头形。树高17m，冠幅东西15m、南北15m，干高4m，干周250cm。主干灰色，树皮丝状裂，枝条密度中等。

2. 植物学特征

1年生枝黄绿色，长度中等，节间平均长2cm，平均粗0.9cm；嫩梢上茸毛少，灰色；皮目大小中等、数量中等、凸、近圆形；多年生枝银灰色。混合芽为长三角形。先端叶片长12cm，小叶数7片，小叶长4cm，小叶宽2cm，小叶厚0.20mm，小叶柄长0.1cm；小叶椭圆形，绿色，叶尖渐尖，叶缘全缘。

3. 果实性状

坚果纵径3.30cm，横径3.02cm，侧径3.03cm，坚果重16g。壳面略麻，壳皮颜色浅，缝合线凸、紧密，壳厚度2.54mm，内褶壁膜质，横隔壁骨质。

4. 生物学习性

新梢一年平均长10cm。开始结果年龄8年，盛果期年龄12年。果枝类型为短果枝90%；单枝坐果数以双果、三果为主。结果部位为全树结果；坐果力强，生理落果中等；采前落果中等；丰产，大小年不显著。萌芽期为4月下旬，雄花盛开期5月上旬，雌花盛开期5月中下旬，雄花序凋落期6月上旬，果实采收期10月中旬，落叶期11月上旬。

品种评价

高产，优质，抗病，耐贫瘠，主要用于食用。主要食用部位为种子（果实），繁殖方法为嫁接，对土壤、地势、栽培条件无要求。

生境

植株

雌花

枝条

三果结果状

结果枝

青果

寿长穗状核桃

Juglans regia L.'Shouchangsuizhuanghetao'

调查编号： CAOSYLYQ014

所属树种： 核桃 *Juglans regia* L.

提 供 人： 李永清
电　　话： 13513222022
住　　址： 河北省保定市阜平县林业局

调 查 人： 李好先
电　　话： 13903834781
单　　位： 中国农业科学院郑州果树
　　　　　研究所

调查地点： 河北省保定市阜平县吴王
　　　　　口镇寿长寺村

地理数据： GPS数据（海拔：1081m，
　　　　　经度：E113°54'49.7"，纬度：N39°00'18"）

样本类型： 果实、叶片、枝条

生境信息

来源于当地，小生境是庭院，伴生物种为杏树，影响因子是砍伐，地形为平地，土地利用为耕地，土壤质地为砂壤土。种植年限120年。

植物学信息

1. 植株情况

乔木，树势中等，树姿半开张，树形乱头形。树高15m，冠幅东西10m、南北8m，干高3m，干周240cm。主干灰色，树皮丝状裂，枝条密度中等。

2. 植物学特征

1年生枝黄绿色，长度中等，节间平均长2.2cm，平均粗0.6cm；嫩梢上茸毛少，灰色；皮目大小中等、数量中等、凸、近圆形；多年生枝银灰色；混合芽为长三角形。先端叶长15cm，小叶数7片，小叶长4cm，小叶宽2cm，小叶厚0.17mm，小叶柄长0.1cm。小叶椭圆形，绿色，叶尖渐尖，叶缘全缘。

3. 果实性状

果实椭圆形；果皮绿色；果点浅黄色，密度大；果面茸毛少，青皮较厚，不易脱青皮；果个大小为中等、纵径4.0cm，横径3.6cm，坚果重13.6g；壳面略麻，缝合线窄、较松；壳厚度2.54mm（以两颊中心处的壳厚为准）；内褶壁革质，横隔壁革质；易取1/4仁，平均核仁重6.5g，核仁不饱满、黄色，风味略涩。

4. 生物学习性

萌芽力中等，发枝力弱，新梢一年平均长30cm；晚实品种，开始结果年龄8年，盛果期年龄12~15年；果枝类型为长果枝0%，中果枝10%，短果枝90%；单枝坐果数以单、双果为主，结果部位为全树结果，坐果力中等，生理落果少，采前落果少，产量中等，大小年不显著；萌芽期4月下旬，雌花盛开期5月上旬，雄花盛开期5月中下旬，雄花序凋落期6月中旬，果实采收期10月中旬，落叶期11月上旬。

品种评价

该品种具有抗病、耐贫瘠等主要优点；主要用途是食用，主要利用部位为种子（果实）；对寒、旱、涝、瘠、盐、风等恶劣环境的抵抗能力强。繁殖方法为嫁接。

生境

雌花

植株

树干

叶片

枝条

青果

寿长核桃 1 号

Juglans regia L.'Shouchanghetao 1'

调查编号： CAOSYLYQ015

所属树种： 核桃 *Juglans regia* L.

提 供 人： 李永清
电　　话： 13513222022
住　　址： 河北省保定市阜平县林业局

调 查 人： 李好先
电　　话： 13903834781
单　　位： 中国农业科学院郑州果树研究所

调查地点： 河北省保定市阜平县吴王口镇寿长寺村

地理数据： GPS数据（海拔：1080m，经度：E113°54'49.8"，纬度：N39°00'17.1"）

样本类型： 叶片、枝条

生境信息

来源于当地，小生境是庭院，伴生物种为杏树，影响因子是砍伐，地形为平地，土地利用为耕地，土壤质地为砂壤土。种植年限20年。

植物学信息

1. 植株情况

乔木，树势中等，树姿半开张，树形乱头形。树高15m，冠幅东西12m、南北10m，干高2.5m，干周140cm。主干灰色，树皮丝状裂，枝条密度中等。

2. 植物学特征

1年生枝黄绿色，长度中等，节间平均长2cm，平均粗0.4cm；嫩梢上茸毛少，灰色；皮目大小中等、数量中等、凸、近圆形；多年生枝灰褐色；混合芽为长三角形；先端叶长19cm，小叶数7片，小叶长7cm，小叶宽3cm，小叶厚0.2mm，小叶柄长0.3cm。小叶椭圆形，绿色，叶尖渐尖，叶缘全缘。

3. 果实性状

果实椭圆形；果皮绿色；果点浅黄色，密度大；果面茸毛少，青皮较厚，不易脱青皮；果个大、纵径4.8cm，横径4.5cm，侧径4.3cm，坚果重15g；壳面略麻；缝合线窄、较松；壳厚度2.45mm（以两颊中心处的壳厚为准）；内褶壁革质，横隔壁革质；易取1/4仁，平均核仁重6.5g，核仁不饱满，黄色，风味略涩。

4. 生物学习性

萌芽力中等，发枝力弱，新梢一年平均长18cm；晚实品种，开始结果年龄8年，盛果期年龄12～15年；果枝类型为长果枝0%，中果枝10%，短果枝90%；单枝坐果数以双、三果为主，结果部位为全树结果，坐果力中等，生理落果中等，采前落果中等，产量中等，大小年不显著；萌芽期4月下旬，雌花盛开期5月上旬，雄花盛开期5月上中旬，雄花序凋落期5月下旬，果实采收期9月中旬，落叶期11月上旬。

品种评价

该品种耐贫瘠，主要用途是食用，主要利用部位为种子（果实）；对寒、旱、涝、瘠、盐、风等恶劣环境的抵抗能力强。繁殖方法为嫁接。

生境

植株

雌花

结果枝

双果结果状

青果

南庄旺山核桃

Carya cathayensis Sarg.
'Nanzhuangwangshanhetao'

调查编号：CAOSYLYQ016

所属树种：山核桃 *Carya cathayensis* Sarg.

提 供 人：李永清
电　　话：13513222022
住　　址：河北省保定市阜平县林业局

调 查 人：李好先
电　　话：13903834781
单　　位：中国农业科学院郑州果树研究所

调查地点：河北省保定市阜平县吴王口镇南庄旺村

地理数据：GPS数据（海拔：1074m，经度：E113°56'22.5"，纬度：N39°01'37.8"）

样本类型：叶片、枝条

生境信息

来源于当地，最大树龄500年，小生境是庭院，伴生物种为杨树，影响因子是修路，地形为平地，土地利用为人工林，土壤质地为砂壤土。种植年限49年，现存1株，种植面积667m²，种植农户1户。

植物学信息

1. 植株情况

乔木，树势中等，树姿半开张，树形乱头形。树高30m，冠幅东西30m、南北18m，干高8m，干周248cm。主干灰色，树皮丝状裂，枝条密度中等。

2. 植物学特征

1年生枝绿色，长度中等，节间平均长1.7cm，平均粗0.8cm；嫩梢上茸毛少，灰色；皮目大小中等、数量中等、凸、近圆形；多年生枝银灰色；混合芽为长三角形。先端叶长12cm，小叶数9片，小叶长5.4cm，小叶宽3.3cm，小叶厚0.2mm，小叶柄长0.2cm。小叶椭圆形，绿色，叶尖渐尖，叶缘全缘。

3. 果实性状

果实椭圆形；果皮绿色；果点浅黄色，密度大；果面茸毛少，青皮较厚，不易脱青皮；果个大小为中等、纵径3.7cm，横径3.3cm，坚果重12.4g；壳面略麻，缝合线窄、较松；壳厚度1.33mm（以两颊中心处的壳厚为准）；内褶壁革质，横隔壁革质，易取1/2仁，平均核仁重7.2g，核仁不饱满、黄色，风味略涩。

4. 生物学习性

萌芽力中等，发枝力弱，新梢一年平均长16cm；开始结果年龄8年，盛果期年龄12～15年；晚实品种；果枝类型为长果枝0%、中果枝10%、短果枝90%；单枝坐果数以单、双果为主，结果部位为全树结果，坐果力中等，生理落果少，采前落果少，产量中等，大小年不显著；萌芽期4月上旬，雌花盛开期5月上旬，雄花盛开期5月下中旬，雄花序凋落期6月中旬，果实采收期10月中旬，落叶期11月上旬。

品种评价

该品种耐贫瘠，主要用途是食用，主要利用部位为种子（果实）；繁殖方法为嫁接。

生境

雌花

叶片

枝条

青果

黄草洼核桃

Juglans regia L.'Huangcaowahetao'

调查编号： CAOSYLYQ018

所属树种： 核桃 *Juglans regia* L.

提 供 人： 李永清
电　　话： 13513222022
住　　址： 河北省保定市阜平县林业局

调 查 人： 李好先
电　　话： 13903834781
单　　位： 中国农业科学院郑州果树研究所

调查地点： 河北省保定市阜平县吴王口镇黄草洼村

地理数据： GPS数据（海拔：532m，经度：E114°00'18.4"，纬度：N39°02'33.2"）

样本类型： 果实、叶片、枝条

生境信息

来源于当地，小生境为旷野，伴生物种为杨树，影响因子是砍伐，地形为平地，土地利用为人工林，土壤质地为砂壤土。种植年限120年。

植物学信息

1. 植株情况

乔木，树势中等，树姿开张，树形乱头形。树高17m，冠幅东西16m、南北10m，干高3m，干周180cm。主干灰色，树皮丝状裂，枝条密度中等。

2. 植物学特征

1年生枝黄绿色，长度中等，节间平均长2cm，平均粗0.5cm；嫩梢上茸毛少，灰色；皮目大小中等、数量中等、凸、近圆形；多年生枝灰褐色。混合芽为长三角形。先端叶片长10cm，小叶数7片，小叶长7.5cm，小叶宽2.5cm，小叶厚0.10mm，小叶柄长0.1cm；小叶卵圆形，绿色，叶尖渐尖，叶缘全缘。

3. 果实性状

果实卵圆形，果皮绿色，果点浅黄色，密度大，果面茸毛少，果个大小中等。坚果纵径2.80cm，横径2.65cm，侧径2.60cm，坚果重10g。壳面略麻，壳皮颜色浅，缝合线窄、凸、紧密，核仁浅黄色，风味涩。

4. 生物学习性

新梢一年平均长6cm。晚实品种，开始结果年龄8年，盛果期年龄12年。果枝类型为短果枝90%；单枝坐果数以双、三果为主。结果部位为全树结果；坐果力中等，生理落果多，采前落果多，产量低，大小年不显著。萌芽期为4月下旬，雄花盛开期5月上旬，雌花盛开期5月中旬，雄花序凋落期6月中旬，果实采收期10月中旬，落叶期11月上旬。

品种评价

该品种耐贫瘠，主要用于食用。主要利用部位为种子（果实）；繁殖方法为嫁接。

生境

植林

叶片

青果

雄花

果实

点心核桃

Juglans regia L.'Dianxinhetao'

调查编号：CAOSYLYQ021

所属树种：核桃 *Juglans regia* L.

提 供 人：李永清
电　　话：13513222022
住　　址：河北省保定市阜平县林业局

调 查 人：李好先
电　　话：13903834781
单　　位：中国农业科学院郑州果树
　　　　　研究所

调查地点：河北省保定市阜平县夏庄
　　　　　乡莱池村

地理数据：GPS数据（海拔：571m，
　　　　　经度：E114°00'18.4"，纬度：N38°48'22.9"）

样本类型：果实、叶片、枝条

生境信息

来源于当地，小生境是庭院，伴生物种为杨树，影响因子是砍伐，地形是平地，土地利用为耕地，土壤质地为砂壤土。种植年限120年。

植物学信息

1. 植株情况

乔木，树势中等，树姿半开张，树形圆头形。树高10m，冠幅东西10m、南北8m，干高1.5m，干周240cm。主干灰色，树皮丝状裂，枝条密度中等。

2. 植物学特征

1年生枝绿色，长度中等，节间平均长3.5cm，平均粗0.3cm；嫩梢上茸毛少，灰色；皮目大小中等、数量中等、凸、近圆形；多年生枝银灰色。混合芽为长三角形。先端叶长10cm，小叶数7片，小叶长4.5cm，小叶宽2cm，小叶厚0.1mm，小叶柄长0.2cm。小叶椭圆形，绿色，叶尖渐尖，叶缘全缘。

3. 果实性状

果实椭圆形，果皮绿色，果点浅黄色，密度大，果面茸毛中等，青皮较厚，易脱青皮；坚果较大，纵径3.25cm，横径3.27cm，侧径3.23cm，坚果重18g。壳面略麻，壳皮颜色浅，缝合线窄、凸、紧密。

4. 生物学习性

新梢一年平均长20cm。开始结果年龄8年，盛果期年龄12年。果枝类型为短果枝90%；单枝坐果数以双、三果为主。结果部位为全树结果；坐果力较强，生理落果少，采前落果少，丰产，大小年不显著。萌芽期为4月中旬，雌花盛开期4月下旬，雄花盛开期5月初，雄花序凋落期5月上旬，果实采收期10月上旬，落叶期11月中旬。

品种评价

该品种耐贫瘠，主要用于食用。主要利用部位为种子（果实）；繁殖方法为嫁接。

青果

植株

雌花

叶片

树干

花芽

果实

结果枝

玉石核桃

Juglans regia L.'Yushihetao'

调查编号: CAOSYLHX187

所属树种: 核桃 *Juglans regia* L.

提 供 人: 程贞汉
电　　话: 13886886890
住　　址: 湖北省随州市曾都区玉石街烟草局宿舍

调 查 人: 谢恩忠、李好先
电　　话: 13908663530
单　　位: 湖北省随州市林业局

调查地点: 湖北省随州市曾都区玉石街

地理数据: GPS数据（海拔: 163m, 经度: E113°21'45", 纬度: N31°42'57"）

样本类型: 果实、叶片、枝条

生境信息

来源于当地，最大树龄52年，小生境是庭院，伴生物种为冬青，影响因子是砍伐，地形为平地，该地区为住宅区，土地利用为建筑，土壤质地为壤土。种植年限52年，现存1株，种植面积667m²，种植农户1户。

植物学信息

1. 植株情况

乔木，树势强，树姿直立，树形半圆形。树高20m，冠幅东西15m、南北12m，干高3m，干周200cm。主干黑色，树皮块状裂，枝条较密。

2. 植物学特征

1年生枝绿色，长度中等，节间平均长3.5cm，平均粗1.2cm；嫩梢上茸毛少，灰色；皮目大小中等、数量中等、凸、近圆形；多年生枝灰褐色；混合芽为长三角形。先端叶长15cm，小叶数9片，小叶长5.5cm，小叶宽3.5cm，小叶厚0.15mm，小叶柄长0.15cm。小叶椭圆形，绿色，叶尖渐尖，叶缘全缘。

3. 果实性状

坚果近圆形，果个较大，纵径3.4cm，横径3.8cm，侧径3.3cm，坚果重28g；壳面略麻；缝合线窄、较松；壳厚度1.16mm（以两颊中心处的壳厚为准）；内褶壁革质，横隔壁革质；易取1/4仁，平均核仁重15g，出仁率53.6%，核仁较充实、饱满、黄色，风味略涩。

4. 生物学习性

萌芽力中等，发枝力弱，新梢一年平均长5cm；开始结果年龄3~4年，盛果期年龄6~8年；早实品种；果枝类型为长果枝0%、中果枝10%、短果枝90%；单枝坐果数以单、双果为主，结果部位为全树结果，坐果力中等，生理落果少，采前落果少，产量中等，大小年不显著；萌芽期4月上旬，雌花盛开期4月下旬，雄花盛开期5月初，雄花序凋落期5月中旬，果实采收期8月下旬，落叶期11月上旬。

品种评价

该品种耐贫瘠，主要用途是食用，主要利用部位为种子（果实）；对寒、旱、涝、瘠、盐、风等恶劣环境的抵抗能力强；繁殖方法为嫁接，对土壤、地势、栽培条件无要求。

生境

树干

叶片

枝条

雌花

果实

申家岗核桃

Juglans regia L.'Shenjiaganghetao'

调查编号： CAOSYLHX190

所属树种： 核桃 *Juglans regia* L.

提 供 人： 李志勇
电　　话： 0722 - 4730090
住　　址： 湖北省随州市随县唐县镇
　　　　　 十里村1组申家岗

调 查 人： 谢恩忠、李好先
电　　话： 13908663530
单　　位： 湖北省随州市林业局

调查地点： 湖北省随州市随县唐县镇
　　　　　 十里村1组申家岗

地理数据： GPS数据（海拔：1631m，
　　　　　 经度：E113°06'39.1"，纬度：N32°02'11.2"）

样本类型： 果实

生境信息

来源于当地，最大树龄8年，小生境是庭院，伴生物种为杨树，影响因子是砍伐，地形为平地，该地区为住宅区，土地利用为建筑，土壤质地为砂壤土。种植年限8年，现存株树1株，种植农户1户。

植物学信息

1. 植株情况

乔木，树势强，树姿半开张，树形半圆形。树高8m，冠幅东西5m、南北6m，干高0.8m，干周80cm。主干灰色，树皮块状裂，枝条较密。

2. 植物学特征

1年生枝褐色，长度中等，节间平均长1.5cm，节间粗度中等，平均粗1.2cm；嫩梢上茸毛多，灰色；皮目大、少、凸、不正形；多年生枝灰白色；混合芽为长三角形。先端叶长15cm，小叶数7片，小叶长6.5cm，小叶宽3.8cm，小叶厚0.1mm，小叶柄长0.5cm。小叶椭圆形，浓绿色，叶尖渐尖，叶缘粗锯。

3. 果实性状

坚果大小中等，纵径4.2cm，横径3.9cm，侧径4.4cm，坚果重13g。壳面略麻，壳皮颜色深，缝合线窄、凸，壳厚度1.08mm。内褶壁革质，横隔壁革质。取1/2仁，平均核仁重7.3g，核仁较充实、不饱满，核仁浅黄色，香甜。

4. 生物学习性

萌芽力中等，发枝力弱，新梢一年平均长4.5cm；开始结果年龄3～4年，盛果期年龄6～8年；早实品种；果枝类型为长果枝0%，中果枝10%，短果枝90%；单枝坐果数以单果为主，结果部位为全树结果，坐果力中等，生理落果中等，采前落果严重，产量中等，大小年不显著；萌芽期4月上旬，雌花盛开期4月下旬，雄花盛开期5月初，雄花序凋落期5月中旬，果实采收期8月下旬，落叶期11月上旬。

品种评价

该品种耐贫瘠，主要用途是食用，主要利用部位为种子（果实）；对寒、旱、涝、瘠、盐、风等恶劣环境的抵抗能力强；繁殖方法为嫁接，对土壤、地势、栽培条件无要求。

枝条

植株

树干

雌花

叶片

结果枝

果实

黑屋湾核桃

Juglans regia L.'Heiwuwanhetao'

- 调查编号：CAOSYLHX197

- 所属树种：核桃 *Juglans regia* L.

- 提 供 人：王贤国
  电　　话：13886899985
  住　　址：湖北省随州市随县新街镇联合村黑屋湾水库管理处

- 调 查 人：谢恩忠、李好先
  电　　话：13908663530
  单　　位：湖北省随州市林业局

- 调查地点：湖北省随州市随县新街镇联合村黑屋湾水库管理处

- 地理数据：GPS数据（海拔：129m，经度：E113°06'54.7"，纬度：N31°54'41.9"）

- 样本类型：果实、叶片、枝条

生境信息

来源于当地，最大树龄70年，小生境是庭院，伴生物种为松树，影响因子是砍伐，地形为平地，该地区为住宅区，土地利用为建筑，土壤质地为砂壤土。种植年限70年，现存株树1株，种植农户1户。

植物学信息

1. 植株情况

乔木，树势强，树姿半开张，树形圆头形。树高15m，冠幅东西5m、南北8m，干高2.3m，干周210cm。主干黑色，树皮块状裂，枝条较密。

2. 植物学特征

1年生枝绿色，长度中等，节间平均长2.7cm，节间粗度中等，平均粗0.8cm；嫩梢上茸毛多，灰色；皮目大、少、凸、不正形；多年生枝褐色；混合芽为长三角形。先端叶长9.8cm，小叶数7片，小叶长5.5cm，小叶宽3.5cm，小叶厚0.1mm，小叶柄长0.5cm。小叶椭圆形，浓绿色，叶尖微尖，叶缘全缘。

3. 果实性状

坚果大小中等，近圆形，纵径3.2cm，横径4.0cm，侧径3.9cm，坚果重13.6g。壳面略麻，壳皮颜色深，缝合线窄、凸，壳厚度0.9mm。内褶壁革质，横隔壁革质。取整仁，平均核仁重10.3g，核仁较充实、饱满，核仁浅黄色，略涩。

4. 生物学习性

萌芽力中等，发枝力弱，新梢一年平均长4.0cm；开始结果年龄3～4年，盛果期年龄6～8年；早实品种；果枝类型为长果枝20%，中果枝10%，短果枝70%；单枝坐果数以单果为主，结果部位为全树结果，坐果力中等，生理落果中等，采前落果较少，产量中等，大小年不显著；萌芽期4月上旬，雌花盛开期4月下旬，雄花盛开期5月初，雄花序凋落期5月中旬，果实采收期8月下旬，落叶期11月上旬。

品种评价

该品种抗旱、抗病、耐贫瘠，主要用途是食用，主要利用部位为种子（果实）；对寒、旱、涝、瘠、盐、风等恶劣环境的抵抗能力强；繁殖方法为嫁接，对土壤、地势、栽培条件无要求。

植株

雌花

叶片

枝条

果实

树干

常庄果园绵核桃1号

Juglans regia L.
'Changzhuangguoyuanmianhetao 1'

调查编号：CAOSYLHX214

所属树种：核桃 *Juglans regia* L.

提 供 人：张小战
电　　话：13137912217
住　　址：河南省焦作市修武县郇封镇常庄果园

调 查 人：倪勇、李好先
电　　话：13849362745
单　　位：河南省获嘉县经作站

调查地点：河南省焦作市修武县郇封镇常庄果园

地理数据：GPS数据（海拔：93m，经度：E113°28'46.1"，纬度：N35°16'31.9"）

样本类型：果实、叶片、枝条

生境信息

来源于当地，最大树龄55年，小生境是田间，伴生物种为桃树，影响因子是耕作，地形是平地，土地利用为耕地，土壤质地为壤土。种植年限50年，现存4株，种植农户1户。

植物学信息

1. 植株情况

乔木，树姿直立；树高15m，冠幅东西10m、南北8m，干高1.75m，干周160cm。主干黑色，树皮块状裂，枝条密。

2. 植物学特征

1年生枝绿色，短，节间平均长2.0cm，节间粗度中等，平均粗0.8cm；嫩梢上茸毛多，灰色；皮目大、少、凸、椭圆形；多年生枝灰褐色；混合芽为长三角形。先端叶长15.5cm，小叶数7片，小叶长6.5cm，小叶宽4.0cm，小叶厚0.2mm，小叶柄长0.6cm。小叶椭圆形，绿色，叶尖微尖，叶缘全缘。

3. 果实性状

果实椭圆形；果皮绿色；果点浅黄色，密度大；果面茸毛少，青皮较厚，不易脱青皮；果个大小中等、坚果纵径4.13cm，横径3.63cm，侧径3.52cm，坚果重32.4g。壳面略麻，壳皮颜色深，缝合线窄、凸、紧密，壳厚度1.47mm。内褶壁膜质、横隔壁革质。取1/2仁，平均核仁重18.7g，出仁率57.7%，核仁较充实、饱满，核仁浅黄色，略涩。

4. 生物学习性

萌芽力强，发枝力中等，新梢一年平均长5.0cm；开始结果年龄3～4年，盛果期年龄6～8年；早实品种；果枝类型为长果枝20%、中果枝10%、短果枝70%；单枝坐果数以双果为主，结果部位为全树结果，坐果力中等，生理落果中等，采前落果较少，产量中等，大小年不显著；萌芽期4月上旬，雌花盛开期4月下旬，雄花盛开期5月初，雄花序凋落期5月中旬，果实采收期8月中下旬，落叶期11月上旬。

品种评价

该品种耐贫瘠，主要用途是食用，主要利用部位为种子（果实）；对寒、旱、涝、瘠、盐、风等恶劣环境的抵抗能力强；繁殖方法为嫁接，对土壤、地势、栽培条件无要求。

青果

生境

雌花

叶片

植株

枝条

常庄果园绵核桃2号

Juglans regia L.
'Changzhuangguoyuanmianhetao 2'

调查编号: CAOSYLHX215

所属树种: 核桃 *Juglans regia* L.

提供人: 张小战
电　话: 13137912217
住　址: 河南省焦作市修武县郇封镇常庄果园

调 查 人: 倪勇、李好先
电　话: 13849362745
单　位: 河南省获嘉县经作站

调查地点: 河南省焦作市修武县郇封镇常庄果园

地理数据: GPS数据（海拔：90m，经度：E113°28'46.4"，纬度：N35°16'31.8"）

样本类型: 叶片、枝条

生境信息

来源于当地，最大树龄55年，小生境是田间，伴生物种为桃树，影响因子是耕作，地形是平地，土地利用为耕地，土壤质地为壤土。种植年限45年，现存1株，种植农户1户。

植物学信息

1. 植株情况

乔木，树姿直立，树势强，树形为圆头形；树高18m，冠幅东西5m、南北6m，干高2.2m，干周100cm。主干黑色，树皮块状裂，枝条密。

2. 植物学特征

1年生枝绿色，长度较短，节间平均长1.6cm，节间平均粗0.55cm；嫩梢上茸毛多，灰色；皮目大、数量少、凸、椭圆形；多年生枝褐色；混合芽为长三角形。先端叶长11.5cm，小叶数7片，小叶长8.5cm，小叶宽5.5cm，小叶厚0.1mm，小叶柄长0.5cm。小叶椭圆形，绿色，叶尖微尖，叶缘全缘。

3. 果实性状

果实椭圆形；果皮绿色；果点浅黄色，密度大；果面茸毛少，青皮较薄，易脱青皮；果个大小中等、近圆形，纵径3.93cm，横径3.18cm，侧径3.02cm，坚果重16g。壳面略麻，壳皮颜色深，缝合线窄、凸，壳厚度1.19mm。内褶壁膜质，横隔壁革质。取整仁，平均核仁重14.7g，核仁较充实、饱满，核仁浅黄白色，香甜。

4. 生物学习性

萌芽力中等，发枝力弱，新梢一年平均长5.5cm；开始结果年龄8年，盛果期年龄12～15年；晚实品种；果枝类型短果枝90%；单枝坐果数以单果为主，结果部位为全树结果，坐果力中等，生理落果中等，采前落果较少，产量中等，大小年不显著；萌芽期4月上旬，雌花盛开期4月下旬，雄花盛开期5月初，雄花序凋落期5月中旬，果实采收期9月下旬，落叶期11月上旬。

品种评价

该品种抗旱、抗病、耐贫瘠，主要用途是食用，主要利用部位为种子（果实）。

生境

植株

雌花

枝条

青果

叶片

树干

常庄果园绵核桃 3 号

Juglans regia L.
'Changzhuangguoyuanmianhetao 3'

调查编号： CAOSYLHX216

所属树种： 核桃 *Juglans regia* L.

提 供 人： 张小战
电　　话： 13137912217
住　　址： 河南省焦作市修武县郇封
镇常庄果园

调 查 人： 倪勇、李好先
电　　话： 13849362745
单　　位： 河南省获嘉县经作站

调查地点： 河南省焦作市修武县郇封
镇常庄果园

地理数据： GPS数据（海拔：79m，
经度：E113°28'46.0"，纬度：N35°16'31.9"）

样本类型： 果实、叶片、枝条

生境信息

来源于当地，最大树龄55年，小生境是田间，伴生物种为桃树、玉米；影响因子是耕作，地形为平地，土地利用为耕地，土壤质地为壤土。种植年限55年，种植农户1户。

植物学信息

1. 植株情况

乔木，树姿直立，树势强，树形为圆锥形；树高18m，冠幅东西10m、南北8m，干高1.4m，干周160cm。主干灰色，树皮块状裂，枝条密。

2. 植物学特征

1年生枝绿色，长度中等，节间平均长1.5cm，节间较粗，平均粗1.0cm；嫩梢上茸毛多，灰色；皮目大、少、凸、椭圆形；多年生枝褐色；混合芽为长三角形。先端叶长13.5cm，小叶数7片，小叶长7.5cm，小叶宽5.5cm，小叶厚0.1mm，小叶柄长0.4cm。小叶椭圆形，浓绿色，叶尖渐尖，叶缘全缘。

3. 果实性状

坚果大小中等，扁圆形，纵径4.21cm，横径3.88cm，侧径3.35cm，坚果重22g。壳面略麻，壳皮颜色中等，缝合线宽、凸、紧密，壳厚度0.8mm。内褶壁膜质，横隔壁革质。取整仁，平均核仁重10.3g，核仁较充实、饱满，核仁黄白色，香甜。

4. 生物学习性

萌芽力中等，发枝力弱，新梢一年平均长4.0cm；开始结果年龄8年，盛果期年龄12～15年；晚实品种；果枝类型为长果枝20%、中果枝10%、短果枝70%；单枝坐果数以单果为主，结果部位为全树结果，坐果力中等，生理落果中等，采前落果较少，产量中等，大小年不显著；萌芽期4月上旬，雌花盛开期4月下旬，雄花盛开期5月初，雄花序凋落期5月中旬，果实采收期9月下旬，落叶期11月上旬。

品种评价

该品种薄皮、抗旱、抗病、耐贫瘠，主要用途是食用，主要利用部位为种子（果实）；对寒、旱、涝、瘠、盐、风等恶劣环境的抵抗能力强；繁殖方法为嫁接，对土壤、地势、栽培条件无要求。

生境

植株

雌花

枝条

叶片

青果

常庄果园
绵核桃 4 号

Juglans regia L.
'Changzhuangguoyuanmianhetao 4'

调查编号：CAOSYLHX217

所属树种：核桃 *Juglans regia* L.

提供人：张小战
电　　话：13137912217
住　　址：河南省焦作市修武县郇封
　　　　　镇常庄果园

调查人：倪勇、李好先
电　　话：13849362745
单　　位：河南省获嘉县经作站

调查地点：河南省焦作市修武县郇封
　　　　　镇常庄果园

地理数据：GPS数据（海拔：83m，
经度：E113°28'46.2"，纬度：N35°16'31.8"）

样本类型：果实、叶片、枝条

生境信息

来源于当地，最大树龄55年，小生境是田间，伴生物种为桃树，影响因子是耕作，地形是平地，土地利用为耕地，土壤质地为壤土。种植年限55年，种植农户1户。

植物学信息

1. 植株情况

乔木，树姿直立，树势强，树形为圆锥形；树高18m，冠幅东西8m、南北8m，干高1.7m，干周175cm。主干褐色，树皮块状裂，枝条密。

2. 植物学特征

1年生枝绿色，长度中等，节间平均长3cm，节间粗度中等，平均粗1.0cm；嫩梢上茸毛多，灰色；皮目大、数量少、凸、椭圆形；多年生枝褐色；混合芽为长三角形。先端叶长8.7cm，小叶数7片，小叶长6.5cm，小叶宽3.5cm，小叶厚0.1mm，小叶柄长0.3cm。小叶长卵圆形，黄绿色，叶尖渐尖，叶缘全缘。

3. 果实性状

果实扁圆形；果皮绿色；果点浅黄色，密度大；果面茸毛少，青皮厚度中等，易脱青皮；果个较大、坚果椭圆形；坚果纵径4.09cm，横径3.14cm，侧径3.26cm，坚果重16g。壳面略麻，壳皮颜色中等，缝合线窄、凸、紧密，壳厚度1.39mm。内褶壁膜质，横隔壁革质。取整仁，平均核仁重8.6g，出仁率53.3%，核仁充实、饱满，核仁红色、香甜。

4. 生物学习性

萌芽力中等，发枝力弱，新梢一年平均长5.0cm；开始结果年龄8年，盛果期年龄12～15年；晚实品种；果枝类型为长果枝20%、中果枝10%、短果枝70%；单枝坐果数以单果为主，结果部位为全树结果，坐果力中等，生理落果中等，采前落果较少，高产，大小年不显著；萌芽期4月上旬，雌花盛开期4月下旬，雄花盛开期4月下旬，雄花序凋落期5月中旬，果实采收期9月下旬，落叶期11月上旬。

品种评价

该品种抗旱、抗病、耐贫瘠，主要用途是食用，主要利用部位为种子（果实）；繁殖方法为嫁接，对土壤、地势、栽培条件无要求。除上述优点外，还具有高产、优质、薄皮、红瓤、红皮等特点。

生境

植株

叶片

枝条

雌花

果实

观音山核桃

Juglans regia L.'Guanyinshanhetao'

调查编号： CAOSYTSL001

所属树种： 核桃 *Juglans regia* L.

提 供 人： 唐仕力
电　话： 13881960919
住　址： 四川省成都市金堂县赵镇
观音山村

调 查 人： 李好先
电　话： 13903834781
单　位： 中国农业科学院郑州果树
研究所

调查地点： 四川省成都市金堂县赵镇
观音山村21组

地理数据： GPS数据（海拔：458m，
经度：E104°27'25.8"，纬度：N30°4757.4"）

样本类型： 叶片、枝条

生境信息

来源于外地，最大树龄5年，小生境是庭院，伴生物种为桃树，影响因子是砍伐，地形是平地，土地利用为耕地，土壤质地为砂壤土。种植年限5年。

植物学信息

1. 植株情况

乔木，树势中等，树姿半开张，树形为圆头形。树高3.5m，冠幅东西3m、南北3m，干高1.7m，干周40cm。主干灰色，树皮丝状裂，枝条密度中等。

2. 植物学特征

1年生枝黄绿色；长度中等，节间平均长6cm；粗度中等，平均粗0.5cm。嫩梢茸毛多，灰色。皮目大小中等、多、凸、椭圆形。多年生枝银灰色。先端叶片长12cm，小叶数7片，小叶长5cm，小叶宽3cm，小叶厚0.2mm，小叶柄长0.1cm；小叶椭圆形，浓绿色，叶尖渐尖，叶缘全缘。

3. 果实性状

果实圆形，果皮浓绿色；果点浅黄色、密度小；果面茸毛多；青皮厚，青皮难脱。坚果为圆形；坚果纵径3.79cm，横径3.74cm，侧径3.45cm，坚果重13g。壳面略麻，壳皮颜色深，缝合线窄、凸、紧密，壳厚度2.63mm。取1/2仁，核仁充实、饱满，核仁黄白色，香甜。

4. 生物学习性

萌芽力中等；发枝力中等；新梢一年平均生长12cm；生长势中等。开始结果年龄8年，盛果期年龄12年。果枝类型为长果枝0%，中果枝20%，短果枝80%。单枝坐果数以单、双果为主；坐果部位为全树；坐果力中等，生理落果少，采前落果少，产量中等，大小年不显著。萌芽期为3月下旬，雄花盛开期5月中旬，雌花盛开期5月下旬，雄花序凋落期5月下旬，果实采收期8月下旬，落叶期10月中下旬。

品种评价

该品种抗旱、耐贫瘠，主要用途是食用，主要利用部位为种子（果实）；繁殖方法为嫁接，对土壤、地势、栽培条件无要求。

青果

生境

植株

雄花

叶片

枝条

树干

青果

观音山核桃 2号

Juglans regia L.'Guanyinshanhetao 2'

调查编号：CAOSYTSL002

所属树种：核桃 *Juglans regia* L.

提 供 人：唐仕力
电　　话：13881960919
住　　址：四川省成都市金堂县赵镇观音山村

调 查 人：李好先
电　　话：13903834781
单　　位：中国农业科学院郑州果树研究所

调查地点：四川省成都市金堂县赵镇观音山村21组

地理数据：GPS数据（海拔：449m，经度：E104°27'49.7"，纬度：N30°47'49.4"）

样本类型：果实、叶片、枝条

生境信息

来源于当地，最大树龄20年，小生境是庭院，伴生物种为橙子树，影响因子是砍伐、修路，地形是平地，土地利用为耕地，土壤质地为砂壤土。种植年限20年。

植物学信息

1. 植株情况

乔木，树势中等，树姿开张，树形为圆头形。树高9m，冠幅东西6m、南北6m，干高1.2m，干周60cm。主干灰色，树皮丝状裂，枝条密度中等。

2. 植物学特征

1年生枝黄绿色；长度中等，节间平均长5cm；粗度中等，平均粗0.8cm。嫩梢茸毛多，灰色。皮目大小中等、多、凸、椭圆形。多年生枝银灰色。先端叶片长7cm，小叶数7片，小叶长5.5cm，小叶宽3.0cm，小叶厚0.15mm，小叶柄长0.1cm；小叶椭圆形，绿色，叶尖渐尖，叶缘全缘。

3. 果实性状

果实圆形，果皮黄绿色；果点浅黄色、密度大；果面茸毛少；青皮厚，青皮难脱。坚果为圆形；坚果纵径4.91cm，横径4.69cm，侧径4.33cm，坚果重15.59g。壳面略麻，壳皮颜色深，缝合线窄、凸、紧密，壳厚度2.63mm。

4. 生物学习性

萌芽力中等；发枝力中等；新梢一年平均生长8cm；生长势中等。开始结果年龄8年，盛果期年龄12年。果枝类型为短果枝80%。单枝坐果数以单、双果为主；坐果部位为全树；坐果力弱，生理落果少，采前落果少，产量低，大小年不显著。萌芽期为3月下旬，雄花盛开期5月中旬，雌花盛开期5月中下旬，雄花序凋落期5月下旬，果实采收期8月下旬，落叶期10月中旬。

品种评价

主要用途是食用，主要利用部位为种子（果实）；繁殖方法为嫁接。

生境

植株

雄花

叶片

枝条

结果枝

青果

观音山核桃 3号

Juglans regia L.'Guanyinshanhetao 3'

调查编号： CAOSYTSL003

所属树种： 核桃 *Juglans regia* L.

提 供 人： 唐仕力
电　　话： 13881960919
住　　址： 四川省成都市金堂县赵镇观音山村

调 查 人： 李好先
电　　话： 13903834781
单　　位： 中国农业科学院郑州果树研究所

调查地点： 四川省成都市金堂县赵镇观音山村

地理数据： GPS数据（海拔：445m，经度：E104°27'39.6"，纬度：N30°47'49.5"）

样本类型： 果实、叶片、枝条

生境信息

来源于当地，小生境是庭院，伴生物种为石榴、柚子，影响因子是砍伐、修路，地形是平地，土地利用为耕地，土壤质地为砂壤土。种植年限15年。

植物学信息

1. 植株情况

乔木，树势中等，树姿开张，树形为圆锥形。树高6m，冠幅东西5m、南北5m，干高1.1m，干周40cm。主干灰色，树皮丝状裂。

2. 植物学特征

1年生枝黄绿色；长度中等，节间平均长5cm；粗度中等，平均粗1.0cm。嫩梢茸毛多，灰色。皮目大小中等、多、凸、近圆形。多年生枝银灰色。先端叶片长16cm，小叶数7片，小叶长4cm，小叶宽3cm，小叶厚0.1mm，小叶柄长0.1cm；小叶椭圆形，绿色，叶尖渐尖，叶缘全缘。

3. 果实性状

果实圆形，果皮绿色，果点浅黄色，密度大，果面茸毛少，青皮厚度中等，不易脱青皮，坚果果个大，坚果为圆形；坚果纵径3.49cm，横径3.31cm，侧径3.15cm，坚果重15g。壳面光滑，壳皮颜色深，缝合线窄、平、紧密。

4. 生物学习性

萌芽力中等；发枝力中等；新梢一年平均生长6cm；生长势中等。开始结果年龄8年，盛果期年龄12年。果枝类型为中果枝10%，短果枝90%。单枝坐果数以单、双果为主；坐果部位为全树；坐果力中等，生理落果少，采前落果少，产量一般，大小年不显著。萌芽期为3月下旬，雌花盛开期5月下旬，雄花盛开期6月上旬，雄花序凋落期6月中旬，果实采收期8月下旬，落叶期10月中旬。

品种评价

该品种抗旱、耐贫瘠，主要用途是食用，主要利用部位为种子（果实）；对寒、旱、涝、贫瘠等恶劣环境的抵抗力强，繁殖方法为嫁接。

青果

植株

雌花

叶片

枝条

果实

九龙核桃1号

Juglans regia L.'Jiulonghetao 1'

调查编号： CAOSYTSL004

所属树种： 核桃 *Juglans regia* L.

提 供 人： 唐仕力
电　　话： 13881960919
住　　址： 四川省成都市金堂县赵镇
观音山村

调 查 人： 李好先
电　　话： 13903834781
单　　位： 中国农业科学院郑州果树
研究所

调查地点： 四川省成都市金堂县淮口
镇九龙村

地理数据： GPS数据（海拔：426m，
经度：E104°30'01"，纬度：N30°43'58.2"）

样本类型： 果实、叶片、枝条

生境信息

来源于当地，小生境是路边，伴生物种为松柏、杏树，影响因子是砍伐、修路，地形是平地，土地利用为人工林，土壤质地为砂壤土。种植年限15年。

植物学信息

1. 植株情况

乔木，树势强，树姿半开张，树形为圆锥形。树高15m，冠幅东西10m、南北10m，干高1.3m，干周85cm。主干灰色，树皮丝状裂，枝条密度中等。

2. 植物学特征

1年生枝黄绿色、节间较长、节间平均长17cm；粗度中等，平均粗0.5cm。嫩梢茸毛多，灰色。皮目大、少、凸、近圆形。多年生枝银灰色。先端叶片长8cm，小叶数7片，小叶长4cm，小叶宽2cm，小叶厚0.2mm，小叶柄长0.1cm；小叶椭圆形、绿色，叶尖渐尖，叶缘全缘。

3. 果实性状

果实卵圆形，果皮黄绿色。果点浅黄色，密度大。果面茸毛多，青皮厚，青皮难脱。坚果为椭圆形；坚果纵径6.36cm，横径4.39cm，侧径4.79cm，青果重63g。坚果壳面略麻，壳皮颜色深，缝合线窄、凸、紧密，壳厚度1.75mm。内褶壁膜质，横隔壁骨质。取1/2仁，核仁充实、饱满、黄白色、香甜。

4. 生物学习性

萌芽力中等；发枝力中等；新梢一年平均生长10cm。晚实；开始结果年龄8年，盛果期年龄12年。果枝类型为长果枝10%，中果枝10%，短果枝80%。单枝坐果数以单、双果为主；坐果部位为全树；坐果力中等，生理落果少，采前落果少，产量一般，大小年不显著。萌芽期为3月下旬，雌花盛开期5月上旬，雄花盛开期6月上旬，雄花序凋落期6月中旬，果实采收期8月下旬，落叶期10月中旬。

品种评价

主要用途是食用，主要利用部位为种子（果实）；对寒、旱、涝、等恶劣环境的抵抗能力强，繁殖方法为嫁接。

青果

生境

植株

雌花

结果枝

叶片

九龙核桃 2 号

Juglans regia L.'Jiulonghetao 2'

调查编号： CAOSYTSL005

所属树种： 核桃 *Juglans regia* L.

提 供 人： 唐仕力
电　　话： 13881960919
住　　址： 四川省成都市金堂县赵镇
　　　　　观音山村

调 查 人： 李好先
电　　话： 13903834781
单　　位： 中国农业科学院郑州果树
　　　　　研究所

调查地点： 四川省成都市金堂县淮口
　　　　　镇九龙村

地理数据： GPS数据（海拔：426m，
　　　　　经度：E104°30'01"，纬度：N30°43'58.2"）

样本类型： 果实、叶片、枝条

生境信息

来源于当地，小生境是其他（路边），伴生物种为松柏，影响因子是修路，地形是平地，土地利用为人工林，土壤质地为砂壤土。种植年限10年。

植物学信息

1. 植株情况

乔木，树势中等，树姿直立，树形为圆锥形。树高15m，冠幅东西4m、南北4m，干高1.65m，干周57cm。主干灰色，树皮丝状裂，枝条密度中等。

2. 植物学特征

1年生枝黄绿色、长度中等、节间平均长6cm；粗度中等，平均粗0.5cm。嫩梢茸毛多，灰色。皮目小、多、凸、近圆形。多年生枝银灰色。先端叶片长20cm，小叶数9片，小叶长7.5cm，小叶宽4.5cm，小叶厚0.2mm，小叶柄长0.2cm；小叶椭圆形、绿色，叶尖渐尖，叶缘全缘。雄花芽多，雄花序平均长14.5cm，柱头黄绿色。

3. 果实性状

果实卵圆形，果皮绿色。果点浅黄色，密度大。果面茸毛少，青皮厚，脱青皮难易程度为中等。坚果为扁圆形；坚果纵径3.70cm，横径3.76cm，侧径3.29cm，坚果重15g。壳面略麻，壳皮颜色深，缝合线宽、凸、紧密，壳厚度1.95mm。内褶壁膜质，横隔壁骨质。取1/2仁，核仁充实、饱满、黄白色、香甜。

4. 生物学习性

萌芽力中等；发枝力中等；新梢一年平均生长20cm。晚实；开始结果年龄8年，盛果期年龄12年。果枝类型为长果枝10%、中果枝10%、短果枝80%。单枝坐果数以单、双果为主；坐果部位为全树；坐果力弱，生理落果少，采前落果少，产量一般，大小年不显著。萌芽期为3月下旬，雄花盛开期5月上旬，雌花盛开期6月上旬，雄花序凋落期6月下旬，果实采收期8月下旬，落叶期10月中旬。

品种评价

主要用于食用，主要利用部位为种子（果实）；对寒、旱、涝、贫瘠、盐等恶劣环境的抵抗力强；繁殖方法为嫁接。

生境

植株

雄花

叶片

枝条

结果枝

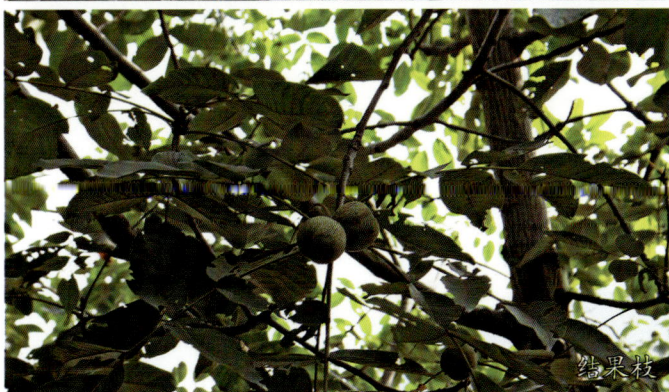

青果

云顶核桃 1 号

Juglans regia L.'Yundinghetao 1'

调查编号：　CAOSYTSL006

所属树种：　核桃 *Juglans regia* L.

提 供 人：　唐仕力
电　　话：　13881960919
住　　址：　四川省成都市金堂县赵镇
　　　　　　观音山村

调 查 人：　李好先
电　　话：　13903834781
单　　位：　中国农业科学院郑州果树
　　　　　　研究所

调查地点：　四川省成都市金堂县淮口
　　　　　　镇云顶山村

地理数据：　GPS数据（海拔：746m，
　　　　　　经度：E104°30'26.8"，纬度：N30°40'00.3"）

样本类型：　果实、叶片、枝条

生境信息

来源于当地，小生境是庭院，伴生物种为玉米、桃树，影响因子是修路，地形是平地，土地利用为人工林，土壤质地为砂壤土。种植年限20年。

植物学信息

1. 植株情况

乔木，树势中等，树姿半开张，树形为圆头形。树高8m，冠幅东西6m、南北6m，干高3.6m，干周100cm。主干灰色，树皮块状裂，枝条密度中等。

2. 植物学特征

1年生枝黄绿色、长度中等、节间平均长5cm；粗度中等，平均粗0.5cm。嫩梢茸毛多，灰色。皮目大小中等、多、凸、椭圆形。多年生枝银灰色。先端叶片长17cm，小叶数9片，小叶长5.5cm，小叶宽2.5cm，小叶厚0.15mm，小叶柄长0.2cm；小叶椭圆形，绿色，叶尖渐尖，叶缘全缘。

3. 果实经济性状

果实卵圆形，果皮绿色。果点浅黄色，密度大。果面茸毛少，青皮厚，脱青皮难易程度为中等。坚果为圆形；坚果纵径3.35cm，横径3.28cm，侧径3.04cm，坚果重13g。壳面略麻，壳皮颜色深，缝合线窄、凸、紧密；易取1/4仁、核仁不饱满、不充实，淡黄色，风味香甜。

4. 生物学习性

萌芽力中等；发枝力中等；新梢一年平均生长6cm。晚实；开始结果年龄8年，盛果期年龄12年。果枝类型为长果枝10%，中果枝10%，短果枝80%。单枝坐果数以双、三果为主；坐果部位为全树；坐果力弱，生理落果少，采前落果少，产量低，大小年不显著。萌芽期为3月下旬，雌花盛开期5月中旬，雄花盛开期6月上旬，雄花序凋落期6月下旬，果实采收期8月中旬，落叶期10月中旬。

品种评价

该品种具有抗旱、抗病、耐寒、耐贫瘠等优点，主要用途是食用，主要利用部位为种子（果实），繁殖方法为嫁接。

生境

植株

青果

树干

结果枝

云顶核桃 2 号

Juglans regia L.'Yundinghetao 2'

调查编号：CAOSYTSL007

所属树种：核桃 *Juglans regia* L.

提 供 人：唐仕力
电　　话：13881960919
住　　址：四川省成都市金堂县观音
　　　　　山村

调 查 人：李好先
电　　话：13903834781
单　　位：中国农业科学院郑州果树
　　　　　研究所

调查地点：四川省成都市金堂县淮口
　　　　　镇云顶山村

地理数据：GPS数据（海拔：746m,
　　　　　经度：E104°30'26.8",纬度：N30°40'00.3"）

样本类型：果实、叶片、枝条

生境信息

来源于当地，小生境是庭院，伴生物种为杨树、桃树，影响因子是砍伐，地形是平地，土地利用为人工林，土壤质地为砂壤土。种植年限20年。

植物学信息

1. 植株情况

乔木，树势中等，树姿半开张，树形为圆头形。树高6m，冠幅东西6m、南北5m，干高2.2m，干周60cm。主干灰色，树皮丝状裂，枝条密度中等。

2. 植物学特征

1年生枝黄绿色、长度中等、节间平均长5cm；粗度中等，平均粗0.5cm。嫩梢茸毛多，灰色。皮目小、多、凸、椭圆形。多年生枝银灰色。先端叶片长16cm，小叶数7片，小叶长6cm，小叶宽3.5cm，小叶厚0.1mm，小叶柄长0.1cm；小叶椭圆形，绿色，叶尖渐尖，叶缘全缘。

3. 果实性状

果实椭圆形，果皮绿色。果点浅黄色，密度大。果面茸毛少，青皮厚，脱青皮难。坚果为扁圆形；坚果纵径4.53cm，横径4.28cm，侧径3.88cm，坚果重15g。壳面略麻，壳皮颜色深，缝合线窄、凸、紧密。内褶壁膜质，横隔壁革质。取1/2仁，核仁充实，饱满，黄白色，香甜。

4. 生物学习性

萌芽力中等；发枝力中等；新梢一年平均生长6cm。晚实；开始结果年龄8年，盛果期年龄12～15年。果枝类型为长果枝10%，中果枝10%，短果枝80%。单枝坐果数以双、三果为主；坐果部位为全树；坐果力弱，生理落果少，采前落果少，产量低，大小年不显著。萌芽期为3月下旬，雌花盛开期5月下旬，雄花盛开期6月上旬，雄花序凋落期6月中旬，果实采收期8月下旬，落叶期10月中旬。

品种评价

该品种抗旱，耐贫瘠，主要用途是食用，主要利用部位为种子（果实）；单枝坐果有4～5个果的，繁殖方法为嫁接，对土壤栽培条件无要求。

生境

植株

雌花

叶片

枝条

结果枝

青果

云顶核桃 3 号

Juglans regia L.'Yundinghetao 3'

○ 调查编号： CAOSYTSL008

○ 所属树种： 核桃 *Juglans regia* L.

○ 提 供 人： 唐仕力
电　话： 13881960919
住　址： 四川省成都市金堂县赵镇
　　　　　观音山村

○ 调 查 人： 李好先
电　话： 13903834781
单　位： 中国农业科学院郑州果树
　　　　　研究所

○ 调查地点： 四川省成都市金堂县淮口
　　　　　镇云顶山村

○ 地理数据： GPS数据（海拔：752m，
经度：E104°29'24.4"，纬度：N30°44'02.1"）

○ 样本类型： 果实、叶片、枝条

生境信息

来源于当地，小生境是庭院，伴生物种为桐树，影响因子是砍伐，地形是平地，土地利用为人工林，土壤质地为砂壤土。种植年限65年。

植物学信息

1. 植株情况

乔木，树势弱，树姿直立，树形为圆头形。树高20m，冠幅东西10m、南北6m，干高4m，干周160cm。主干灰色，树皮丝状裂，枝条密度中等。

2. 植物学特征

1年生枝黄绿色、长度中等、节间平均长3cm；粗度中等，平均粗0.5cm。嫩梢茸毛多，灰色。皮目小、多、凸、椭圆形。多年生枝银灰色。先端叶片长16.5cm，小叶数7片，小叶长6.5cm，小叶宽3.1cm，小叶柄长0.3cm；小叶椭圆形，绿色，叶尖渐尖，叶缘全缘。

3. 果实性状

果实圆形，果皮黄绿色。果点白色，密度大。果面茸毛多，青皮厚，脱青皮难。坚果为圆形；坚果果个大，纵径3.98cm，横径4.16cm，侧径3.77cm，坚果重20g。壳面略麻，壳皮颜色深，缝合线窄、凸、紧密。内褶壁膜质，横隔壁革质。取1/2仁，核仁充实，饱满，黄白色，香甜。

4. 生物学习性

萌芽力弱；发枝力弱；新梢一年平均生长17cm。晚实；开始结果年龄8年，盛果期年龄12~15年。果枝类型为长果枝10%、中果枝10%、短果枝80%。单枝坐果数以双、三果为主；坐果部位为全树；坐果力弱，生理落果少，采前落果少，产量低，大小年不显著。萌芽期为3月下旬，雌花盛开期5月下旬，雄花盛开期6月上旬，雄花序凋落期6月中旬，果实采收期8月下旬，落叶期10月中旬。

品种评价

该品种抗旱、抗病，主要用途是食用，主要利用部位为种子（果实）；繁殖方法为嫁接。

植株

雌花

叶片

生境

结果枝

青果

云顶核桃 4 号

Juglans regia L.'Yundinghetao 4'

调查编号：CAOSYTSL009

所属树种：核桃 *Juglans regia* L.

提 供 人：唐仕力
电　　话：13881960919
住　　址：四川省成都市金堂县赵镇
　　　　　观音山村

调 查 人：李好先
电　　话：13903834781
单　　位：中国农业科学院郑州果树
　　　　　研究所

调查地点：四川省成都市金堂县淮口
　　　　　镇云顶山村

地理数据：GPS数据（海拔：751m,
　　　　　经度：E104°29'24.6"，纬度：N30°44'01.6"）

样本类型：果实、叶片、枝条

生境信息

来源于当地，小生境是庭院，伴生物种为竹子，影响因子是砍伐，地形是平地，土地利用为人工林，土壤质地为砂壤土。种植年限30年。

植物学信息

1. 植株情况

乔木，树势中等，树姿直立，树形为圆头形。树高15m，冠幅东西10m、南北10m，干高1.2m，干周60cm。主干灰色，树皮丝状裂，枝条密度中等。

2. 植物学特征

1年生枝黄绿色、长度中等、节间平均长1.5cm；粗度中等，平均粗0.8cm。嫩梢茸毛多，灰色。皮目小、多、凸、近圆形。多年生枝银灰色。先端叶片长18cm，小叶数9片，小叶长5cm，小叶宽2cm，小叶厚0.2mm，小叶柄长0.1cm；小叶椭圆形，绿色，叶尖渐尖，叶缘全缘。

3. 果实性状

果实椭圆形，果皮绿色。果点浅黄色，密度大。果面茸毛少，青皮厚，脱青皮难。坚果为圆形；坚果纵径3.33cm，横径3.37cm，侧径2.85cm，坚果重13g。壳面略麻，壳皮颜色深，缝合线窄、凸、紧密。内褶壁膜质，横隔壁骨质。取1/2仁，核仁充实，饱满，黄白色，香甜。

4. 生物学习性

萌芽力中等；发枝力中等；新梢一年平均生长8cm。晚实；开始结果年龄8年，盛果期年龄12～15年。果枝类型为长果枝10%，中果枝10%，短果枝80%。单枝坐果数以双、三果为主；坐果部位为全树；坐果力弱，生理落果少，采前落果少，产量低，大小年不显著。萌芽期为3月下旬，雌花盛开期5月下旬，雄花盛开期6月上旬，雄花序凋落期6月下旬，果实采收期8月下旬，落叶期10月中旬。

品种评价

该品种抗旱、耐贫瘠，主要用途是食用，主要利用部位为种子（果实）；繁殖方法为嫁接。

生境

雌花

青果

植株

结果枝

云顶核桃 5 号

Juglans regia L. 'Yundinghetao 5'

调查编号： CAOSYTSL010

所属树种： 核桃 *Juglans regia* L.

提 供 人： 唐仕力
电　　话： 13881960919
住　　址： 四川省成都市金堂县赵镇
　　　　　观音山村

调 查 人： 李好先
电　　话： 13903834781
单　　位： 中国农业科学院郑州果树
　　　　　研究所

调查地点： 四川省成都市金堂县淮口
　　　　　镇云顶山村

地理数据： GPS数据（海拔：747m，
　　　　　经度：E104°29'25.3"，纬度：N30°44'03.2"）

样本类型： 果实、叶片、枝条

生境信息

来源于当地，小生境为旷野，伴生物种为桐树、玉米，影响因子是砍伐，地形是坡地，坡度为30°，土地利用为人工林，土壤质地为砂壤土。种植年限40年。

植物学信息

1. 植株情况

乔木，树姿直立，树形为圆头形。树高12m，冠幅东西8m、南北8m，干高1.5m，干周70cm。主干灰色，树皮丝状裂，枝条密度中等。

2. 植物学特征

1年生枝黄绿色、长度中等、节间平均长1.5cm；粗度中等，平均粗0.9cm。嫩梢茸毛多，灰色。皮目小、多、凸、近圆形。多年生枝银灰色。先端叶片长10cm，小叶数7片，小叶长7.5cm，小叶宽4.5cm，小叶厚0.1mm，小叶柄长0.4cm；小叶卵圆形、浓绿色，叶尖渐尖，叶缘全缘。

3. 果实性状

果实椭圆形，果皮浓绿色。果点浅黄色，密度大。果面茸毛少，青皮厚，易脱青皮。坚果纵径3.90cm，横径3.01cm，侧径2.88cm，坚果重15g。缝合线窄、凸、紧密，壳厚1.29mm。内褶壁膜质，横隔壁骨质。取1/2仁，核仁充实，饱满，黄白色，香甜。

4. 生物学习性

新梢一年平均生长8cm。晚实；开始结果年龄8年，盛果期年龄12~15年。果枝类型为长果枝10%，中果枝10%，短果枝80%。单枝坐果数以双、三果为主；坐果部位为全树；坐果力弱，生理落果少，采前落果少，产量一般，大小年不显著。萌芽期是3月下旬，雌花盛开期4月中下旬，雄花盛开期5月上旬，雄花序凋落期6月上旬，果实采收期9月下旬，落叶期10月中旬。

品种评价

该品种具有抗病、抗旱、广适性等主要优点，主要用途是食用，主要利用部位为种子（果实）；对修剪反应敏感，繁殖方法为嫁接。

青果

生境

雌花

植株

叶片

结果枝

果实

光荣核桃1号

Juglans regia L.'Guangronghetao 1'

调查编号：CAOSYTSL011

所属树种：核桃 *Juglans regia* L.

提供人：唐仕力
电　话：13881960919
住　址：四川省成都市金堂县赵镇
　　　　观音山村

调查人：李好先
电　话：13903834781
单　位：中国农业科学院郑州果树
　　　　研究所

调查地点：四川省成都市金堂县淮口
　　　　　镇光荣村

地理数据：GPS数据（海拔：593m，
　　　　　经度：E104°29'19.5"，纬度：N30°44'54.8"）

样本类型：果实、叶片、枝条

生境信息

来源于当地，小生境是庭院，伴生物种为桃树，影响因子是砍伐，地形是平地，土地利用为人工林，土壤质地为砂壤土。种植年限30年。

植物学信息

1. 植株情况

乔木，树势中等，树姿半开张，树形为乱头形。树高12m，冠幅东西10m、南北10m，干高1.39m，干周72cm。主干灰色，树皮丝状裂，枝条密度中等。

2. 植物学特征

1年生枝黄绿色、长度中等、节间平均长2.5cm；粗度中等，平均粗0.65cm。嫩梢茸毛多，灰色。皮目小、多、凸、近圆形。先端叶片长15cm，小叶数11片，小叶长6cm，小叶宽2.5cm，小叶厚0.2mm，小叶柄长0.1cm；小叶椭圆形，绿色，叶尖渐尖，叶缘全缘。

3. 果实性状

果实卵圆形，果皮浓绿色。果点白色，密度大。果面茸毛少，青皮厚，易脱青皮。坚果纵径5.29cm，横径5.82cm，侧径5.29cm。

4. 生物学习性

萌芽力中等，发枝力中等。新梢一年平均生长10cm。晚实；开始结果年龄8年，盛果期年龄12～15年。果枝类型为长果枝10%，中果枝10%，短果枝80%。单枝坐果数以单、双果为主；坐果部位为全树；坐果力中等，生理落果少，采前落果少，产量中等，大小年不显著。萌芽期为3月下旬，雄花盛开期5月下旬，雌花盛开期6月上旬，雄花序凋落期6月中旬，果实采收期8月下旬，落叶期10月中旬。

品种评价

该品种具有抗病、抗旱、耐贫瘠，广适性等优点，主要用途是食用，对修剪反应不敏感，嫁接繁殖，对土壤、地势栽培条件要求低。

植株

双果结果状

雄花

叶片

结果枝

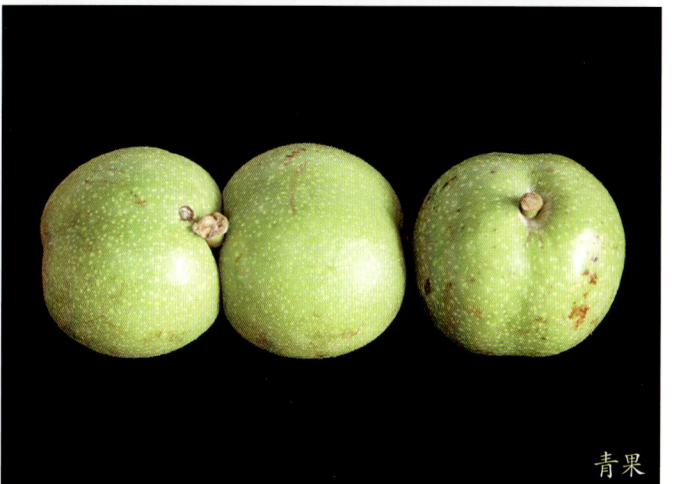

青果

光荣核桃 2 号

Juglans regia L.'Guangronghetao 2'

调查编号： CAOSYTSL012

所属树种： 核桃 *Juglans regia* L.

提 供 人： 唐仕力
电　　话： 13881960919
住　　址： 四川省成都市金堂县赵镇
　　　　　观音山村

调 查 人： 李好先
电　　话： 13903834781
单　　位： 中国农业科学院郑州果树
　　　　　研究所

调查地点： 四川省成都市金堂县淮口
　　　　　镇光荣村

地理数据： GPS数据（海拔：593m，
　　　　　经度：E104°29'19.5"，纬度：N30°44'54.8"）

样本类型： 果实、叶片、枝条

生境信息

来源于当地，小生境是庭院，伴生物种为桐树，影响因子是砍伐，地形是平地，土地利用为人工林，土壤质地为砂壤土。种植年限30年。

植物学信息

1. 植株情况

乔木，树势中等，树姿半开张，树形为乱头形。树高12m，冠幅东西10m、南北10m，干高1.39m，干周72cm。主干灰色，树皮丝状裂，枝条密度中等。

2. 植物学特征

1年生枝黄绿色、长度中等、节间平均长1.5cm；粗度中等，平均粗0.7cm。嫩梢茸毛多，灰色。皮目小、多、凸、近圆形。多年生枝银灰色。先端叶片长15cm，小叶数7片，小叶长6cm，小叶宽2.5cm，小叶厚0.2mm，小叶柄长0.2cm；小叶椭圆形、绿色，叶尖渐尖，叶缘全缘。

3. 果实性状

果实卵圆形，果皮浓绿色。果点白色，密度大。果面茸毛少，青皮厚，易脱青皮。坚果纵径3.70cm，横径3.62cm，侧径3.37cm。

4. 生物学习性

萌芽力中等；新梢一年平均生长20cm。晚实；开始结果年龄8年，盛果期年龄12~15年。果枝类型为长果枝10%，中果枝10%，短果枝80%。单枝坐果数以单、双果为主；坐果部位为全树；坐果力弱，生理落果少，采前落果少，产量低，大小年不显著。萌芽期为3月下旬，雌花盛开期4月下旬，雄花盛开期4月下旬，雄花序凋落期5月中旬，果实采收期8月下旬，落叶期10月中旬。

品种评价

该品种具有抗旱，广适性等优点，主要用途是食用，主要利用部位为种子（果实）；繁殖方法为嫁接，对土壤、地势、栽培条件要求低。

植株

生境

雌花

叶片

结果枝

果实

三果结果状

光荣核桃 3 号

Juglans regia L.'Guangronghetao 3'

调查编号：CAOSYTSL013

所属树种：核桃 *Juglans regia* L.

提 供 人：唐仕力
电　　话：13881960919
住　　址：四川省成都市金堂县赵镇
　　　　　观音山村

调 查 人：李好先
电　　话：13903834781
单　　位：中国农业科学院郑州果树
　　　　　研究所

调查地点：四川省成都市金堂县淮口
　　　　　镇光荣村

地理数据：GPS数据（海拔：585m，
　　　　　经度：E104°29'19.6"，纬度：N30°44'54.9"）

样本类型：果实、叶片、枝条

生境信息

来源于当地，小生境是庭院，伴生物种为桐树，影响因子是桃树、枇杷，地形是平地，土地利用为人工林，土壤质地为砂壤土。种植年限29年。

植物学信息

1. 植株情况

乔木，树姿半开张，树形为乱头形。树高11m，冠幅东西10m、南北6m，干高1.2m，干周80cm。主干灰色，树皮丝状裂，枝条密度中等。

2. 植物学特征

1年生枝黄绿色、长度中等、节间平均长2cm；粗度中等，平均粗0.5cm。嫩梢茸毛多，灰色。皮目小、多、凸、近圆形。多年生枝银灰色。复叶长18cm，复叶柄长5cm，小叶数9片，小叶长8cm，小叶宽3cm，小叶厚0.5mm；小叶椭圆形，绿色，叶尖渐尖，叶缘全缘。

3. 果实经济性状

果实卵圆形，果皮浓绿色。果点白色，密度大。果面茸毛少，青皮厚，易脱青皮。坚果纵径6.21cm，横径5.50cm，侧径4.87cm。壳面略麻，壳皮颜色深，缝合线窄、凸、紧密，壳厚1.75mm，内褶壁膜质，横隔壁革质。核仁充实，浅黄色。

4. 生物学习性

萌芽力中等；新梢一年平均生长8cm。晚实；开始结果年龄8年，盛果期年龄12～15年。果枝类型为长果枝10%、中果枝10%、短果枝80%。单枝坐果数以单、双果为主；坐果部位为全树；坐果力弱，生理落果少，采前落果少，产量低，大小年不显著。萌芽期为3月下旬，雄花盛开期5月下旬，雌花盛开期6月上旬，雄花序凋落期6月中旬，果实采收期8月下旬，落叶期10月中旬。

品种评价

该品种具有抗旱，广适性等优点，主要用途是食用，主要利用部位为种子（果实）；繁殖方法为嫁接，对土壤、地势、栽培条件要求低。

植株

结果枝

雄花

叶片

枝条

青果

然巴村核桃1号

Juglans regia L.'Ranbacunhetao 1'

调查编号： MAHPYPL005

所属树种： 核桃 *Juglans regia* L.

提 供 人： 次仁尼玛
电　　话： 18308056998
住　　址： 西藏自治区昌都市左贡县
扎玉镇然巴村

调 查 人： 袁平丽
电　　话： 13674951625
单　　位： 中国农业科学院郑州果树
研究所

调查地点： 西藏自治区昌都市左贡县
扎玉镇然巴村

地理数据： GPS数据（海拔：2596m，
经度：E97°58'19.6"，纬度：N29°13'52.5"）

样本类型： 果实、叶片、枝条

生境信息

来源于当地，庭院小生境。伴生物种为石榴，苹果，蔷薇。易受耕作、砍伐、修路影响，地形为坡地，坡度80°，坡向阳，土地利用是人工林，土壤质地为砂壤土，pH7.4。种植年限40年，现存若干株。

植物学信息

1. 植株情况

乔木，树势强，树姿直立，树形为乱头形。树高20m，冠幅东西14m、南北12m，干高1.7m，干周185cm。主干灰色，树皮块状裂，枝条密度中等。

2. 植物学特征

1年生枝黄绿色、短、节间平均长2.3cm；粗度中等，平均粗1.5cm；嫩梢茸毛中等，灰色。皮目大小中等、数量中等、平、椭圆形。混合芽长三角形，侧生混合芽率40%。先端叶片长11.5cm，小叶数7片；小叶长6cm，小叶宽3.5cm，小叶厚1mm，小叶柄长0.5cm；小叶倒卵圆形，绿色，叶尖渐尖，叶缘全缘。雄花序平均长度11cm，雄花芽多，雄花数多，柱头黄绿色。

3. 果实性状

果实长圆形，果皮浓绿色，果点绿色，果面有茸毛，青皮厚，青皮难脱。坚果果个大，纵径3.89cm，横径3.45cm，侧径3.37cm，坚果重22g。壳面略麻，壳皮颜色中等，缝合线宽，壳厚2.5mm，内褶壁革质。取整仁，平均核仁重7g。核仁充实、饱满、黄白色、香甜。核仁蛋白质含量11.06%，脂肪含量75.07%。

4. 生物学习性

萌芽力中等，发枝力弱，新梢一年平均生长4.2cm，生长势强。晚实；开始结果年龄12年以上，盛果期年龄大于50年。果枝类型为长果枝10%，中果枝20%，短果枝70%。单枝坐果数以单果为主；坐果部位以外部坐果为主；坐果力中等，生理落果少，采前落果少，产量中等，大小年显著。萌芽期为3月上旬，雄花盛开期3月下旬，雌花盛开期4月上旬，雄花序凋落期4月下旬，果实采收期9月上旬，落叶期10月下旬。

品种评价

该品种具有优质、抗病、抗旱、耐贫瘠、广适性等主要优点，主要用途是食用，主要利用部位为种子（果实）；对修剪反应不敏感，繁殖方法为嫁接。

植株

雄花

雌花

青果

叶片

然巴村核桃 2号

Juglans regia L.'Ranbacunhetao 2'

调查编号： MAHPYPL007

所属树种： 核桃 *Juglans regia* L.

提 供 人： 次仁尼玛
电　　话： 18308056998
住　　址： 西藏自治区昌都市左贡县
　　　　　扎玉镇然巴村

调 查 人： 袁平丽
电　　话： 13674951625
单　　位： 中国农业科学院郑州果树
　　　　　研究所

调查地点： 西藏自治区昌都市左贡县
　　　　　扎玉镇然巴村

地理数据： GPS数据（海拔：2603m，
经度：E97°58'23.2"，纬度：N29°13'56.3"）

样本类型： 果实、叶片、枝条

生境信息

来源于当地，小生境为庭院。伴生物种是石榴，苹果，蔷薇。易受耕作、砍伐、修路的影响，地形为坡地，坡度为5°，坡向阳，土地利用为耕地，土壤质地为砂壤土，pH7.4。

植物学信息

1. 植株情况

乔木，树势强，树姿直立，树形为圆头形。树高40m，冠幅东西15m、南北23m，干高2.55m。主干灰色，树皮块状裂，枝条密度中等。

2. 植物学特征

1年生枝绿色，长度中等；粗度中等，平均粗2cm；嫩梢茸毛少，灰色。皮目大小中等、数量中等、平、椭圆形。多年生枝银灰色。混合芽长三角形，侧生混合芽率38%。先端叶片长18.5cm，小叶数7片；小叶长8.5cm，小叶宽5cm，小叶厚1mm，小叶柄长0.5cm；小叶倒卵圆形，绿色，叶尖渐尖，叶缘全缘。雄花序平均长度10.8cm，雄花芽多，雄花数多，柱头黄绿色。

3. 果实性状

果实长椭圆形，果皮浓绿色，果点绿色，果面有茸毛，青皮厚度中等，易脱青皮。坚果扁圆形；坚果纵径4.03cm，横径3.14cm，侧径3.37cm，坚果重17g。壳面略麻，壳皮颜色中等，缝合线平，壳厚2.2mm，内褶壁革质，横隔壁革质。取1/2仁，平均核仁重6g。核仁饱满，浅黄色，略涩。核仁蛋白质含量14.72%，脂肪含量65.99%。

4. 生物学习性

萌芽力强，发枝力强，新梢一年平均生长10cm，（夏、秋）梢生长量2cm，生长势强。晚实；开始结果年龄12年以上，盛果期年龄50年以上。果枝类型为长果枝8%，中果枝23%，短果枝69%，腋花芽结果80%。果台副梢抽生及连续结果能力弱，单枝坐果数以双、三果为主；坐果部位以外部坐果为主；坐果力弱，生理落果少，采前落果少，高产，单株平均产量150kg。萌芽期为3月上旬，雌花盛开期3月下旬，雄花盛开期4月初，雄花序凋落期4月上旬，果实采收期9月上、中旬，落叶期10月下旬。

品种评价

该品种具有高产、优质、抗病、抗旱、耐贫瘠、广适性等主要优点，主要用途是食用，主要利用部位为种子（果实）；对修剪反应不敏感，繁殖方法为嫁接。

植株

雌花

雄花

叶片

青果

同尼村核桃

Juglans regia L.'Tongnicunhetao'

调查编号：MAHPYPL010

所属树种：核桃 *Juglans regia* L.

提 供 人：马和平
电　　话：13989043075
住　　址：西藏农牧学院高原生态研究所

调 查 人：袁平丽
电　　话：13674951625
单　　位：中国农业科学院郑州果树研究所

调查地点：西藏自治区昌都市八宿县帮达镇同尼村

地理数据：GPS数据（海拔：3622m，经度：E97°18'13.3"，纬度：N30°07'09.1"）

样本类型：果实、叶片、枝条

🗒 生境信息

来源于当地，小生境为庭院。伴生物种是杨树。影响因子是耕作、砍伐、修路，地形为坡地，坡度为20°，坡向阳，周围的土地利用是人工林，土壤质地为砂壤土，pH7.7，种植年限180年。

📋 植物学信息

1. 植株情况

乔木，树势强，树姿直立，树形为圆头形。树高6m，冠幅东西6.5m、南北6.5m，干高1.5m，干周150cm。主干灰色，树皮块状裂，枝条密。

2. 植物学特征

1年生枝绿色，长度中等，节间平均长2cm，粗度中等，平均粗1cm；嫩梢茸毛少，白色。多年生枝银灰色。混合芽长三角形，侧生混合芽率68%。先端叶片长12.5cm，小叶数7片；小叶长4.5cm，小叶宽2.6cm，小叶厚1mm，小叶柄长0.5cm；小叶倒卵圆形，绿色，叶尖渐尖，叶缘全缘。雄花序平均长5.5cm，雄花芽多，雄花数多，柱头黄绿色。

3. 果实性状

果实长圆形，果皮浓绿色，果点绿色，果面有茸毛，青皮厚，易脱青皮。坚果椭圆形；坚果纵径4.21cm，横径2.8cm，侧径3.1cm，坚果重20.5g。壳面略麻，壳皮颜色中等，缝合线凸，壳厚2.2mm，内褶壁革质，横隔壁革质。取整仁，平均核仁重7.2g。核仁饱满，浅黄色，香甜。核仁蛋白质含量12.73%，脂肪含量48.44%。

4. 生物学习性

萌芽力强，发枝力弱，新梢一年平均生长3.8cm，（夏、秋）梢生长量3.3cm，生长势强。晚实；开始结果年龄12年以上，盛果期年龄50年以上。果枝类型为长果枝8%、中果枝17%、短果枝75%，腋花芽结果80%。果台副梢抽生及连续结果能力强，单枝坐果数以双、三果为主；坐果部位为全树坐果；坐果力强，生理落果少，采前落果少，丰产，大小年显著，单株平均产量200kg。萌芽期为3月上旬，雄花盛开期4月上旬，雌花盛开期4月中旬，雄花序凋落期4月上旬，果实采收期9月中旬，落叶期11月上旬。

📖 品种评价

该品种具有高产、优质、抗病、抗旱、耐贫瘠、广适性等主要优点，主要用途是食用，主要利用部位为种子（果实）；对修剪反应不敏感，繁殖方法为嫁接。

植株

雌花

雄花

叶片

青果

嘎玛村核桃

Juglans regia L.'Gamacunhetao'

调查编号： MAHPYPL012

所属树种： 核桃 *Juglans regia* L.

提 供 人： 阿旺次成
电　　话： 15289159854
住　　址： 西藏自治区昌都市八宿县
邦达乡嘎玛村

调 查 人： 袁平丽
电　　话： 13674951625
单　　位： 中国农业科学院郑州果树
研究所

调查地点： 西藏自治区昌都市八宿县
帮达镇嘎玛村

地理数据： GPS数据（海拔：3359m，
经度：E97°18'10.4"，纬度：N30°06'04.5"）

样本类型： 果实、叶片、枝条

生境信息

来源于当地，小生境为庭院。伴生物种是杨树。易受砍伐、修路的影响，地形为坡地，坡度为10°，坡向阳，周围的土地利用是人工林，土壤质地为砂壤土，pH6.8。

植物学信息

1. 植株情况

乔木，树势强，树姿直立，树形为圆头形。树高10m，冠幅东西4m、南北6m，干高2m，干周50cm。主干灰色，树皮块状裂，枝条密。

2. 植物学特征

1年生枝绿色，长度中等，粗度中等，平均粗1cm；嫩梢茸毛少，白色。皮目大小中等，数量中等，平。多年生枝灰褐色。混合芽三角形。先端叶片长19cm，小叶数7片；小叶长7.5cm，小叶宽3.2cm，小叶厚1mm，小叶柄长0.5cm；小叶倒卵圆形，浓绿色，叶尖渐尖，叶缘全缘。雄花序平均长度15cm，雄花芽多，雄花数多，柱头微红。

3. 果实性状

果实长圆形，果皮绿色，果点绿色，果面有茸毛，青皮厚度中等，易脱青皮。坚果椭圆形；果个较大，坚果纵径3.71cm，横径3.09cm，侧径3.19cm，坚果重18.1g。壳面略麻，壳皮颜色中等，缝合线凸，壳厚3.2mm，内褶壁革质，横隔壁革质。取整仁，平均核仁重5.2g。核仁不饱满，浅黄色，香甜。核仁蛋白质含量11.45%，脂肪含量62.37%。

4. 生物学习性

萌芽力强，发枝力弱，新梢一年平均生长3.2cm，（夏、秋）梢生长量2.8cm，生长势强。晚实；开始结果年龄12年以上，盛果期年龄50年以上。果枝类型为长果枝8%、中果枝18%、短果枝74%，腋花芽结果80%。果台副梢抽生及连续结果能力强，单枝坐果数以双、三果为主；坐果部位为全树坐果；坐果力中等，生理落果少，采前落果少，高产，大小年显著，单株平均产量140kg。萌芽期为3月上旬，雄花盛开期4月上旬，雌花盛开期4月中旬，雄花序凋落期4月中旬，果实采收期9月上旬，落叶期11月上旬。

品种评价

该品种具有高产、优质、抗病、抗旱、耐贫瘠、广适性等主要优点，主要用途是食用，主要利用部位为种子（果实）；对修剪反应不敏感，繁殖方法为嫁接。

植株

叶片

雌花

雄花

青果

拉根村核桃

Juglans regia L.'Lagencunhetao'

- 调查编号： MAHPYPL014

- 所属树种： 核桃 *Juglans regia* L.

- 提 供 人： 马和平
  电　　话： 13989043075
  住　　址： 西藏农牧学院高原生态研究所

- 调 查 人： 袁平丽
  电　　话： 13674951625
  单　　位： 中国农业科学院郑州果树研究所

- 调查地点： 西藏自治区昌都市八宿县拉根乡拉根村

- 地理数据： GPS数据（海拔：3129m，经度：E97°01'08.6"，纬度：N30°01'45.3"）

- 样本类型： 果实、叶片、枝条

生境信息

来源于当地，小生境为庭院。伴生物种是桃树，梨树，苹果。易受耕作、修路的影响，地形为平地，周围的土地利用是人工林，土壤质地为砂壤土，pH7.2。种植年限60年。

植物学信息

1. 植株情况

乔木，树势强，树姿直立，树形为圆头形。树高20m，冠幅东西12m、南北10m，干高1.5m，干周225cm。主干灰色，树皮块状裂，枝条密。

2. 植物学特征

1年生枝绿色，长度中等，粗度中等，无嫩梢茸毛。多年生枝灰褐色。先端叶片长18.5cm，小叶数7片；小叶长12.2cm，小叶宽8cm，小叶厚1mm，小叶柄长0.3cm；小叶倒卵圆形，绿色，叶尖渐尖，叶缘全缘；雄花芽多，雄花序平均长6.5cm，柱头黄绿色。

3. 果实性状

坚果圆形，果皮绿色，果点浅黄色，密度大，果面无茸毛，青皮厚，不易脱青皮；坚果果个大，纵径4.5cm，横径3.5cm，侧径3.44cm，坚果重26g。壳面略麻，壳皮颜色中等，缝合线凸，壳厚2.8mm，内褶壁革质，横隔壁革质。取整仁，平均核仁重9g。核仁不充实、不饱满，黄白色，香甜。核仁蛋白质含量14.94%，脂肪含量58.43%。

4. 生物学习性

萌芽力中等，晚实品种，开始结果年龄为8年，盛果期年龄15年以上，单枝坐果数以三果为主，坐果部位为全树坐果，坐果力中等，产量一般；萌芽期为3月上旬，雄花盛开期4月中旬，雌花盛开期4月中旬，雄花序凋落期4月中旬，果实采收期9月中旬，落叶期11月上旬。

品种评价

该品种具有优质、抗病、抗旱、耐贫瘠、广适性等主要优点，主要用途是食用，主要利用部位为种子（果实）；繁殖方法为嫁接，对修剪反应不敏感，对土壤、地势等栽培条件要求低。

雌花

雄花

植株

青果

叶片

拉根村核桃 2号

Juglans regia L.'Lagencunhetao 2'

- 调查编号： MAHPYPL015

- 所属树种： 核桃 *Juglans regia* L.

- 提 供 人： 马和平
  电　　话： 13989043075
  住　　址： 西藏农牧学院高原生态研究所

- 调 查 人： 袁平丽
  电　　话： 13674951625
  单　　位： 中国农业科学院郑州果树研究所

- 调查地点： 西藏自治区昌都市八宿县拉根乡拉根村

- 地理数据： GPS数据（海拔：3130m，经度：E97°01'09.2"，纬度：N30°01'46"）

- 样本类型： 果实、叶片、枝条

生境信息

来源于当地，小生境是山区庭院。伴生物种为楝树、杨树。影响因子是砍伐，地形为平地，土地利用是耕地。土壤质地为壤土。种植年限60年。

植物学信息

1. 植株情况

乔木，树势强；树姿直立；树形半圆形；树高15m，冠幅东西15m、南北18m，干高1m，干周140.5cm；主干黑色；树皮块状裂；枝条密。

2. 植物学特征

1年生枝绿色；长度较长，节间较长，节间平均长3cm；节间较粗，平均粗1.5cm；嫩梢上茸毛少，白色；皮目小、凸、椭圆形；多年生枝褐色。混合芽长圆形；混合芽与副芽中间有间距。先端叶长18cm，小叶数7片，小叶长7cm，小叶宽3.5cm，小叶厚0.2mm，小叶柄长0.3cm；小叶倒卵圆形；叶色浓绿色；叶尖渐尖；叶缘全缘。雄花芽多，雄花序平均长8.5cm，柱头黄绿色，略带微红。

3. 果实性状

果实椭圆形；果皮绿色；果点浅黄色，密度大；果面茸毛少，青皮较薄，易脱青皮；果个大，坚果纵径3.96cm，横径3.42cm，侧径3.47cm，坚果重23g。壳面略麻，壳皮颜色浅，缝合线凸、较松，壳厚2.0mm，内褶壁革质，横隔壁革质。取整仁，平均核仁重8g。核仁充实、饱满，黄褐色，略涩。核仁蛋白质含量12.88%，脂肪含量64.57%。

4. 生物学习性

萌芽力中等，发枝力中等，新梢一年平均长4.5cm；开始结果年龄8年，盛果期年龄15年以上；晚实品种；果枝类型为短果枝90%；单枝坐果数以双果、三果为主，坐果部位为全树坐果，坐果力中等，生理落果中等，采前落果较少，产量中等，大小年不显著；萌芽期4月上旬，雄花盛开期4月下旬，雌花盛开期5月初，雄花序凋落期5月中旬，果实采收期9月中旬，落叶期11月上旬。

品种评价

该品种具有优质、抗病、抗旱、耐贫瘠、广适性等主要优点，主要用途是食用，主要利用部位为种子（果实）。

植株

雌花

雄花

青果

叶片

拉根村核桃 3号

Juglans regia L.'Lagencunhetao 3'

调查编号：MAHPYPL016

所属树种：核桃 *Juglans regia* L.

提 供 人：阿桑
电　　话：18638905890
住　　址：西藏自治区昌都市八宿县
　　　　　拉根乡拉根村

调 查 人：袁平丽
电　　话：13674951625
单　　位：中国农业科学院郑州果树
　　　　　研究所

调查地点：西藏自治区昌都市八宿县
　　　　　拉根乡拉根村

地理数据：GPS数据（海拔：3127m，
　　　　　经度：E97°01'09.2"，纬度：N30°01'46.3"）

样本类型：果实、叶片、枝条

生境信息

来源于当地，小生境为庭院。伴生物种是桃树，梨树。影响因子是修路，地形为平地，土地利用是人工林，土壤质地为砂壤土，pH7.2。

植物学信息

1. 植株情况

乔木，树势强，树姿半开张，树形为圆头形。树高3m，冠幅东西12m、南北18m，干高1.1m，干周210cm。主干褐色，树皮块状裂，枝条密。

2. 植物学特征

1年生枝绿色；长度中等，节间长度中等，节间平均长1.5cm；节间粗度中等，平均粗1.2cm；嫩梢上茸毛少，白色；皮目小、凸、椭圆形；多年生枝灰白色。混合芽长圆形；混合芽与副芽中间有间距。先端叶长17cm，小叶数9片，小叶长11.8cm，小叶宽6.8cm，小叶厚0.2mm，小叶柄长0.3cm；小叶倒卵圆形；浓绿色；叶尖渐尖；叶缘全缘。

3. 果实性状

果实圆形；果皮绿色；果点浅黄色，密度大；果面绒毛少，青皮较薄，易脱青皮；果个大，坚果纵径4.05cm，横径3.47cm，侧径3.60cm，坚果重26g。壳面略麻，壳皮颜色浅，缝合线凸、较松，壳厚3.2mm，内褶壁革质，横隔壁革质。取整仁，平均核仁重6g。核仁充实、不饱满，浅黄色，略涩。核仁蛋白质含量15.88%，脂肪含量64.22%。

4. 生物学习性

萌芽力中等，发枝力中等，新梢一年平均长6.0cm；开始结果年龄8年，盛果期年龄15年以上；晚实品种；果枝类型为短果枝90%；单枝坐果数以单、双果为主，坐果部位为全树坐果，坐果力中等，生理落果中等，采前落果较少，产量中等，大小年不显著；萌芽期4月上旬，雄花盛开期4月下旬，雌花盛开期5月初，雄花序凋落期5月中旬，果实采收期9月中旬，落叶期11月上旬。

品种评价

该品种具有优质、抗病、抗旱、耐贫瘠、广适性等主要优点，主要用途是食用，主要利用部位为种子（果实）；对寒、旱、涝等恶劣环境的抵抗能力较强；对修剪反应不敏感。

植株

叶片

雌花

雄花

青果

穷穷达嘎核桃

Juglans regia L.'Qiongqiongdagahetao'

调查编号： MAHPWC027

所属树种： 核桃 *Juglans regia* L.

提 供 人： 旺次
电　　话： 13618949363
住　　址： 西藏自治区林芝市米林县
　　　　　 羌纳乡娘龙村

调 查 人： 马和平
电　　话： 13989043075
单　　位： 西藏农牧学院高原生态研
　　　　　 究所

调查地点： 西藏自治区林芝市米林县
　　　　　 羌纳乡娘龙村

地理数据： GPS数据（海拔：2944m，
　　　　　 经度：E94°31'34.9"，纬度：N29°25'47.3"）

样本类型： 果实、叶片、枝条

生境信息

来源于当地，小生境为田间。易受修路的影响，地形为平地，土地利用为耕地，土壤质地为壤土，pH7.2。

植物学信息

1. 植株情况

乔木，树势强，树姿半开张，树形为半圆形。树高25m，冠幅东西18.5m、南北19.6m，干高3.1m，干周655cm。主干褐色，树皮块状裂，枝条密度中等。

2. 植物学特征

1年生枝黄绿色，长度短，粗度中等。嫩梢茸毛少，灰色。皮目少、小、平、不正形。多年生枝灰褐色。先端叶片长16.5cm，小叶数9片；小叶长4.8cm，小叶宽3.1cm，小叶厚0.1mm。小叶长卵圆形，黄绿色，叶尖微尖，叶缘全缘。雄花序平均长7cm，雄花芽多，雄花数多，柱头微红。

3. 果实性状

果实椭圆形，果皮黄绿色。果点黄白色，密度大。果面茸毛少，青皮厚度中等，易脱青皮。坚果椭圆形，坚果纵径3.69cm，横径2.64cm，侧径2.53cm，坚果重7.8g。壳面略麻，壳皮颜色浅，缝合线凸，壳厚1.8mm。取整仁，平均核仁重2.8g，出仁率35.9%。核仁充实、饱满，浅黄色，香甜。核仁蛋白质含量13.46%，脂肪含量53.59%。

4. 生物学习性

萌芽力中等，发枝力中等，新梢一年平均生长3.0cm，（夏、秋）梢生长量1cm，生长势强。开始结果年龄7年，盛果期年龄15年以上。果枝类型为长果枝4%，中果枝21%，短果枝75%，腋花芽结果64%。果台副梢抽生及连续结果能力强，单枝坐果数以单果为主；坐果部位以外部坐果为主；坐果力中等，生理落果少，采前落果少，高产，大小年显著，单株平均产量150kg。萌芽期为3月中旬，雄花盛开期4月中旬，雌花盛开期4月下旬，雄花序凋落期4月下旬，果实采收期10月中旬，落叶期10月下旬。

品种评价

该品种具有高产、优质、抗病、抗旱、耐贫瘠、广适性等主要优点，主要用途是食用，主要利用部位为种子（果实）；对修剪反应敏感，繁殖方法为嫁接。

青果

生境

树干

雄花

叶片

结果枝

果实

孙子达嘎核桃

Juglans regia L.'Sunzidagahetao'

调查编号: MAHPBL028

所属树种: 核桃 *Juglans regia* L.

提 供 人: 巴拉
电　　话: 13989043665
住　　址: 西藏自治区林芝市米林县
　　　　　羌纳乡娘龙村

调 查 人: 马和平
电　　话: 13989043075
单　　位: 西藏农牧学院高原生态研
　　　　　究所

调查地点: 西藏自治区林芝市米林县
　　　　　羌纳乡娘龙村

地理数据: GPS数据（海拔: 2965m,
　　　　　经度: E94°31'43.7",纬度: N29°25'34.4"）

样本类型: 果实、叶片、枝条

生境信息

来源于当地,最大树龄20年,田间小生境。伴生物种为山荞麦。易受砍伐的影响,地形为坡地,坡度为5°,土地利用为耕地,土壤质地为壤土,pH6.7。

植物学信息

1. 植株情况

乔木,树势强,树姿开张,树形为半圆形。树高6.2m,冠幅东西12m、南北13m,干高2m,干周72cm。主干灰色,树皮光滑不裂,枝条密度中等。

2. 植物学特征

1年生枝黄绿色,长度中等,节间平均长1.5cm;粗度中等,平均粗0.75cm。嫩梢茸毛少,灰色。皮目小、少、凸,椭圆形。多年生枝灰褐色。先端叶片长16cm,小叶数7片;小叶长6cm,小叶宽3.5cm,小叶厚0.15mm。小叶卵圆形,黄绿色,叶尖微尖,叶缘全缘。雄花序平均长10cm,雄花芽少,雄花数中等,柱头黄绿色。

3. 果实性状

果实长椭圆形,果皮绿色。果点白色,密度大。果面茸毛少,青皮厚度中等,易脱青皮。坚果圆形;坚果大小中等,纵径3.27cm,横径2.86cm,侧径3.17cm,坚果重11.4g。壳面略麻,壳皮颜色中等,缝合线凸、较松,壳厚2mm。取整仁,平均核仁重3g,出仁率30%。核仁充实、饱满、黄白色、香甜。核仁蛋白质含量14.78%,脂肪含量63.47%。

4. 生物学习性

萌芽力中等,发枝力中等,新梢一年平均生长4.0cm,（夏、秋）梢生长量2.7cm,生长势强。开始结果年龄8年,盛果期年龄15年以上。果枝类型为长果枝10%,中果枝20%,短果枝70%。果台副梢抽生及连续结果能力弱,单枝坐果数以单、双果为主;坐果部位以上部坐果为主;坐果力中等,生理落果少,采前落果中等,大小年显著,单株平均产量100kg。萌芽为3月上旬,雄花盛开期4月下旬,雌花盛开期4月下旬,雄花序凋落期5月初,果实采收期9月中旬,落叶期9月下旬。

品种评价

该品种具有抗病、耐贫瘠、广适性等主要优点,主要用途是食用,主要利用部位为种子（果实）;对修剪反应敏感,繁殖方法为嫁接。

青果

生境

雄花

双果结果状

植株

果实

巴桑达嘎核桃

Juglans regia L.'Basangdagahetao'

调查编号：MAHPBL029

所属树种：核桃 *Juglans regia* L.

提 供 人：巴拉
电　　话：13989043665
住　　址：西藏自治区林芝市米林县
　　　　　羌纳乡娘龙村

调 查 人：马和平
电　　话：13989043075
单　　位：西藏农牧学院高原生态研
　　　　　究所

调查地点：西藏自治区林芝市米林县
　　　　　羌纳乡娘龙村

地理数据：GPS数据（海拔：2957m，
　　　　　经度：E94°31'46.5"，纬度：N29°25'43.8"）

样本类型：果实、叶片、枝条

生境信息

来源于当地，最大树龄20年，田间小生境。伴生物种为土大黄。受耕作的影响，地形为平地，土地利用为耕地，土壤质地为壤土，pH6.9。种植年限70年。

植物学信息

1. 植株情况

乔木，树势强，树姿开张，树形为半圆形。树高19.7m，干高4.1m，干周160cm。主干灰色，树皮光滑不裂，枝条密。

2. 植物学特征

1年生枝黄绿色，长度较长，节间平均粗0.7cm。嫩梢茸毛多，灰色。皮目大小中等、数量中等、凸、椭圆形。多年生枝灰褐色。混合芽长圆形，侧生混合芽率85%。先端叶片长14cm，小叶数7片；小叶长10cm，小叶宽4.5cm，小叶厚0.1mm，小叶柄长0.5cm；小叶椭圆形，绿色，叶尖渐尖，叶缘全缘。

3. 果实性状

果实椭圆形，果皮黄绿色。果点浅黄色，密度大。果面茸毛少，青皮厚度中等，易脱青皮。坚果卵圆形；坚果果个较大，纵径4.45cm，横径3.58cm，侧径3.39cm，坚果重17.6g。壳面麻，壳皮颜色深，缝合线宽、紧密，壳厚1.3mm。内褶壁革质、横隔壁革质。取整仁，平均核仁重6.3g，出仁率50%。核仁较充实、不饱满，深黄色，香甜。核仁蛋白质含量12.65%，脂肪含量54.65%。

4. 生物学习性

萌芽力强，发枝力强，新梢一年平均生长3.5cm，（夏、秋）梢生长量2.7cm，生长势强。开始结果年龄8年，盛果期年龄15年以上。果枝类型为长果枝5%，中果枝25%，短果枝70%，腋花芽结果60%。果台副梢抽生及连续结果能力强，单枝坐果数以单果为主；坐果部位以上部坐果为主；坐果力强，生理落果少，采前落果少，丰产，大小年显著，单株平均产量225kg。果实采收期10月上旬，落叶期10月中旬。

品种评价

该品种具有高产、优质、抗病、耐贫瘠、广适性等主要优点，主要用途是食用，主要利用部位为种子（果实）；对修剪反应敏感，繁殖方法为嫁接。对地势、土壤、栽培条件的要求低。

青果

生境

雄花

树干

叶片

结果枝

果实

次旺扎西达嘎核桃

Juglans regia L.'Ciwangzhaxidagahetao'

调查编号：MAHPBL030

所属树种：核桃 *Juglans regia* L.

提 供 人：巴拉
电　　话：13989043665
住　　址：西藏自治区林芝市米林县羌纳乡娘龙村

调 查 人：马和平
电　　话：13989043075
单　　位：西藏农牧学院高原生态研究所

调查地点：西藏自治区林芝市米林县羌纳乡娘龙村

地理数据：GPS数据（海拔：2957m，经度：E94°31'51.2"，纬度：N29°25'46.4"）

样本类型：果实、叶片、枝条

生境信息

来源于当地，田间小生境。伴生物种为土大黄。易受耕作的影响，地形为平地，土地利用为耕地，土壤质地为壤土，pH6.9。种植年限60年。

植物学信息

1. 植株情况

乔木，树势强，树姿开张，树形为半圆形。树高16.8m，干高1.2m，干周136cm。主干灰色，树皮光滑不裂，枝条密。

2. 植物学特征

1年生枝黄绿色；长度中等，节间平均长2.1cm；粗度中等，平均粗0.81cm。嫩梢茸毛多，灰色。皮目大小中等、数量中、凸、椭圆形。多年生枝灰褐色。混合芽长圆形。先端叶片长17.5cm，小叶数7片；小叶长7.2cm，小叶宽4.0cm，小叶厚0.2mm，小叶柄长0.3cm；小叶椭圆形，浓绿色，叶尖渐尖，叶缘全缘。雄花序平均长10.5cm，雄花芽多，雄花数多，柱头黄绿色。

3. 果实性状

果实圆形，果皮黄绿色。果点黄绿色，密度大。果面茸毛少，青皮厚度中等，易脱青皮。坚果圆形；坚果纵径3.33cm，横径2.93cm，侧径3.17cm，坚果重14.3g。壳面光滑，壳皮颜色浅，缝合线窄、紧密，壳厚2.9mm。内褶壁革质，横隔壁革质。取整仁，平均核仁重6.1g，出仁率40.4%，核仁较充实、饱满，浅黄色，香甜。核仁蛋白质含量11.08%，脂肪含量68.44%。

4. 生物学习性

萌芽力强，发枝力弱，新梢一年平均生长4.5cm，（夏、秋）梢生长量3.3cm。晚实，开始结果年龄10年，盛果期年龄15年以上。果枝类型为长果枝5%，中果枝25%，短果枝70%，腋花芽结果75%。果台副梢抽生及连续结果能力强，单枝坐果数以单果为主；坐果部位为全树坐果；坐果力强，生理落果少，采前落果少，丰产，大小年显著，单株平均产量150kg。果实采收期10月上旬，落叶期10月中旬。

品种评价

该品种具有高产、抗病、抗旱、耐贫瘠、广适性等主要优点，主要用途是食用，主要利用部位为种子（果实）；对修剪反应敏感，繁殖方法为嫁接。对地势、土壤、栽培条件的要求低。

青果

生境

雌花

雄花

叶片

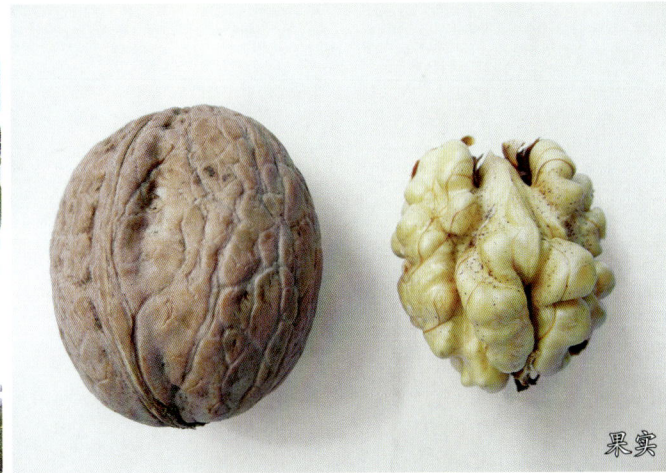

果实

长达嘎核桃

Juglans regia L.'Changdagahetao'

调查编号： MAHPBM031

所属树种： 核桃 *Juglans regia* L.

提 供 人： 巴姆
电　　话： 13618944292
住　　址： 西藏自治区林芝市米林县
　　　　　羌纳乡娘龙村

调 查 人： 马和平
电　　话： 13989043075
单　　位： 西藏农牧学院高原生态研
　　　　　究所

调查地点： 西藏自治区林芝市米林县
　　　　　羌纳乡娘龙村

地理数据： GPS数据（海拔：2945m，
　　　　　经度：E94°31'46.4"，纬度：N29°25'46.7"）

样本类型： 果实、叶片、枝条

生境信息

来源于当地，田间小生境。伴生物种为禾草。易受砍伐的影响，地形为平地，土地利用为耕地，土壤质地为壤土，pH6.8。种植年限42年。

植物学信息

1. 植株情况

乔木，树势强，树姿直立，树形为半圆形。树高7.0m，冠幅东西12.2m、南北8.1m，干高1.0m，干周104cm。主干灰色，树皮光滑不裂，枝条密。

2. 植物学特征

1年生枝黄绿色；长度中等，节间平均长1.7cm；粗度中等，平均粗0.7cm。嫩梢茸毛少，灰色。皮目小、少、凸、近圆形。多年生枝灰褐色。混合芽长圆形。先端叶片长11.0cm，小叶数5片；小叶长6.0cm，小叶宽3.5cm，小叶厚0.1mm，小叶柄长0.15cm；小叶长卵圆形，绿色，叶尖渐尖，叶缘全缘；雄花序平均长12.5cm，柱头黄绿色。

3. 果实性状

果实卵圆形，果皮绿色。果点绿色，密度大。果面茸毛少，青皮厚度中等，易脱青皮。坚果纵径5.19cm，横径3.04cm，侧径2.99cm，坚果重15.1g。壳面略麻，壳皮颜色深，缝合线凸、紧密，壳厚2.0mm。内褶壁革质，横隔壁革质。取整仁，平均核仁重4.1g，出仁率30.8%，核仁不充实、不饱满，浅黄色，香甜。核仁蛋白质含量13.34%，脂肪含量57.65%。

4. 生物学习性

萌芽力强，发枝力弱，新梢一年平均生长5cm，（夏、秋）梢生长量3.5cm，生长势强。晚实，开始结果年龄10年，盛果期年龄15年以上。果枝类型为长果枝5%，中果枝25%，短果枝70%，腋花芽结果75%。果台副梢抽生及连续结果能力强，单枝坐果数以单、双果为主；坐果部位为全树坐果；坐果力中等，生理落果少，采前落果少，产量中等，大小年显著，单株平均产量50kg。萌芽期为3月中旬，雌花盛开期4月下旬，雄花盛开期4月下旬，雄花序凋落期5月上旬，果实采收期9月下旬，落叶期10月上旬。

品种评价

该品种具有耐盐碱，耐贫瘠、广适性等主要优点，主要用途是食用，主要利用部位为种子（果实）；对修剪反应敏感，繁殖方法为嫁接。对地势、土壤、栽培条件的要求低。

生境

雌花

雄花

雄花

树干

结果枝

果实

尖角达嘎核桃

Juglans regia L.'Jianjiaodagahetao'

调查编号： MAHPBM032

所属树种： 核桃 *Juglans regia* L.

提 供 人： 巴姆
电　　话： 13618944292
住　　址： 西藏自治区林芝市米林县羌纳乡娘龙村

调 查 人： 马和平
电　　话： 13989043075
单　　位： 西藏农牧学院高原生态研究所

调查地点： 西藏自治区林芝市米林县羌纳乡娘龙村

地理数据： GPS数据（海拔：2945m，经度：E94°31'51.2"，纬度：N29°25'47.1"）

样本类型： 果实、花、叶片、枝条

生境信息

来源于当地，庭院小生境。伴生物种为禾草。易受放牧的影响，地形为平地，土地利用为耕地，土壤质地为壤土，pH6.8。种植年限40年。

植物学信息

1. 植株情况

乔木，树势中等，树姿直立，树形为圆锥形。树高13.9m，冠幅东西14.2m、南北12.6m，干高0.5m，干周167cm。主干灰色，树皮光滑不裂，枝条密度中等。

2. 植物学特征

1年生枝黄绿色；长度短，节间平均长0.8cm；粗度中等，平均粗0.73cm。嫩梢茸毛少，灰色。皮目小、少、凸、近圆形。多年生枝灰褐色。先端叶片长7.5cm，小叶数5片；小叶长5.11cm，小叶宽2.0cm，小叶厚0.1mm。小叶倒卵圆形，小叶柄长0.3cm，绿色，叶尖微尖，叶缘全缘。

3. 果实性状

果实卵圆形，果皮绿色。果点浅黄色，密度大。果面茸毛少，青皮厚度中等，易脱青皮。坚果纵径4.53cm，横径3.36cm，侧径3.41cm，坚果重15g。壳面略麻，壳皮颜色浅，缝合线凸、较松，壳厚2.0mm。内褶壁膜质，横隔壁膜质。取整仁，平均核仁重6.5g，出仁率40%，核仁较充实、不饱满，浅黄色，香甜。核仁蛋白质含量11.87%，脂肪含量66.53%。

4. 生物学习性

萌芽力强，发枝力弱，新梢一年平均生长2.7cm，（夏、秋）梢生长量2.0cm，生长势中等。晚实，开始结果年龄10年，盛果期年龄15年以上。果枝类型为长果枝4%，中果枝7%，短果枝89%，腋花芽结果75%。果台副梢抽生及连续结果能力强，单枝坐果数以单果为主；坐果部位为全树坐果；坐果力中等，生理落果少，采前落果少，大小年显著，单株平均产量75kg。萌芽期为3月中旬，雌花盛开期4月下旬，雄花盛开期4月下旬，雄花序凋落期5月上旬，果实采收期10月上旬，落叶期11月上旬。

品种评价

该品种具有抗病、抗旱、耐盐碱、耐贫瘠、广适性等主要优点，主要用途是食用，主要利用部位为种子（果实）；对修剪反应敏感，繁殖方法为嫁接。对土壤，地势，栽培条件要求低。

生境

树干

雌花

雄花

果实

达嘎拿布核桃

Juglans regia L.'Daganabuhetao'

调查编号：MAHPBM033

所属树种：核桃 *Juglans regia* L.

提 供 人：巴姆
电　　话：13618944292
住　　址：西藏自治区林芝市米林县
　　　　　羌纳乡娘龙村

调 查 人：马和平
电　　话：13989043075
单　　位：西藏农牧学院高原生态研
　　　　　究所

调查地点：西藏自治区林芝市米林县
　　　　　羌纳乡娘龙村

地理数据：GPS数据（海拔：2945m，
　　　　　经度：E94°31'50.0"，纬度：N29°25'46.5"）

样本类型：果实、花、叶片、枝条

生境信息

来源于当地，田间小生境。伴生物种为土大黄。影响因子是砍伐，地形为平地，土地利用为耕地，土壤质地为壤土，pH6.9。种植年限40年。

植物学信息

1. 植株情况

乔木，树势强，树姿半开张，树形为半圆形。树高10.5m，冠幅东西8.0m、南北10.0m，干高40cm，干周150cm。主干灰色，树皮光滑不裂，枝条密。

2. 植物学特征

1年生枝黄绿色，节间平均长1.0cm；粗度中等，平均粗0.65cm。嫩梢茸毛少，灰色。皮目小、少、凸、近圆形。多年生枝灰褐色。先端叶片长17.0cm，小叶数7片；小叶长11.0cm，小叶宽6cm，小叶厚0.1mm，小叶柄长0.2cm；小叶椭圆形，浓绿色，叶尖渐尖，叶缘全缘；雄花芽多，雄花序平均长13.5cm，柱头黄绿色。

3. 果实性状

果实椭圆形，果皮浓绿色。果点浅黄色，密度大。果面有茸毛，青皮厚度中等，易脱青皮。坚果卵圆形；坚果大小中等，纵径3.83cm，横径3.44cm，侧径3.56cm，坚果重15.1g。壳面麻，壳皮颜色中等，缝合线凸、紧密，壳厚3.5mm。内褶壁革质，横隔壁革质。取整仁，平均核仁重7.0g，出仁率46.4%，核仁充实、饱满、褐色、香甜。核仁蛋白质含量12.78%，脂肪含量63.57%。

4. 生物学习性

萌芽力强，发枝力弱，新梢一年平均生长7.5cm，（夏、秋）梢生长量4.5cm，生长势强。晚实，开始结果年龄10年，盛果期年龄15年以上。果枝类型为长果枝3%，中果枝17%，短果枝80%，腋花芽结果80%。果台副梢抽生及连续结果能力强，单枝坐果数以三果、四果为主；坐果部位以上部坐果为主；坐果力强，生理落果少，采前落果少，产量中等，大小年显著，单株平均产量100kg。萌芽期为3月中旬，雄花盛开期4月下旬，雌花盛开期4月下旬，雄花序凋落期5月上旬，果实采收期10月中旬，落叶期10月下旬。

品种评价

该品种具有优质、抗病，抗旱，耐贫瘠、广适性等主要优点，主要用途是食用，主要利用部位为种子（果实）；对修剪反应敏感，繁殖方法为嫁接。对土壤，地势，栽培条件要求低。

青果　　　　　　　　　　　生境　　　　　　　　　　植株

雌花

雄花

果实

果实

总布林珠核桃

Juglans regia L.'Zongbulinzhuhetao'

调查编号：MAHPSB034

所属树种：核桃 *Juglans regia* L.

提 供 人：桑白
电　　话：13889045334
住　　址：西藏自治区林芝市米林县
　　　　　羌纳乡郎多村

调 查 人：马和平
电　　话：13989043075
单　　位：西藏农牧学院高原生态研
　　　　　究所

调查地点：西藏自治区林芝市米林县
　　　　　羌纳乡郎多村

地理数据：GPS数据（海拔：2940m，
　　　　　经度：E94°25'46.3"，纬度：N29°21'37.8"）

样本类型：果实、花

生境信息

来源于当地，旷野小生境。伴生物种为土大黄。易受砍伐的影响，地形为坡地，坡度为5°，周围的土地利用是原始林，土壤质地为砂壤土，pH6.7。种植年限50年。

植物学信息

1. 植株情况

乔木，树势强，树姿半开张，树形为半圆形。树高18m，冠幅东西14m、南北18m，干高1.8m，干周142cm。主干灰色，树皮光滑不裂，枝条密。

2. 植物学特征

1年生枝黄绿色，长。皮目大小中、少、平、椭圆形。多年生枝灰褐色。混合芽长圆形，先端叶片长11cm，小叶数7片；小叶长12.0cm，小叶宽5.7cm，小叶厚0.1mm，小叶柄长0.2cm；小叶椭圆形，浓绿色，叶尖微尖，叶缘全缘。雄花序平均长11cm，雄花芽多，雄花数中等，柱头黄绿色，微红。

3. 果实性状

果实椭圆形，果皮浓绿色。果点绿色，密度大。果面有茸毛，青皮厚度中等，易脱青皮。坚果椭圆形；坚果果个较大，纵径4.43cm，横径4.0cm，侧径4.15cm，坚果重19.6g。壳面麻，壳皮颜色深，缝合线宽、凸、紧密，壳厚3.0mm。内褶壁膜质，横隔壁膜质。取整仁，平均核仁重6.8g，出仁率31.6%，核仁较充实、饱满、深黄色，香甜。核仁蛋白质含量17.3%，脂肪含量66.3%。

4. 生物学习性

萌芽力强，发枝力强，生长势强；萌芽期为3月下旬，雄花盛开期5月上旬，雌花盛开期5月上旬，雄花序凋落期5月中旬，果实采收期10月下旬。

品种评价

该品种具有抗病、抗旱、耐贫瘠、广适性等主要优点，主要用途是食用，主要利用部位为种子（果实）；对修剪反应敏感，繁殖方法为嫁接。对土壤，地势，栽培条件要求低。

植株

叶片

雄花

果实

切布达嘎核桃

Juglans regia L. 'Qiebudagahetao'

调查编号： MAHPDW035

所属树种： 核桃 *Juglans regia* L.

提 供 人： 达瓦
电　　话： 13989946444
住　　址： 西藏自治区林芝市米林县
　　　　　羌纳乡结果村

调 查 人： 马和平
电　　话： 13989043075
单　　位： 西藏农牧学院高原生态研
　　　　　究所

调查地点： 西藏自治区林芝市米林县
　　　　　羌纳乡结果村

地理数据： GPS数据（海拔：2955m，
　　　　　经度：E94°32'08.3"，纬度：N29°25'54"）

样本类型： 果实、花、枝条

生境信息

来源于当地，最大树龄50年，庭院小生境。伴生物种为禾草。易受砍伐的影响，地形为平地，周围的土地利用是原始林，土壤质地为壤土，pH7.2。种植年限50年。

植物学信息

1. 植株情况

乔木，树势中等，树姿直立，树形为半圆形。树高13m，冠幅东西14m、南北15m，干高1.3m，干周116cm。主干灰色，树皮光滑不裂，枝条密度中等。

2. 植物学特征

1年生枝黄绿色；短，平均节间长2.1cm；粗度中等，平均粗0.66cm。嫩梢茸毛少，灰色。皮目小、少、凸、椭圆形。多年生枝灰褐色。混合芽三角形，侧生混合芽率75%。先端叶片长13.0cm，小叶数5片；小叶长6.5cm，小叶宽4.0cm，小叶厚0.1mm，小叶柄长0.2cm；小叶长卵圆形，黄绿色，叶尖微尖，叶缘全缘。

3. 果实性状

果实长椭圆形，果皮黄绿色。果点黄绿色，密度大。果面茸毛少，青皮厚度中等，易脱青皮。坚果椭圆形；坚果纵径5.55cm，横径3.36cm，侧径3.3cm，坚果重14.7g。壳面麻，壳皮颜色深，缝合线凸、紧密，壳厚2.0mm。内褶壁膜质，横隔壁膜质。取整仁，平均核仁重7.3g，出仁率50.0%，核仁不饱满，核仁较充实，褐色，香甜。核仁蛋白质含量13.45%，脂肪含量57.71%。

4. 生物学习性

萌芽力强，发枝力弱，新梢一年平均生长7.0cm，（夏、秋）梢生长量5.5cm，生长势中等。开始结果年龄10年，盛果期年龄15年以上。果枝类型为长果枝4%，中果枝21%，短果枝75%，腋花芽结果80%。果台副梢抽生及连续结果能力强，单枝坐果数以双、三果为主；坐果部位以外部坐果为主；坐果力强，生理落果少，采前落果少，产量高，大小年显著，单株平均产量150kg。萌芽期为3月中旬，雌花盛开期4月中下旬，雄花盛开期4月下旬，雄花序凋落期5月上旬，果实采收期10月上旬，落叶期11月中下旬。

品种评价

该品种具有高产、抗病、耐盐碱、耐贫瘠、广适性等主要优点，主要用途是食用，主要利用部位为种子（果实）；对修剪反应敏感，繁殖方法为嫁接。对土壤，地势，栽培条件要求低。

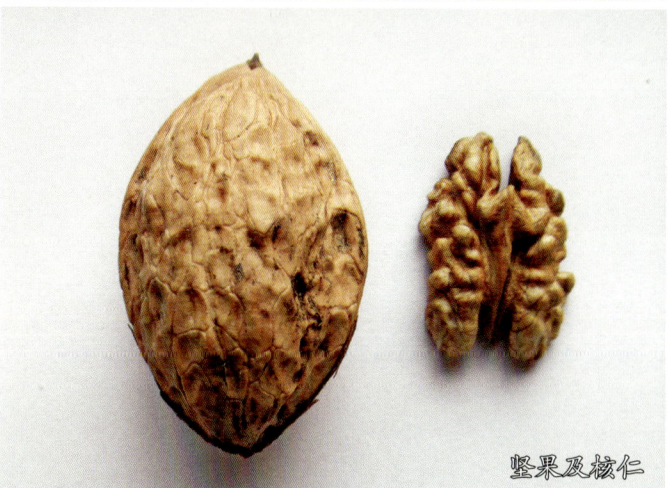

生境

雄花

雌花

叶片

坚果及核仁

树干

子仁达嘎核桃

Juglans regia L.'Zirendagahetao'

调查编号：MAHPDW036

所属树种：核桃 *Juglans regia* L.

提 供 人：达瓦
电　　话：13989946444
住　　址：西藏自治区林芝市米林县
　　　　　羌纳乡结果村

调 查 人：马和平
电　　话：13989043075
单　　位：西藏农牧学院高原生态研
　　　　　究所

调查地点：西藏自治区林芝市米林县
　　　　　羌纳乡结果村

地理数据：GPS数据（海拔：2955m，
　　　　　经度：E94°32′23.7″，纬度：N29°25′17.8″）

样本类型：果实、花、枝条

生境信息

来源于外地，庭院小生境。伴生物种为禾草。易受砍伐的影响，地形为平地，土地利用为耕地，土壤质地为壤土，pH7.2。种植年限50年。

植物学信息

1. 植株情况

乔木，树势强，树姿半开张，树形为半圆形。树高12m，冠幅东西13m、南北16.5m，干高1.7m，干周100cm。主干灰色，树皮光滑不裂，枝条密度中等。

2. 植物学特征

1年生枝黄绿色；短，节间平均长1.1cm；粗度中等，平均粗0.68cm。嫩梢茸毛少，灰色。皮目大、少、凸、椭圆形。多年生枝灰褐色。混合芽长圆形，侧生混合芽率80%。先端叶片长18.0cm，小叶数7片；小叶长7.5cm，小叶宽5cm，小叶厚0.2mm，小叶柄长0.15cm；小叶长卵圆形，浓绿色，叶尖微尖，叶缘全缘。雄花序平均长8.7cm，雄花芽少，雄花数中等，柱头微红。

3. 果实性状

果实长圆形，果皮绿色。果点黄绿色，密度中等。果面茸毛少，青皮厚度中等，易脱青皮。坚果纵径5.3cm，横径3.46cm，侧径3.69cm，坚果重14.0g。壳面麻，壳皮颜色深，缝合线凸、紧密，壳厚2.2mm。内褶壁膜质，横隔壁革质。取整仁，平均核仁重6g，出仁率46.1%，核仁饱满，香甜。核仁蛋白质含量12.75%，脂肪含量46.71%。

4. 生物学习性

萌芽力强，发枝力弱，新梢一年平均生长7.5cm，（夏、秋）梢生长量4.1cm，生长势强。开始结果年龄10年，盛果期年龄15年以上。果枝类型为长果枝5%、中果枝15%、短果枝80%，腋花芽结果78%。果台副梢抽生及连续结果能力强，单枝坐果数以双、三果为主；坐果部位为全树坐果；坐果力强，生理落果少，采前落果少，高产，大小年显著，单株平均产量200kg。萌芽期为3月中旬，雌花盛开期4月下旬，雄花盛开期4月下旬，雄花序凋落期5月上旬，果实采收期10月中旬，落叶期11月中旬。

品种评价

该品种具有高产，抗病，耐盐碱，耐贫瘠、广适性等主要优点，主要用途是食用，主要利用部位为种子（果实）；对修剪反应敏感，繁殖方法为嫁接；对土壤，地势，栽培条件要求低。

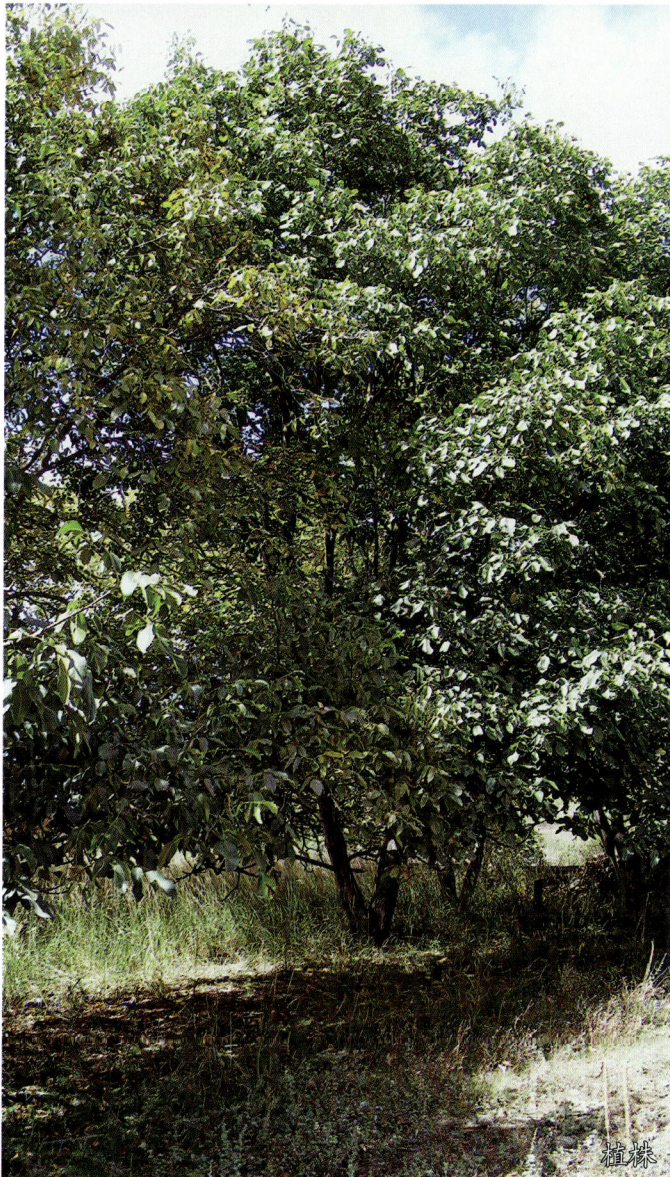

生境

雄花

果实

植株

青果

巴巴遮布达嘎核桃

Juglans regia L.'Babazhebudagahetao'

调查编号：MAHPDW037

所属树种：核桃 *Juglans regia* L.

提 供 人：达瓦
电　　话：13989946444
住　　址：西藏自治区林芝市米林县
　　　　　羌纳乡结果村

调 查 人：马和平
电　　话：13989043075
单　　位：西藏农牧学院高原生态研
　　　　　究所

调查地点：西藏自治区林芝市米林县
　　　　　羌纳乡结果村

地理数据：GPS数据（海拔：2955m，
　　　　　经度：E29°25'08.3"，纬度：N94°32'08.3"）

样本类型：果实、花、枝条

生境信息

来源于外地，最大树龄55年，庭院小生境。伴生物种为禾草。影响因子是砍伐，地形为平地，土地利用为耕地，土壤质地为壤土，pH7.2。种植年限50年。

植物学信息

1. 植株情况

乔木，树势强，树姿半开张，树形为半圆形。树高15m，冠幅东西17m、南北15m，干高1.5m，干周160cm。主干灰色，树皮光滑不裂，枝条密度中等。

2. 植物学特征

1年生枝黄绿色；长度中等，节间平均长1.3cm；粗度中等，平均粗0.62cm。嫩梢茸毛多，灰色。皮目大小中、少、凸、椭圆形。多年生枝灰褐色。混合芽长圆形，侧生混合芽率78%。先端叶片长12.0cm，小叶数7片；小叶长6.5cm，小叶宽4.5cm，小叶厚0.1mm，小叶柄长0.2cm；小叶长椭圆形，绿色，叶尖微尖，叶缘全缘。

3. 果实性状

果实圆形，果皮绿色。果点黄绿色，密度中等。果面茸毛少，青皮薄，易脱青皮。坚果纵径4.28cm，横径3.12cm，侧径3.1cm，坚果重10.6g。壳面光滑，壳皮颜色中等，缝合线平、松，壳厚1.9mm。内褶壁膜质，横隔壁膜质。取整仁，平均核仁重6g，出仁率66.7%，核仁饱满，浅黄色，香甜。核仁蛋白质含量14.80%，脂肪含量57.83%。

4. 生物学习性

新梢一年平均生长11.0cm，（夏、秋）梢生长量2.5cm，生长势强。开始结果年龄10年，盛果期年龄15年以上。果枝类型为长果枝4%，中果枝16%，短枝80%，腋花芽结果80%。果台副梢抽生及连续结果能力强，坐果部位以外部坐果为主；坐果力强，生理落果少，采前落果少，高产，大小年显著，单株平均产量250kg。萌芽期为3月中旬，雄花盛开期4月下旬，雌花盛开期4月下旬，雄花序凋落期5月上旬，果实采收期10月中旬，落叶期11月中旬。

品种评价

该品种具有高产，抗病，耐盐碱，耐贫瘠、广适性等主要优点，主要用途是食用，主要利用部位为种子（果实）；对修剪反应敏感，繁殖方法为嫁接，对土壤，地势，栽培条件要求低。

果实

植株

树干

叶片

雌花

结果枝

哈江扎布达嘎核桃

Juglans regia L.'Hajiangzhabudagahetao'

调查编号：MAHPSL040

所属树种：核桃 *Juglans regia* L.

提供人：索朗
电　话：18689045227
住　址：西藏自治区林芝市米林县
　　　　羌纳乡林巴村

调查人：马和平
电　话：13989043075
单　位：西藏农牧学院高原生态研
　　　　究所

调查地点：西藏米自治区林芝市米林
　　　　县羌纳乡林巴村索朗家旧
　　　　庄园

地理数据：GPS数据（海拔：2945m，
　　　　经度：E94°31'25.3"，纬度：N29°25'45"）

样本类型：果实、花、枝条

生境信息

来源于外地，最大树龄100年以上，庭院小生境。伴生物种为禾草。影响因子是砍伐，地形为平地，土地利用为耕地，土壤质地为壤土，pH7.1。种植年限100年以上。

植物学信息

1. 植株情况

乔木，树势强，树姿开张，树形为半圆形。树高20.7m，冠幅东西15.0m、南北15.5m，干高2.3m，干周350cm。主干灰色，树皮块状裂，枝条密。

2. 植物学特征

1年生枝黄绿色；长度中等，节间平均长1.1cm；粗度中等，平均粗0.62cm。嫩梢茸毛数量中等，灰色。皮目大小中、少、凸、椭圆形。多年生枝灰褐色。混合芽长三角形，侧生混合芽率75%。先端叶片长10.0cm，小叶数7片；小叶长7cm，小叶宽4cm，小叶厚0.1mm，小叶柄长0.2cm；小叶长椭圆形，绿色，叶尖微尖，叶缘全缘。雄花序平均长9cm，雄花芽少，雄花数中等。

3. 果实性状

果实椭圆形，果皮绿色。果点浅黄色，密度中等。果面茸毛少，青皮薄，易脱青皮。坚果较小，纵径4.0cm，横径2.70cm，侧径2.75cm，坚果重7.0g。壳面略麻，壳皮颜色浅，缝合线窄、松，壳厚1.0mm。内褶壁膜质，横隔壁革质。取整仁，平均核仁重4g，出仁率57.1%，核仁饱满，浅黄色，香甜。核仁蛋白质含量11.43%，脂肪含量60.61%。

4. 生物学习性

萌芽力强，发枝力弱，新梢一年平均生长53.7cm，（夏、秋）梢生长量50.3cm，生长势强。开始结果年龄10年，盛果期年龄15年以上。果枝类型为长果枝5%，中果枝10%，短果枝85%，腋花芽结果80%。果台副梢抽生及连续结果能力强，单枝坐果数以单、双果为主，坐果部位以外部坐果为主；坐果力中等，生理落果中等，采前落果少，产量中等，大小年显著，单株平均产量125kg。萌芽期为3月中旬，雌花盛开期4月中旬，雄花盛开期4月下旬，雄花序凋落期4月下旬，果实采收期10月中旬，落叶期10月下旬。

品种评价

该品种具抗病，耐盐碱，耐贫瘠、广适性等主要优点，主要用途是食用，主要利用部位为种子（果实）；对修剪反应敏感，繁殖方法为嫁接；对土壤，地势，栽培条件要求低。

青果

生境

植株

雌花

雄花

叶片

果实

姑勒达嘎核桃

Juglans regia L.'Guledagahetao'

调查编号：MAHPDZG042

所属树种：核桃 *Juglans regia* L.

提 供 人：达卓嘎
电　　话：13989944307
住　　址：西藏自治区林芝市米林县
　　　　　羌纳乡结果村1组

调 查 人：马和平
电　　话：13989043075
单　　位：西藏农牧学院高原生态研
　　　　　究所

调查地点：西藏自治区林芝市米林县
　　　　　羌纳乡结果村1组

地理数据：GPS数据（海拔：2959m，
　　　　　经度：E94°32′46.3″，纬度：N29°25′47.5″）

样本类型：果实、花、枝条

生境信息

来源于当地，庭院小生境。伴生物种为土大黄。影响因子是耕作，地形为平地，土地利用为耕地，土壤质地为砂壤土，pH7.5。种植年限100年以上。

植物学信息

1. 植株情况

乔木，树势强，树姿半开张，树形为半圆形。树高16.8m，冠幅东西13.0m、南北13.0m，干高1.0m，干周242cm。主干灰色，树皮块状裂，枝条密度中等。

2. 植物学特征

1年生枝黄绿色，短，节间平均长0.5cm；节间较细，粗度中等，平均粗0.6cm。嫩梢茸毛数量中等，白色。皮目大小中、少、凸、椭圆形。多年生枝灰褐色。混合芽长圆形，侧生混合芽率25%。先端叶片长13.0cm，小叶数7片；小叶长11.0cm，小叶宽5.5cm，小叶厚0.2mm，小叶柄长0.3cm；小叶长椭圆形，绿色，叶尖微尖，叶缘全缘。

3. 果实性状

果实圆形，果皮浓绿色。果点浅黄色，密度中等。果面有茸毛，青皮厚，不易脱青皮。坚果纵径3.88cm，横径3.86cm，侧径4.03cm，坚果重18.1g。壳面麻，壳皮颜色深，缝合线宽、凸、紧密，壳厚2.0mm。取整仁，平均核仁重7g，出仁率38.9%，核仁较充实，饱满，黄褐色，香甜。核仁蛋白质含量12.37%，脂肪含量46.77%。

4. 生物学习性

新梢一年平均生长10cm，（夏、秋）梢生长量7cm，生长势强。开始结果年龄8年，盛果期年龄15年以上。果枝类型为长果枝80%，中果枝15%，短果枝5%，腋花芽结果5%。果台副梢抽生及连续结果能力强，单枝坐果数以双、三果为主，坐果部位以上部坐果为主；坐果力中等，生理落果少，采前落果少，丰产，大小年显著，单株平均产量125kg。果实采收期10月中旬，落叶期11月上旬。

品种评价

该品种具有抗病，抗旱，耐盐碱，耐贫瘠、广适性等主要优点，主要用途是食用，主要利用部位为种子（果实）；对修剪反应敏感，繁殖方法为嫁接，对土壤，地势，栽培条件要求低。

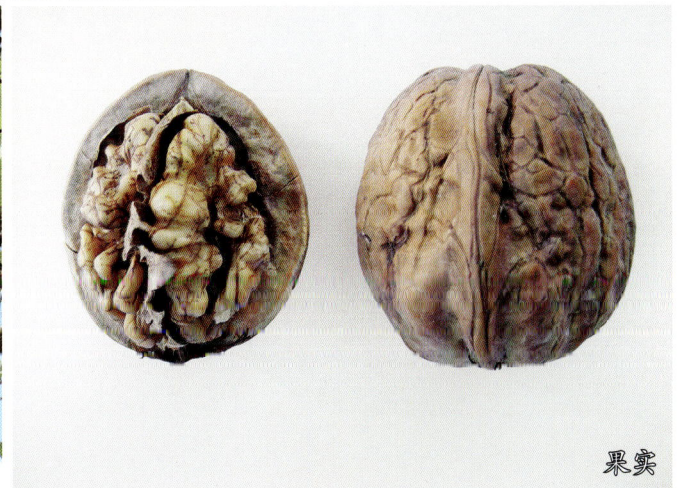

生境

植林

雌花

雄花

树干

雄花及叶片

果实

子巴达嘎核桃

Juglans regia L.'Zibadagahetao'

调查编号：MAHPDWCR043

所属树种：核桃 *Juglans regia* L.

提 供 人：达瓦次仁
电　　话：13989944307
住　　址：西藏自治区林芝市米林县羌纳乡林巴村

调 查 人：马和平
电　　话：13989043075
单　　位：西藏农牧学院高原生态研究所

调查地点：西藏自治区林芝市米林县羌纳乡林巴村

地理数据：GPS数据（海拔：2942m，经度：E94°32′50.8″，纬度：N29°26′21.4″）

样本类型：果实、花、枝条

生境信息

来源于当地，田间小生境。伴生物种为土大黄。影响因子是耕作，地形为平地，土地利用为耕地，土壤质地为壤土，pH7.1。种植年限100年以上。

植物学信息

1. 植株情况

乔木，树势强，树姿开张，树形为半圆形。树高18.0m，冠幅东西16.0m、南北15.0m，干高1.92m，干周110cm。主干灰色，树皮块状裂，枝条密度中等。

2. 植物学特征

1年生枝黄绿色；长度较长，节间平均长2.5cm；粗度中等，平均粗0.75cm。嫩梢茸毛数量中等，白色。皮目大小中等、少、凸、椭圆形。多年生枝灰褐色。混合芽长三角形，侧生混合芽率75%。先端叶片长15.0cm，小叶数5片；小叶长7.0cm，小叶宽3.5cm，小叶厚0.1mm，小叶柄长0.3cm；小叶长椭圆形，绿色，叶尖微尖，叶缘全缘。

3. 果实性状

果实圆形，果皮浓绿色。果点浅黄色，密度中等。果面有茸毛，青皮厚，易脱青皮。坚果纵径4.03cm，横径3.56cm，侧径3.40cm，坚果重13.2g。壳面略麻，壳皮颜色中等，缝合线凸、松，壳厚1.88mm。取整仁，平均核仁重7g，出仁率50%，核仁饱满，深黄色，香甜。核仁蛋白质含量12.03%，脂肪含量57.22%。

4. 生物学习性

新梢一年平均生长11.5cm，（夏、秋）梢生长量6.0cm，生长势强。开始结果年龄8年，盛果期年龄15年以上。果枝类型为长果枝20%，中果枝50%，短果枝30%，腋花芽结果60%。果台副梢抽生及连续结果能力强，单枝坐果数以双、三果为主，坐果部位以上部坐果为主；坐果力中等，生理落果少，采前落果少，高产，大小年显著，单株平均产量250kg。萌芽期为3月中旬，雌花盛开期4月上旬，雄花盛开期4月中上旬，雄花序凋落期4月下旬，果实采收期9月中下旬，落叶期10月下旬。

品种评价

该品种具有优质、抗病、抗旱、耐盐碱、耐贫瘠、广适性等主要优点，主要用途是食用，主要利用部位为种子（果实）；对修剪反应敏感，繁殖方法为嫁接，对土壤、地势、栽培条件要求低。

雌花

雄花

叶片

果实

石门硕香核桃

Juglans regia L.'Shimenshuoxianghetao'

调查编号：CAOSYWYM001

所属树种：核桃 *Juglans regia* L.

提 供 人：王永明
电　　话：13133585281
住　　址：河北省秦皇岛市林业局

调 查 人：李好先
电　　话：13903834781
单　　位：中国农业科学院郑州果树
　　　　　研究所

调查地点：河北省秦皇岛市刘田各庄
　　　　　镇大王柳河村

地理数据：GPS数据（海拔：59m，
　　　　　经度：E119°04'15.5"，纬度：N39°48'17.3"）

样本类型：果实、叶片、枝条

生境信息

来源于当地，最大树龄为50年。山区庭院小生境。伴生物种为枣、柿子、杨树。影响因子是砍伐，地形为坡地，坡度为30°，坡向为西北坡，土地利用为耕地。土壤质地为壤土。种植年限30年，现存1株，仅有一户种植农户。

植物学信息

1. 植株情况

乔木，树势强；树姿直立；树形圆头形；树高8.5m，冠幅东西6m、南北6m，干高2.3m，干周80cm；主干灰色；树皮丝状裂；枝条密。

2. 植物学特征

1年生枝黄绿色；长度中等，节间较长，节间平均长4.5cm；节间较粗，平均粗1.5cm；嫩梢上茸毛多，白色；皮目大、多、凸、椭圆形；多年生枝灰褐色。混合芽长圆形；混合芽与副芽之间有间距。先端叶片长12cm，小叶数7片，小叶长7cm，小叶宽3.5cm，小叶厚0.2mm，小叶柄长0.3cm；小叶椭圆形；浓绿色；叶尖渐尖；叶缘全缘。

3. 果实性状

果实绿色，果点白色，密度中等，果面茸毛少，果实近圆形，青皮厚度中等，易脱青皮；取整仁；核仁充实；核仁饱满；核仁黄白色；风味香甜。

4. 生物学习性

生长势强；早实（播种后2~4年结果），开始结果年龄3年，盛果期年龄5年；果枝类型为长果枝70%、短果枝20%、腋花芽结果10%；果台副梢抽生及连续结果能力强，单枝坐果数以单、双果为主；坐果力强；生理落果少；采前落果中等；产量中等；单株平均产量（盛果期）38kg；萌芽期为4月中旬，雌花盛开期5月上中旬，雄花盛开期5月初，雄花序凋落期5月下旬，果实采收期9月上中旬，落叶期11月下旬。

品种评价

该品种具有优质、耐贫瘠、广适性等主要优点，主要用途是食用，主要利用部位为种子（果实），抗病虫害。繁殖方法为嫁接，对土壤、地势、栽培条件无要求。除上述以外的特异性状主要有抗病虫害，（干果）单果重17g，易取整仁、黄白色（仁），白露采收，一棵树（单株）38kg（2013年），冻害影响36.5kg斤（2014）。

雌花

枝条

生境

树干

叶片

枝条

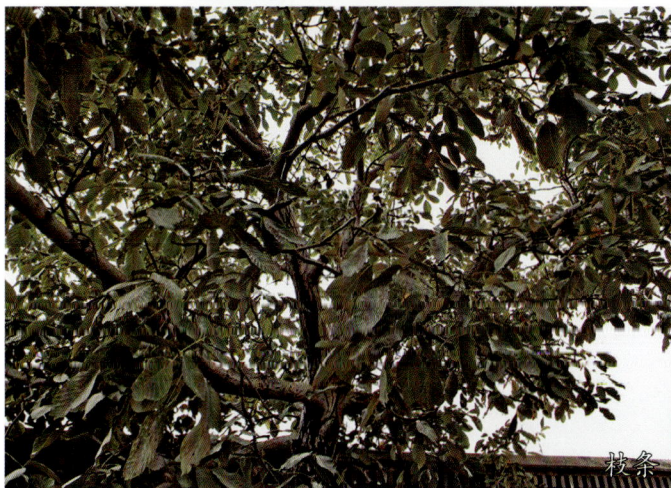

青果

石门早硕核桃

Juglans regia L.'Shimenzaoshuohetao'

调查编号： CAOSYWYM003

所属树种： 核桃 *Juglans regia* L.

提 供 人： 王永明
电　　话： 13133585281
住　　址： 河北省秦皇岛市林业局

调 查 人： 李好先
电　　话： 13903834781
单　　位： 中国农业科学院郑州果树
　　　　　研究所

调查地点： 河北省秦皇岛市抚宁县燕
　　　　　河营镇鹿角峪村

地理数据： GPS数据（海拔：83m，
　　　　　经度：E119°08'13.5"，纬度：N40°01'26.7"）

样本类型： 叶片、枝条

生境信息

　　来源于当地，最大树龄为28年。山区庭院小生境。伴生物种为枣、杨树。影响因子是修路，地形为平地，土地利用为耕地及庭院。土壤质地为壤土。种植年限20年，现存100株。

植物学信息

1. 植株情况

　　乔木，树势弱；树姿直立；树形半圆形；树高7.5m，冠幅东西5.5m、南北6m，干高2.3m，干周25cm；主干白色；树皮块状裂；枝条密度疏。

2. 植物学特征

　　1年生枝黄绿色；长度较短，节间较长，节间平均长3.5cm；节间较粗，平均粗1.2cm；嫩梢上茸毛灰色；皮目小、凸、近圆形；多年生枝灰褐色。

3. 果实性状

　　坚果长椭圆形，果个较大，坚果纵径4.12mm，横径3.87mm，坚果重16.1g；取整仁；核仁充实；核仁饱满；核仁浅黄色；风味香甜。

4. 生物学习性

　　萌芽力强；发枝力强；新梢一年平均长50cm，（夏、秋）梢生长量30cm；生长势弱。早实（播种后2～4年结果），开始结果年龄2年，盛果期年龄4年；果枝类型为长果枝70%、中果枝20%、短果枝10%、腋花芽结果0%；果台副梢抽生及连续结果能力强，单枝坐果数以单、双果为主，坐果部位为全树坐果；坐果力强；生理落果少；采前落果少；丰产；大小年不显著，单株平均产量（盛果期）50kg；萌芽期为4月中旬，雄花盛开期5月上中旬，雌花盛开期5月初，雄花序凋落期5月中下旬，果实采收期9月上旬，落叶期11月下旬。

品种评价

　　该品种具有高产、优质、抗旱、耐贫瘠等主要优点，主要用途是食用，主要利用部位为种子（果实），繁殖方法为嫁接，对土壤、地势、栽培条件无要求。

植株

叶片

雌花

果实

枝条

石门魁香核桃

Juglans regia L.'Shimenkuixianghetao'

调查编号： CAOSYWYM004

所属树种： 核桃 *Juglans regia* L.

提 供 人： 王永明
电　　话： 13133585281
住　　址： 河北省秦皇岛市林业局

调 查 人： 李好先
电　　话： 13903834781
单　　位： 中国农业科学院郑州果树研究所

调查地点： 河北省秦皇岛市石门镇钓鱼台村

地理数据： GPS数据（海拔：47m，经度：E118°49'33"，纬度：N39°48'11.3"）

样本类型： 叶片、枝条、果实

生境信息

来源于当地，最大树龄为80年。山区庭院小生境。伴生物种为楝树、杨树。影响因子是砍伐，地形为坡地，土地利用为耕地。土壤质地为壤土。种植年限80年，现存1株。

植物学信息

1. 植株情况

乔木，树势强；树姿直立；树形半圆形；树高12m，冠幅东西15m、南北13m，干高1.72m，干周140cm；主干黑色；树皮块状裂；枝条密。

2. 植物学特征

1年生枝绿色；长度长，节间平均长3cm；节间较粗，平均粗1.5cm；嫩梢上茸毛少，白色；皮目小、凸、椭圆形；多年生枝褐色。混合芽长圆形；混合芽与副芽之间有间距。先端叶片长18cm，小叶长7cm，小叶宽3.5cm，小叶厚0.2mm，小叶柄长0.3cm；小叶椭圆形；浓绿色；叶尖渐尖；叶缘全缘。

3. 果实性状

果实椭圆形，果皮绿色，果点白色，果面茸毛中等，果点密度大，青果果壳厚度中等，易脱青皮，取整仁，核仁充实，核仁饱满，核仁黄白色，风味香甜。

4. 生物学习性

生长势强；早实（播种后2～4年结果），开始结果年龄3年，盛果期年龄5年；果枝类型为长果枝70%，短果枝20%，腋花芽结果10%；果台副梢抽生及连续结果能力强，单枝坐果数以单、双果为主；坐果力强；生理落果少；采前落果少；产量中等；单株平均产量（盛果期）30kg；萌芽期为4月中旬，雄花盛开期5月上中旬，雌花盛开期5月上中旬，雄花序凋落期5月下旬，果实采收期9月上旬，落叶期11月下旬。

品种评价

该品种具有优质、耐贫瘠、广适性等主要优点，主要用途是食用，主要利用部位为种子（果实），抗病虫害。繁殖方法为嫁接，对土壤、地势、栽培条件无要求。除上述以外的特异性状有单果重14g，株产30kg。

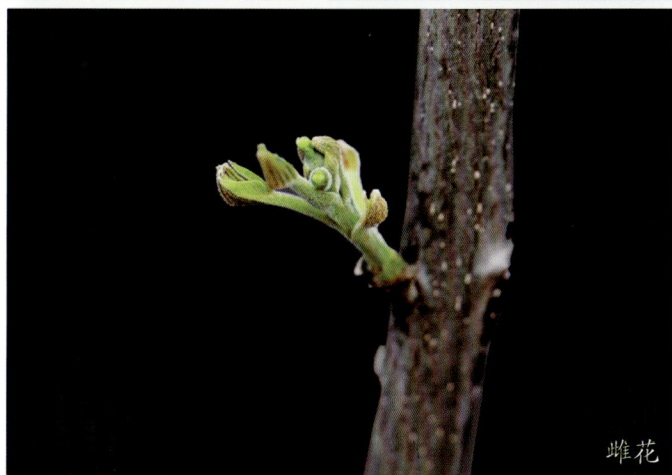

青果

生境

雌花

树干

叶片

枝条

石门元宝核桃

Juglans regia L.'Shimenyuanbaohetao'

调查编号：CAOSYWYM005

所属树种：核桃 *Juglans regia* L.

提 供 人：王永明
电　　话：13133585281
住　　址：河北省秦皇岛市林业局

调 查 人：李好先
电　　话：13903834781
单　　位：中国农业科学院郑州果树
　　　　　研究所

调查地点：河北省秦皇岛市石门镇高
　　　　　各庄村果园内

地理数据：GPS数据（海拔：56m，
　　　　　经度：E118°52′39.6″，纬度：N39°44′56.8″）

样本类型：果实、叶片、枝条

生境信息

来源于当地，最大树龄为150年。田间小生境。伴生物种为葡萄。影响因子为耕作，地形为平地，土地利用为耕地。土壤质地为壤土。种植年限120年，现存1株，种植农户数1户。

植物学信息

1. 植株情况

乔木，树势强；树姿半开张；树形半圆形；树高15m，冠幅东西15m、南北10m，干高1.45m，干周215cm；主干黑色；树皮块状裂；枝条密度中等。

2. 植物学特征

1年生枝绿色；长度短，节间平均长1.5cm；节间较粗，平均粗1.2cm；嫩梢上茸毛多，白色；皮目大、少、凸、椭圆形；多年生枝褐色。混合芽长圆形；混合芽与副芽相贴近。先端叶片长20cm，小叶数9片，小叶长3.0cm，小叶宽1.8cm，小叶厚0.12mm；小叶卵圆形，浓绿色；叶尖渐尖；叶缘全缘。

3. 果实性状

果实近圆形，果点白色，密度大，果面茸毛中等，青壳厚度较薄，易脱青皮；壳皮颜色浅；壳厚度1.26mm；取整仁；核仁充实；核仁饱满；核仁黄白色；风味香甜。

4. 生物学习性

萌芽力中等；发枝力强；新梢一年平均长12cm；（夏、秋）梢生长量8cm；生长势强。晚实，开始结果年龄5年，盛果期年龄8年；果枝类型为长果枝80%，中果枝20%，短果枝0%，腋花芽结果0%；果台副梢抽生及连续结果能力强，单枝坐果数以单、双果为主；坐果部位为全树坐果；坐果力强；生理落果少；采前落果少；丰产；大小年不显著；单株平均产量（盛果期）100kg；萌芽期为4月下旬，雌花盛开期5月初，雄花盛开期5月上旬，雄花序凋落期5月中下旬，果实采收期9月中下旬，落叶期11月中下旬。

品种评价

该品种具有高产、优质、抗病、耐贫瘠等主要优点，主要用途是食用，主要利用部位为种子（果实）；对寒、旱、涝、瘠、盐、风、日灼等恶劣环境的抵抗能力强。无修剪反应，繁殖方法为嫁接，对土壤、地势、栽培条件无要求。除上述以外的特异性状有青果100kg，品质好。

生境

叶片

树干

雌花

萩条

青果

王汉沟核桃 1号

Juglans regia L.'Wanghangouhetao 1'

调查编号：CAOSYWYM016

所属树种：核桃 *Juglans regia* L.

提供人：王永明
电　话：13133585281
住　址：河北省秦皇岛市林业局

调查人：李好先
电　话：13903834781
单　位：中国农业科学院郑州果树研究所

调查地点：河北省秦皇岛市抚宁县大新寨镇王汉沟村

地理数据：GPS数据（海拔：163m，经度：E119°15′35.9″，纬度：N40°06′29.2″）

样本类型：叶片、枝条、果实

生境信息

来源于当地，最大树龄为70年。小生境是庭院。伴生物种为核桃。影响因子是修路，地形为坡地，坡度30°，坡向东南，土地利用是耕地。土壤质地为黏壤土，土壤pH5以上。种植年限70年，现存30株。

植物学信息

1. 植株情况

乔木，树势强；树姿直立；树形圆头形；树高13m，冠幅东西14m、南北17m，干高2.8m，干周120cm；主干灰色；树皮块状裂，枝条密度中等。

2. 植物学特征

1年生枝绿色；长度中等，节间较长，节间平均长2.5cm；节间较粗，平均粗1.5cm；嫩梢上茸毛中等，白色；皮目中、中、凸、椭圆形；多年生枝银灰色。复叶长15.5cm，复叶柄长2cm，小叶数7片，小叶椭圆形，绿色；叶尖渐尖；叶缘全缘。

3. 果实性状

果实圆形；果皮绿色；果点浅黄色，密度中等；果面茸毛少，青皮厚度中等，易脱青皮；果个大小中等、坚果纵径3.53cm，横径3.23cm，侧径3.36cm，坚果重13.4g。壳面略麻，壳皮颜色深，缝合线窄、凸、紧密，壳厚度1.47mm。内褶壁革质，横隔壁革质。取1/2仁，平均核仁重6.3g，出仁率47.0%，核仁充实、饱满，核仁浅黄色，略涩。

4. 生物学习性

萌芽力中等，发枝力中等，新梢一年平均长4.0cm；早实（播种后2～4年结果），开始结果年龄3～5年；盛果期年龄7～8年；果枝类型为长果枝20%，中果枝80%；单枝坐果数以单、双果为主；坐果部位为全树坐果；坐果力中等；生理落果少；采前落果少；产量一般；大小年不显著；单株平均产量（盛果期）40kg；萌芽期4月下旬，雌花盛开期5月上旬，雄花盛开期5月中旬，雄花序凋落期5月下旬，果实采收期9月上旬，落叶期11月上旬。

品种评价

该品种耐贫瘠，主要用途是食用，主要利用部位为种子（果实）；对寒、旱、涝、瘠、盐、风等恶劣环境的抵抗能力强；繁殖方法为嫁接，对土壤、地势、栽培条件无要求。

生境

树干

叶片

枝条

雌花

青果

王汉沟核桃 2号

Juglans regia L.'Wanghangouhetao 2'

调查编号： CAOSYWYM021

所属树种： 核桃 *Juglans regia* L.

提 供 人： 王永明
电　　话： 13133585281
住　　址： 河北省秦皇岛市林业局

调 查 人： 李好先
电　　话： 13903834781
单　　位： 中国农业科学院郑州果树研究所

调查地点： 河北省秦皇岛市抚宁县大新寨镇王汉沟村

地理数据： GPS数据（海拔：152m，经度：E119°15'39.5"，纬度：N40°06'26.8"）

样本类型： 果实、叶片、枝条

生境信息

来源于当地，最大树龄为100年。小生境是庭院。伴生物种为杨树、核桃。影响因子是修路，地形为平地，土地利用是耕地。土壤质地为黏土，种植年限80年，现存10株。

植物学信息

1. 植株情况

乔木，树势强；树姿开张；树形圆头形；树高9m，冠幅东西10m、南北16m，干高0.5m，干周140cm；主干灰色；树皮块状裂；枝条密。

2. 植物学特征

1年生枝黄绿色；长度短，节间长度中等，节间平均长1.5cm；节间较粗，平均粗3cm；嫩梢上茸毛中等，灰色；皮目大、多、凸、椭圆形；多年生枝灰褐色。复叶长15.5cm，复叶柄长5.5cm，小叶数7片，小叶长4.5cm，小叶宽3cm，小叶厚0.2mm；小叶卵圆形，绿色；叶尖微尖；叶缘全缘。

3. 果实性状

果实圆形；果皮绿色；果点浅黄色，密度中等；果面茸毛少，青皮较薄，易脱青皮；果个大小中等、坚果纵径3.54cm，横径3.35cm，侧径3.42cm，坚果重12.8g。壳面略麻，壳皮颜色中等、缝合线窄、凸、紧密，壳厚度1.26mm。内褶壁革质，横隔壁革质。取整仁，平均核仁重11.1g，核仁充实、饱满，核仁浅黄色，略涩。

4. 生物学习性

萌芽力强；发枝力强；生长势强。早实（播种后2~4年结果），开始结果年龄4~5年，盛果期年龄7~8年；果枝类型为中果枝20%，短果枝80%；单枝坐果数以单、双果为主；坐果部位为上部为主；坐果力强；生理落果少；采前落果中等；丰产；单株平均产量（盛果期）50kg；萌芽期4月上旬，雄花盛开期4月上旬，雌花盛开期4月中旬，雄花序凋落期5月上旬，果实采收期8月上旬，落叶期10月下旬。

品种评价

该品种耐贫瘠，主要用途是食用，主要利用部位为种子（果实）；对寒、旱、涝、瘠、盐、风等恶劣环境的抵抗能力强；繁殖方法为嫁接，对土壤、地势、栽培条件无要求。

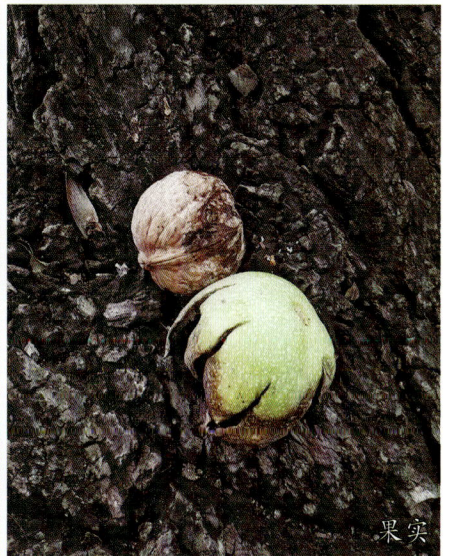

生境

植株

叶片

雄花

树干

果核

果实

大河道绵核桃

Juglans regia L.'Dahedaomianhetao'

◎ 调查编号：CAOSYYHZ007

◎ 所属树种：核桃 *Juglans regia* L.

◎ 提 供 人：于海忠
电　　话：13363833262
住　　址：河北省石家庄市赞皇县林业旅游局

◎ 调 查 人：李好先
电　　话：13903834781
单　　位：中国农业科学院郑州果树研究所

◎ 调查地点：河北省石家庄市赞皇县西阳泽乡大河道村二队

◎ 地理数据：GPS数据（海拔：180m，经度：E114°18'54.1"，纬度：N37°35'54.6"）

◎ 样本类型：果实、叶片、枝条

生境信息

来源于当地，最大树龄为45年。小生境是山地庭院。伴生物种为柿树。影响因子是砍伐和庭院，地形是坡地，坡度30°，坡向北，土地利用是庭院。土壤质地为砂壤土，土壤pH7.7。种植年限45年，现存1株，种植农户1户。

植物学信息

1. 植株情况

乔木，树势强，树姿开张；树形半圆形；树高16.5m，冠幅东西10m、南北8m，干高2.5m，干周120cm；主干褐色；树皮块状裂；枝条密。

2. 植物学特征

1年生枝黄绿色；长度中等，节间较长，节间平均长3cm；粗度中等，平均粗0.3cm；嫩梢上茸毛多，白色；皮目小、少、凸、长条形；多年生枝灰褐色；先端叶长13.5cm，小叶数9片，小叶长9.5cm，小叶宽4.5cm，小叶厚0.1mm，小叶柄长0.3cm；小叶卵圆形，绿色；叶尖微尖；叶缘全缘。

3. 果实性状

果实圆形；果皮绿色；果点浅白色，密度大；果面茸毛少，青皮较薄，易脱青皮；果个大小中等、坚果纵径3.98cm，横径3.69cm，侧径3.55cm，坚果重13.5g。壳面略麻，壳皮颜色中等，缝合线窄、凸、紧密，壳厚度1.15mm。内褶壁革质，横隔壁革质。取整仁，平均核仁重10.3g，核仁充实、饱满，核仁浅黄色，略涩。

4. 生物学习性

萌芽力强；发枝力强；新梢一年平均长120cm，（夏、秋）梢生长量100cm，生长势强。早实（播种后2~4年结果），开始结果年龄5年，盛果期年龄10年；果枝类型为长果枝20%；中果枝80%；果台副梢抽生及连续结果能力强；单枝坐果数以双果为主；坐果部位为全树坐果；坐果力强；生理落果少；采前落果少；丰产；大小年不显著；单株平均产量（盛果期）50kg；萌芽期4月上旬，雄花盛开期5月上旬，雌花盛开期5月中旬，雄花序凋落期5月下旬，果实采收期9月下旬，落叶期11月下旬。

品种评价

该品种丰产、优质、耐贫瘠，主要用途是食用，主要利用部位为种子（果实）；对寒、旱、涝、瘠、盐、风等恶劣环境的抵抗能力强；繁殖方法为嫁接，对土壤、地势、栽培条件无要求。

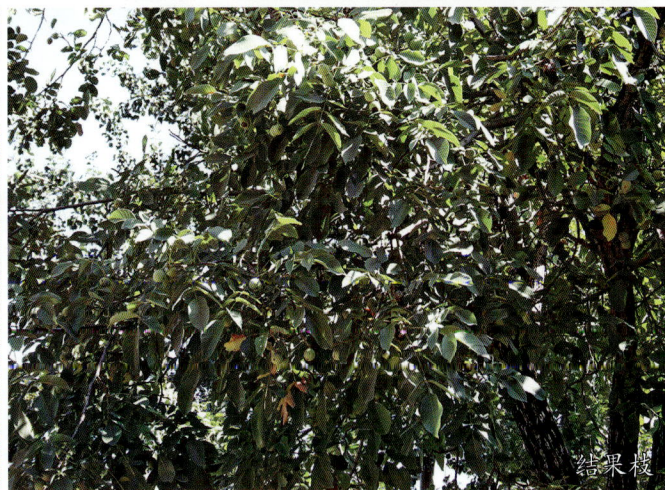

雄花

枝条

植株

树干

叶片

枝条

结果枝

赵家庄绵核桃 1号

Juglans regia L.'Zhaojiazhuangmianhetao 1'

调查编号： CAOSYYHZ011

所属树种： 核桃 *Juglans regia* L.

提供人： 于海忠
电　话： 13363833262
住　址： 河北省石家庄市赞皇县林业旅游局

调查人： 李好先
电　话： 13903834781
单　位： 中国农业科学院郑州果树研究所

调查地点： 河北省石家庄市赞皇县院头镇赵家庄村沟中

地理数据： GPS数据（海拔：172m，经度：E114°20'57.6"，纬度：N37°32'28.9"）

样本类型： 果实、叶片、枝条

生境信息

来源于当地，最大树龄为150年。山地田间小生境。伴生物种为玉米、核桃、桐树。影响因子是耕作，地形是坡地，坡度30°，坡向东，土地利用为耕地。土壤质地为砂壤土，土壤pH7.7。种植年限75年，现存1株，种植农户1户。

植物学信息

1. 植株情况

乔木，树势强；树姿开张；树形半圆形；树高14m，冠幅东西10m、南北10m，干高1.4m，干周140cm；主干褐色；树皮块状裂。

2. 植物学特征

1年生枝黄绿色；长度中等，节间较长，节间平均长3.5cm；粗度中等，平均粗1.1cm；嫩梢上茸毛少，灰色；皮目大、少、凸、椭圆形；多年生枝灰褐色。混合芽长圆形；混合芽与副芽相贴近。复叶长25cm，复叶柄长8cm，小叶数7片，小叶长5cm，小叶宽2.5cm；小叶卵圆形，绿色；叶尖微尖；叶缘粗锯。

3. 果实形状

果实椭圆形，果皮绿色，果点浅黄色，果面茸毛中等，青皮厚度中等，易脱青皮，坚果果个中等，平均果重10.2g，壳厚1.5mm；出仁率40%，隔膜木质化，取1/2仁，核仁黄白色，仁香。

4. 生物学习性

萌芽力强；发枝力强；新梢一年平均长60～70cm，（夏、秋）梢生长量50～60cm，生长势强。晚实，开始结果年龄8年，盛果期年龄10年；果枝类型为长果枝50%；中果枝30%；短果枝20%；腋花芽结果60%；单枝坐果数以单、双果为主；坐果部位为全树坐果；坐果力强；生理落果少；采前落果少；丰产；大小年不显著；单株平均产量（盛果期）30kg；萌芽期为4月上旬，雌花盛开期4月下旬，雄花盛开期5月上旬，雄花序凋落期5月中旬，果实采收期8月中旬，落叶期11月上旬。

品种评价

该品种具有高产、抗旱、耐贫瘠、广适性等主要优点，主要用途是食用，主要利用部位为种子（果实）；对寒、旱、涝、瘠、盐、风、日灼等恶劣环境的抵抗能力强，繁殖方法为嫁接。

叶片

树干

雌花

枝条

青果

赵家庄核桃2号

Juglans regia L.'Zhaojiazhuanghetao 2'

调查编号： CAOSYYHZ013

所属树种： 核桃 *Juglans regia* L.

提 供 人： 于海忠
电　　话： 13363833262
住　　址： 河北省石家庄市赞皇县林业旅游局

调 查 人： 李好先
电　　话： 13903834781
单　　位： 中国农业科学院郑州果树研究所

调查地点： 河北省石家庄市赞皇县院头镇赵家庄村

地理数据： GPS数据（海拔：173m，经度：E114°21'07"，纬度：N37°32'24.9"）

样本类型： 果实、叶片、枝条

生境信息

来源于当地，最大树龄为80年。小生境是山地田间。伴生物种为玉米、桐树。影响因子是耕作，地形是坡地，坡度20°，坡向东，土地利用是耕地。土壤质地为砂壤土，土壤pH7.7。种植年限80年，现存1株、种植农户1户。

植物学信息

1. 植株情况

乔木，树势强；树姿半开张；树形乱头形；树高10m，冠幅东西8m、南北6m，干高1.5m，干周150cm；主干灰色；树皮块状裂；枝条密度中等。

2. 植物学特征

1年生枝绿色；长度中等，节间较长，节间平均长3.1cm；节间较粗，平均粗1.2cm；嫩梢上无茸毛；皮目少、凸、椭圆形；多年生枝褐色。复叶长24cm，复叶柄长7.5cm，小叶数7片，小叶长6cm，小叶宽2.4cm；小叶卵圆形，绿色；叶尖微尖；叶缘全缘。

3. 果实性状

果实椭圆形；果皮绿色；果点浅白色，密度大；果面茸毛中等，青皮较薄，易脱青皮；果个大小中等、坚果纵径4.03m，横径3.79cm，侧径3.81cm，坚果重14.4g。壳面略麻，壳皮颜色中等，缝合线窄、凸、紧密，壳厚度1.03mm。内褶壁革质，横隔壁革质。取整仁，平均核仁重9.5g，核仁不充实、不饱满，核仁浅黄色，略涩。

4. 生物学习性

萌芽力强；发枝力强；新梢一年平均长12cm，（夏、秋）梢生长量10cm，生长势强。晚实，果枝类型为长果枝50%；坐果力强；丰产；大小年不显著；单株平均产量（盛果期）100kg；萌芽期4月上旬，雄花盛开期4月下旬，雌花盛开期5月初，果实成熟期8月下旬，落叶期11月上旬。

品种评价

该品种具有优质、抗病、抗旱、耐盐碱、耐贫瘠、广适性等主要优点，主要用途是食用，主要利用部位为种子（果实）；对寒、旱、涝、瘠、盐、风等恶劣环境的抵抗能力强；对修剪反应不敏感；繁殖方法为嫁接，对土壤、地势、栽培条件无要求。

青果

生境

树皮

植株

枝条

雄花

枝条

三六沟核桃 1号

Juglans regia L.'Sanliugouhetao 1'

调查编号： CAOSYYHZ016

所属树种： 核桃 *Juglans regia* L.

提 供 人： 于海忠
电　　话： 13363833262
住　　址： 河北省石家庄市赞皇县林业旅游局

调 查 人： 李好先
电　　话： 13903834781
单　　位： 中国农业科学院郑州果树研究所

调查地点： 河北省石家庄市赞皇县嶂石岩镇三六沟村二队

地理数据： GPS数据（海拔：240m，经度：E114°07'51"，纬度：N37°32'42"）

样本类型： 叶片、枝条

生境信息

来源于当地，最大树龄为120年。小生境是山地庭院。影响因子是砍伐、庭院，土地利用是庭院。土壤质地为砂壤土，土壤pH7.7。种植年限120年，现存1株。

植物学信息

1. 植株情况

乔木，树势强，树姿直立；树形圆头形；树高11m，冠幅东西13m、南北15m，干高2.4m，干周120cm；主干灰色；树皮块状裂，枝条密度中等。

2. 植物学特征

1年生枝绿色；长度中等，节间较长，节间平均长3cm；粗度中等，平均粗0.6cm；嫩梢上无茸毛；皮目小、少、近圆形；多年生枝灰褐色。先端叶长13.5cm，小叶数9片，小叶长5.5cm，小叶宽4.0cm，绿色；叶尖微尖；叶缘全缘。

3. 果实性状

果实圆形；果皮绿色；果点浅黄色，密度中等；果面茸毛中等，青皮厚度中等，易脱青皮；果个大小中等、坚果纵径3.74cm，横径3.56cm，侧径3.48cm，坚果重12.5g。壳面略麻，壳皮颜色深，缝合线窄、凸、紧密，壳厚度1.0mm。内褶壁革质，横隔壁革质。取1/2仁，平均核仁重7.2g，核仁充实、不饱满，核仁浅黄色，略涩。

4. 生物学习性

萌芽力强；发枝力强；新梢一年平均长23cm，生长势强。晚实；坐果部位为上部为主；坐果力强；生理落果中等；采前落果中等；丰产；大小年显著；单株平均产量（盛果期）干果175kg；萌芽期3月下旬，雄花盛开期4月中旬，雌花盛开期4月中旬，雄花序凋落期4月下旬，果实采收期8月中旬，落叶期10月下旬。

品种评价

该品种具有优质、抗病、抗旱、耐盐碱、耐贫瘠、广适性等主要优点，主要用途是食用，主要利用部位为种子（果实）。对寒、旱、涝、瘠、盐、风等恶劣环境的抵抗能力强；繁殖方法为嫁接，对土壤、地势、栽培条件无要求；除上述以外的特异性状：产量高（特别），青果7~8袋。

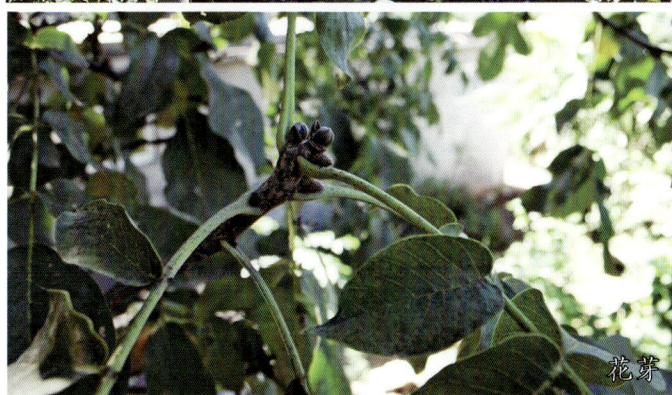

植株

花芽

枝条

树干

叶片

枝条

青果

三六沟核桃 2号

Juglans regia L.'Sanliugouhetao 2'

调查编号：CAOSYYHZ017

所属树种：核桃 *Juglans regia* L.

提 供 人：于海忠
电　　话：13363833262
住　　址：河北省石家庄市赞皇县林业旅游局

调 查 人：李好先
电　　话：13903834781
单　　位：中国农业科学院郑州果树研究所

调查地点：河北省石家庄市赞皇县嶂石岩镇三六沟村二队

地理数据：GPS数据（海拔：411m，经度：E114°0751.4"，纬度：N37°3242.6"）

样本类型：果实、叶片、枝条

生境信息

来源于当地，最大树龄为130年。小生境是山地庭院。伴生物种为玉米。影响因子是庭院，地形是坡地，坡度10°，坡向西，土地利用是庭院。土壤质地为壤土，土壤pH7.7。种植年限130年，现存1株。

植物学信息

1. 植株情况

乔木，树势强；树姿直立；树形乱头形；树高22m，冠幅东西19m、南北23m，干高1.9m，干周300cm；主干褐色；树皮块状裂；枝条密。

2. 植物学特征

1年生枝绿色；长度中等，节间平均长2cm；粗度中等，平均粗0.9cm；嫩梢上无茸毛；皮目小、少、凸、近圆形；多年生枝褐色。先端叶长15.5cm，小叶长6cm，小叶宽4.0cm，小叶柄长0.3cm；小叶卵圆形；叶绿色；叶尖微尖；叶缘全缘。

3. 果实性状

果实圆形；果皮深绿色；果点浅黄色，密度中等；果面茸毛少，青皮厚度中等，易脱青皮；果个大小中等、坚果纵径3.67cm，横径3.45cm，侧径3.52cm，坚果重13.3g。壳面略麻，壳皮颜色中等，缝合线窄、凸、紧密，壳厚度1.2mm。内褶壁革质，横隔壁革质。易取整仁，核仁充实、饱满，核仁浅黄色，略涩。

4. 生物学习性

萌芽力强；发枝力强；新梢一年平均长18cm，（夏、秋）梢生长量12cm，生长势强。晚实；坐果部位为全树坐果；坐果力强；生理落果中等；采前落果中等；丰产；大小年显著；单株平均产量（盛果期）干果200kg；萌芽期3月下旬，雄花盛开期4月上中旬，雌花盛开期4月中下旬，雄花序凋落期4月下旬，果实采收期8月中下旬，落叶期10月下旬。

品种评价

该品种具有优质、抗病、抗旱、耐盐碱、耐贫瘠、广适性等主要优点，主要用途是食用，主要利用部位为种子（果实）。对寒、旱、涝、瘠、盐、风等恶劣环境的抵抗能力强；繁殖方法为嫁接，对土壤、地势、栽培条件无要求；主要病虫害种类为刺蛾、白天牛、巨尺蛾。除上述以外的特异性状还有极丰产。

生境

植株

枝条

雄葇荑

树干

青果

三六沟核桃 3号

Juglans regia L.'Sanliugouhetao 3'

调查编号： CAOSYYHZ019

所属树种： 核桃 *Juglans regia* L.

提 供 人： 于海忠
电　　话： 13363833262
住　　址： 河北省石家庄市赞皇县林
　　　　　业旅游局

调 查 人： 李好先
电　　话： 13903834781
单　　位： 中国农业科学院郑州果树
　　　　　研究所

调查地点： 河北省石家庄市赞皇县嶂
　　　　　石岩镇三六沟村二队

地理数据： GPS数据（海拔：464m，
　　　　　经度：E114°07'46.4"，纬度：N37°32'50.7"）

样本类型： 果实、叶片、枝条

生境信息

　　来源于当地，最大树龄为140年。小生境是山地田间。伴生物种为玉米。影响因子是耕作、砍伐，地形是坡地，坡度60°，土地利用是耕地。土壤质地为砂壤土；种植年限140年，现存1株。

植物学信息

1. 植株情况

　　乔木，树势强；树姿直立；树形乱头形；树高15m，冠幅东西18m、南北21m，干高2.1m，干周280cm；主干灰色；树皮块状裂；枝条密度中等。

2. 植物学特征

　　1年生枝绿色；长度中等，节间平均长2.5cm；粗度中等，平均粗1cm；嫩梢上茸毛少；皮目小、凸、近圆形；多年生枝褐色。先端叶长25cm，小叶数7片，小叶长10cm，小叶宽4.5cm，小叶柄长0.7cm；小叶卵圆形；叶绿色；叶尖微尖；叶缘全缘。

3. 果实性状

　　果实圆形；果皮绿色；果点浅黄色，密度中等；果面茸毛少，青皮厚度中等，易脱青皮；果个大小中等、坚果纵径3.89cm，横径3.76cm，侧径3.79cm，坚果重14.1g；壳面略麻，壳皮颜色中等，缝合线窄、凸、紧密，壳厚度1.3mm。内褶壁革质，横隔壁革质；取整仁，核仁充实、饱满，核仁浅黄色，略涩。

4. 生物学习性

　　萌芽力强；发枝力强；新梢一年平均长16cm，（夏、秋）梢生长量12cm，生长势强。晚实；单枝坐果数以单、双果为主，坐果部位为全树坐果；坐果力强；生理落果中等；采前落果中等；丰产；大小年显著；萌芽期3月下旬，雄花盛开期4月上旬，雌花盛开期4月中旬，雄花序凋落期4月下旬，果实采收期8月中下旬，落叶期10月下旬。

品种评价

　　该品种具有抗病、抗旱、耐盐碱、耐贫瘠、广适性等主要优点，主要用途是食用，主要利用部位为种子（果实）。对寒、旱、涝、瘠、盐、风等恶劣环境的抵抗能力强；对修剪反应不敏感；繁殖方法为嫁接，对土壤、地势、栽培条件无要求。

花芽

青果

丛林

生境

树干

叶片

帮仲核桃 1 号

Juglans regia L.'Bangzhonghetao 1'

调查编号： CAOSYCRLJ001

所属树种： 核桃 *Juglans regia* L.

提 供 人： 次仁朗杰
电　　话： 13889041515
住　　址： 西藏自治区林芝市科技局

调 查 人： 李好先
电　　话： 13903834781
单　　位： 中国农业科学院郑州果树
研究所

调查地点： 西藏自治区林芝市米林县
米林镇帮仲村

地理数据： GPS数据（海拔：2946m，
经度：E94°19'39.3"，纬度：N29°17'12.5"）

样本类型： 枝条、果实

生境信息

来源于当地，最大树龄为1000年以上。地带及植被类型为山地，小生境是庭院。伴生物种为柳树；影响因子是砍伐，地形为平地，有河谷；土壤质地为砂土，土壤pH6.7～7.0。种植年限1000年以上。

植物学信息

1. 植株情况

乔木，树势弱；树姿半开张；树形圆头形；树高28m，冠幅东西50m、南北55m，干高3.5m，干周681cm；主干黑色；树皮块状裂，枝条密度疏。

2. 植物学特征

1年生枝绿色；长度中等，节间长度中等，节间平均长2.5cm；粗度中等，平均粗0.9cm；嫩梢上茸毛少，皮目小、少、凸、近圆形；多年生枝灰褐色。复叶长16.5cm，复叶柄长3.0cm，小叶数7片，小叶长7.5cm，小叶宽5.5cm；叶片绿色；叶尖渐尖；叶缘全缘。

3. 果实性状

果实椭圆形；果皮绿色；果点浅黄色，密度中等；果面茸毛中等，青皮较薄，易脱青皮；果个大小中等、坚果纵径3.54cm，横径3.34cm，侧径3.41cm，坚果重11.7g。壳面略麻，壳皮颜色中等，缝合线窄、凸、紧密，壳厚度0.9mm。内褶壁革质，横隔壁革质。取整仁，平均核仁重6.9g，核仁充实、饱满，核仁浅黄色，略涩。

4. 生物学习性

萌芽力弱；发枝力中等；新梢一年平均长10cm，生长势弱。晚实；坐果部位为全树坐果；坐果力强；生理落果少；采前落果中等；高产；大小年显著；单株平均产量（盛果期）干果200kg；萌芽期4月下旬，雌花盛开期4月下旬，雄花盛开期5月上旬，雄花序凋落期5月下旬，果实采收期9月初，落叶期11月上旬。

品种评价

该品种具有高产、优质、抗病、抗旱等主要优点，主要用途是食用，主要利用部位为种子（果实）。对寒、旱、涝、瘠、盐、风等恶劣环境的抵抗能力强；对修剪反应不敏感；繁殖方法为嫁接，对土壤、地势、栽培条件无要求。

植株

生境

雌花

树干

叶片

结果枝

青果

帮仲核桃 2 号

Juglans regia L.'Bangzhonghetao 2'

调查编号：CAOSYCRLJ003

所属树种：核桃 *Juglans regia* L.

提 供 人：次仁朗杰
电　　话：13889041515
住　　址：西藏自治区林芝市科技局

调 查 人：李好先
电　　话：13903834781
单　　位：中国农业科学院郑州果树
　　　　　研究所

调查地点：西藏自治区林芝市米林县
　　　　　米林镇帮仲村

地理数据：GPS数据（海拔：2956m，
　　　　　经度：E94°19'43.9"，纬度：N29°17'42.9"）

样本类型：枝条、果实

生境信息

来源于当地，最大树龄为800年以上。地带及植被类型为山地，小生境是庭院。伴生物种为柳树；影响因子是砍伐，地形为平地，有河谷；土地利用是原始林。土壤质地为砂土。种植年限800年以上。

植物学信息

1. 植株情况

乔木，树势中等；树姿开张；树形乱头形；树高23m，冠幅东西24m、南北26m，干高2.2m，干周520cm；主干黑色；树皮块状裂，枝条密度中等。

2. 植物学特征

1年生枝绿色；长度较长，节间长度较长，节间平均长6.5cm；粗度中等，平均粗1.2cm；嫩梢上茸毛多，白色，皮目大、少、凸、椭圆形；多年生枝褐色。复叶长12.5cm，复叶柄长2.5cm，小叶数7片，小叶长8.0cm，小叶宽6.0cm；叶片卵圆形、绿色；叶尖渐尖；叶缘全缘。

3. 果实性状

果实长椭圆形；果皮绿色；果点浅黄色，密度中等；果面茸毛多，青皮厚度中等，易脱青皮；果个大小中等、坚果纵径3.77cm，横径3.58cm，侧径3.62cm，坚果重13.5g。壳面略麻，壳皮颜色中等，缝合线窄、凸、紧密，壳厚度1.2mm。内褶壁革质，横隔壁革质。取整仁，平均核仁重11.3g，核仁充实、饱满，核仁浅黄色，略涩。

4. 生物学习性

萌芽力弱；发枝力中等；新梢一年平均长8cm，生长势中等。晚实；单枝坐果数以单、双果为主，坐果部位为全树坐果；坐果力强；生理落果中等；采前落果中等；高产；大小年显著；单株平均产量（盛果期）干果175kg；萌芽期4月下旬，雌花盛开期4月中下旬，雄花盛开期5月上旬，雄花序凋落期5月中下旬，果实采收期9月上旬，落叶期11月上旬。

品种评价

该品种具有高产、优质、抗病、抗旱、耐贫瘠、广适性等主要优点，主要用途是食用，主要利用部位为种子（果实）。对寒、旱、涝、瘠、盐、风等恶劣环境的抵抗能力强；繁殖方法为嫁接，对土壤、地势、栽培条件无要求。

植株

叶片

雌花

结果枝

青果

帮仲核桃 3 号

Juglans regia L.'Bangzhonghetao 3'

调查编号：CAOSYCRLJ004

所属树种：核桃 *Juglans regia* L.

提 供 人：次仁朗杰
电　　话：13889041515
住　　址：西藏自治区林芝市科技局

调 查 人：李好先
电　　话：13903834781
单　　位：中国农业科学院郑州果树
　　　　　研究所

调查地点：西藏自治区林芝市米林县
　　　　　米林镇帮仲村

地理数据：GPS数据（海拔：2956m，
　　　　　经度：E94°19'43.9"，纬度：N29°17'42.9"）

样本类型：枝条、果实

生境信息

来源于当地，最大树龄为800年以上。地带及植被类型为山地，小生境是庭院。伴生物种为柳树；影响因子是砍伐，地形为平地，有河谷；土壤质地为砂土，种植年限800年以上，现存若干株，种植面积6.67hm²，种植农户数10户。

植物学信息

1. 植株情况

乔木，树势中等；树姿开张；树形乱头形；树高26m，冠幅东西25m、南北30m，干高2.7m，干周570cm；主干黑色；树皮块状裂，枝条密度中等。

2. 植物学特征

1年生枝绿色；长度短，节间长度较长，节间平均长5.5cm；粗度中等，平均粗1.1cm；嫩梢上茸毛少，白色、皮目大、少、凸、椭圆形；多年生枝褐色；复叶长10.5cm，复叶柄长2.5cm，小叶数5片，小叶长6.0cm，小叶宽4.5cm；叶片椭圆形，绿色；叶尖微尖；叶缘全缘。

3. 果实性状

果实长椭圆形；果皮绿色；果点浅黄色，密度中等；果面茸毛多，青皮厚度中等，易脱青皮；果个大小中等、坚果纵径3.89cm，横径3.44cm，侧径3.48cm，坚果重14.0g。壳面略麻，壳皮颜色中等、缝合线窄、凸、紧密，壳厚度1.1mm。内褶壁革质，横隔壁革质。取整仁，平均核仁重12.4g，核仁充实、饱满，核仁浅黄色，略涩。

4. 生物学习性

萌芽力中等；发枝力强；新梢一年平均长15cm，（夏、秋）梢生长量13cm，生长势中等。晚实；单枝坐果数以双、三果为主，坐果部位为全树坐果；坐果力强；生理落果中等；采前落果中等；高产；大小年显著；单株平均产量（盛果期）干果210kg；萌芽期3月下旬，雌花盛开期4月中旬，雄花盛开期5月初，雄花序凋落期5月中旬，果实采收期8月下旬，落叶期11月上旬。

品种评价

该品种具有优质、抗病、抗旱、耐盐碱、耐贫瘠、广适性等主要优点，主要用途是食用，主要利用部位为种子（果实）。对寒、旱、涝、瘠、盐、风等恶劣环境的抵抗能力强；繁殖方法为嫁接，对土壤、地势、栽培条件无要求。

生境

植株

树干

青果

雌花

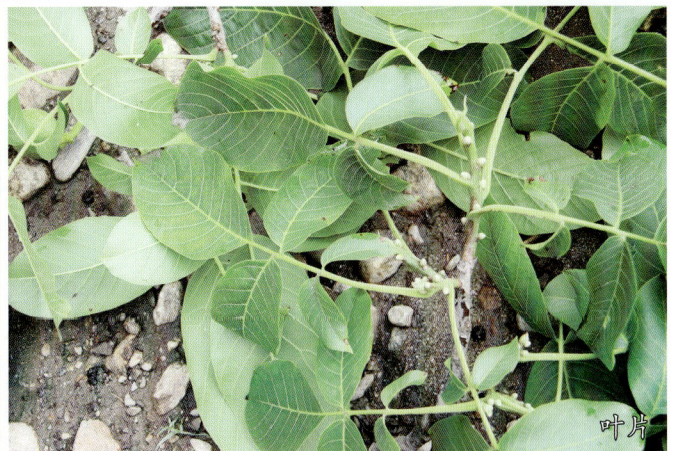
叶片

米林核桃

Juglans regia L.'Milinhetao'

调查编号： CAOSYCRLJ013

所属树种： 核桃 *Juglans regia* L.

提 供 人： 次仁朗杰
电　　话： 13889041515
住　　址： 西藏自治区林芝市科技局

调 查 人： 李好先
电　　话： 13903834781
单　　位： 中国农业科学院郑州果树
研究所

调查地点： 西藏自治区林芝市米林县
米林镇帮仲村

地理数据： GPS数据（海拔：2929m，
经度：E94°48'58.6"，纬度：N29°27'25.3"）

样本类型： 果实、叶片、枝条

生境信息

来源于当地，最大树龄为800年以上。小生境是山地、旷野。伴生物种为柳树；影响因子是修路、洪水等；地形为坡地，坡度20°，坡向南；土地利用是原始林。土壤质地为砂土，现存1株。

植物学信息

1. 植株情况

乔木，树势中等；树姿开张；树形圆头形；树高22m，冠幅东西23m、南北25m，干高2.0m，干周400cm；主干黑色；树皮块状裂，枝条密。

2. 植物学特征

1年生枝绿色，有光泽；长度短，节间长，节间平均长2.5cm；粗度中等，平均粗1.2cm；嫩梢上茸毛少，白色，皮目大、少、凸、椭圆形；多年生枝灰褐色。复叶长14.0cm，复叶柄长4.5cm，小叶数5片，小叶长5.7cm，小叶宽4.4cm；叶片椭圆形，绿色；叶尖微尖；叶缘全缘。

3. 果实性状

果实椭圆形；果皮绿色；果点浅黄色，密度中等；果面茸毛少，青皮薄，易脱青皮；果个大小中等、坚果纵径4.04cm，横径3.85cm，侧径3.91cm，坚果重13.3g；壳面略麻，壳皮颜色中等，缝合线窄、凸、紧密，壳厚度1.31mm；内褶壁革质，横隔壁革质；取整仁，平均核仁重9.9g，核仁充实、饱满，核仁浅黄色，略涩。

4. 生物学习性

萌芽力强；发枝力强；新梢一年平均长75cm，（夏、秋）梢生长量60cm，生长势中等。晚实；单枝坐果数以双、三果为主，坐果部位为全树坐果；坐果力强；生理落果中等；采前落果少；高产；大小年不显著；单株平均产量（盛果期）干果165kg；萌芽期3月下旬，雌花盛开期4月中下旬，雄花盛开期5月初，雄花序凋落期5月上旬，果实采收期8月中下旬，落叶期10月下旬。

品种评价

该品种具有优质、抗病、抗旱、耐盐碱、耐贫瘠、广适性等主要优点，主要用途是食用，主要利用部位为种子（果实）。对寒、旱、涝、瘠、盐、风等恶劣环境的抵抗能力强；繁殖方法为嫁接，对土壤、地势、栽培条件无要求。

生境

树干

植株

结果枝

雌花

青果

核桃王

Juglans regia L.'Hetaowang'

调查编号：CAOSYCRLJ015

所属树种：核桃 *Juglans regia* L.

提 供 人：次仁朗杰
电　　话：13889041515
住　　址：西藏自治区林芝市科技局

调 查 人：李好先
电　　话：13903834781
单　　位：中国农业科学院郑州果树
　　　　　研究所

调查地点：西藏自治区林芝市米林县
　　　　　米林镇帮仲村

地理数据：GPS数据（海拔：3018m，
　　　　　经度：E94°20'22.9"，纬度：N29°42'13.2"）

样本类型：果实、叶片、枝条

生境信息

来源于当地，最大树龄为1000年以上。小生境是庭院、山地。伴生物种为柳树；地形为坡地，坡度60°，坡向西；土地利用是原始林。土壤质地为砂土，土壤pH6.5～7.1；种植年限1000年以上，现存1株。

植物学信息

1. 植株情况

乔木，树势中等；树姿半开张；树形圆头形；树高18m，冠幅东西20m、南北22m，干高1.45m，干周810cm；主干黑色；树皮块状裂，枝条密度中等。

2. 植物学特征

1年生枝绿色；长度短，节间长度中等，节间平均长3.0cm；粗度中等，平均粗1.1cm；嫩梢上茸毛多，白色，皮目小、少、凸、椭圆形；多年生枝褐色；复叶长12.5cm，复叶柄长4.0cm，小叶数7片，小叶长5.1cm，小叶宽4.2cm；叶片椭圆形、绿色；叶尖微尖；叶缘全缘。雄花芽数中等，柱头微红。

3. 果实性状

果实椭圆形；果皮绿色；果点浅黄色，密度大；果面茸毛中等，青皮薄，易脱青皮；果个大小中等，坚果纵径3.77cm，横径3.54cm，侧径3.61cm，坚果重13.7g。壳面略麻，壳皮颜色浅，缝合线窄、凸、紧密，壳厚度1.01mm。内褶壁革质，横隔壁革质；取整仁，平均核仁重11.3g，核仁充实、饱满，核仁浅黄色，略涩。

4. 生物学习性

萌芽力强；发枝力强；新梢一年平均长25cm，（夏、秋）梢生长量15cm，生长势中等。晚实；单枝坐果数以双、三果为主，坐果部位为全树坐果；坐果力强；生理落果少；采前落果少；高产；大小年不显著；单株平均产量（盛果期）干果103kg；萌芽期4月中旬，雌花盛开期4月下旬，雄花盛开期4月下旬，雄花序凋落期5月上旬，果实采收期8月中旬，落叶期10月下旬。

品种评价

该品种具有优质、抗病、抗旱、耐盐碱、耐贫瘠、广适性等主要优点，主要用途是食用，主要利用部位为种子（果实）。对寒、旱、涝、瘠、盐、风等恶劣环境的抵抗能力强；对修剪反应不敏感；繁殖方法为嫁接，对土壤、地势、栽培条件无要求。

生境

树干

植株

双果结果状

雌花

青果

冲康核桃1号

Juglans regia L.'Chongkanghetao 1'

调查编号： LIHXCD001

所属树种： 核桃 *Juglans regia* L.

提 供 人： 次仁朗杰
电　　话： 13889041515
住　　址： 西藏自治区林芝市科技局

调 查 人： 李好先、曹达
电　　话： 13903834781
单　　位： 中国农业科学院郑州果树
　　　　　研究所

调查地点： 西藏自治区林芝市朗县朗
　　　　　镇冲康村

地理数据： GPS数据（海拔：3200m，
　　　　　经度：E92°53'36.80"，纬度：N29°04'19.68"）

样本类型： 枝条、叶片、果实

生境信息

来源于当地，最大树龄为2100年以上。小生境是田间。伴生物种为青稞、核桃；影响因子是耕作、砍伐，地形为平地；土地利用是耕地。土壤质地为砂壤土；种植年限2100年以上，现存若干株。

植物学信息

1. 植株情况

乔木，树势旺；树姿半开张；树形圆头形；树高25m，冠幅东西27m、南北35m，干高2.4m，干周610cm；主干黑色；树皮块状裂，枝条较密。

2. 植物学特征

1年生枝绿色，有光泽；长度短，节间长度中等，节间平均长1.5cm；节间较粗，平均粗2.4cm；嫩梢上茸毛多，白色，皮目大、少、凸、椭圆形；多年生枝褐色；复叶片长31.5cm，复叶柄长5cm，小叶数5片，小叶长14cm，小叶宽6cm；叶片卵圆形，绿色；叶尖微尖；叶缘全缘。雄花芽数中等，柱头黄绿色。

3. 果实性状

果实椭圆形；果皮绿色；果点浅黄色，密度大；果面茸毛中等，青皮薄，易脱青皮；果个大小中等、坚果纵径3.91cm，横径3.83cm，侧径3.89cm，坚果重13.3g。壳面略麻，壳皮颜色浅，缝合线窄、凸、紧密，壳厚度1.0mm。内褶壁膜质，横隔壁革质；取整仁，平均核仁重9.2g，核仁充实、饱满，核仁浅黄色，香甜。

4. 生物学习性

萌芽力强；发枝力强；新梢一年平均长12cm，（夏、秋）梢生长量8cm，生长势强。早实（3~5年）；单枝坐果数以单、双果为主，坐果部位为全树坐果；坐果力强；生理落果少；采前落果少；高产；大小年显著；单株平均产量（盛果期）干果120kg；萌芽期4月中旬，雌花盛开期4月下旬，雄花盛开期4月下旬，雄花序凋落期5月上旬，果实采收期10月中旬，落叶期11月上旬。

品种评价

该品种具有高产、优质、抗病、抗旱、耐寒、耐盐碱、耐贫瘠、广适性等主要优点，主要用途是食用，主要利用部位为种子（果实）。对寒、旱、涝、瘠、盐、风等恶劣环境的抵抗能力强；对修剪反应敏感；繁殖方法为嫁接，对土壤、地势、栽培条件无要求。

植株

枝条

叶片

结果枝

花芽

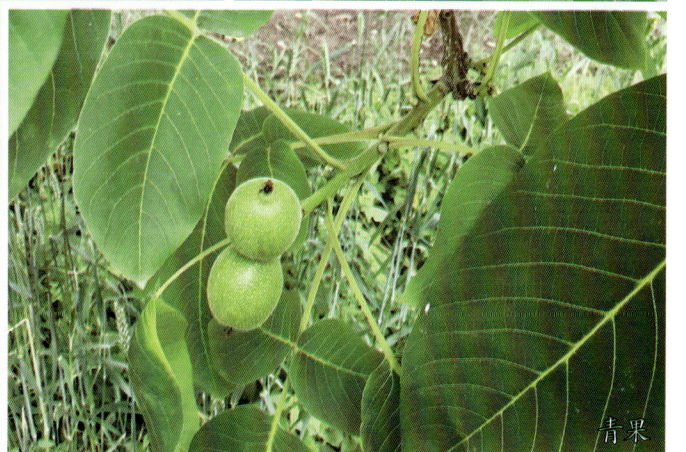

青果

冲康核桃 2 号

Juglans regia L.'Chongkanghetao 2'

调查编号： LIHXCD002

所属树种： 核桃 *Juglans regia* L.

提 供 人： 次仁朗杰
电　　话： 13889041515
住　　址： 西藏自治区林芝市科技局

调 查 人： 李好先、曹达
电　　话： 13903834781
单　　位： 中国农业科学院郑州果树研究所

调查地点： 西藏自治区林芝市朗县朗镇冲康村

地理数据： GPS数据（海拔：3200m，经度：E92°53'36.80"，纬度：N29°04'19.68"）

样本类型： 枝条、叶片、果实

生境信息

来源于当地，最大树龄为1350年。小生境是田间。伴生物种为青稞、核桃；影响因子是耕作、砍伐，地形为平地；土地利用是耕地。土壤质地为砂壤土；种植年限1350年，现存若干株。

植物学信息

1. 植株情况

乔木，树势旺；树姿半开张；树形圆头形；树高23m，冠幅东西25m、南北27m，干高1.5m，干周537cm；主干黑色；树皮块状裂，枝条较密。

2. 植物学特征

1年生枝绿色，有光泽；长度短，节间长度中等，节间平均长1.3cm；节间较粗，平均粗2.1cm；嫩梢上茸毛多，白色，皮目大、少、凸、椭圆形；多年生枝褐色；复叶片长46cm，复叶柄长15cm，小叶数7片，小叶长18.5cm，小叶宽8.5cm；叶片卵圆形，绿色；叶尖微尖；叶缘全缘。雄花芽数中等，柱头黄绿色。

3. 果实性状

果实椭圆形；果皮绿色；果点浅黄色，密度大；果面茸毛中等，青皮薄，易脱青皮；果个大小中等，坚果纵径4.11cm，横径3.92cm，侧径4.09cm，坚果重14.0g。壳面略麻，壳皮颜色浅，缝合线窄、凸、紧密，壳厚度0.9mm。内褶壁膜质，横隔壁革质；取整仁，平均核仁重9.8g，核仁充实、不饱满，核仁浅黄色，香甜。

4. 生物学习性

萌芽力强；发枝力强；新梢一年平均长15cm，（夏、秋）梢生长量10cm，生长势强。早实（3～5年）；单枝坐果数以三果为主，坐果部位为全树坐果；坐果力强；生理落果少；采前落果少；丰产；大小年显著；单株平均产量（盛果期）干果105kg；萌芽期4月中旬，雄花盛开期4月下旬，雌花盛开期4月下旬，雄花序凋落期5月中旬，果实采收期10月中旬，落叶期11月上旬。

品种评价

该品种具有丰产、优质、抗病、抗旱、耐寒、耐盐碱、耐贫瘠、广适性等主要优点，主要用途是食用，主要利用部位为种子（果实）。对寒、旱、涝、瘠、盐、风等恶劣环境的抵抗能力强；对修剪反应敏感；繁殖方法为嫁接，对土壤、地势、栽培条件无要求。除上述优点外，还具有单株坐果有4个果的，在气候条件的影响下有2次雄花开放的特点。

雄花

植株

枝条

青果

三果结果状

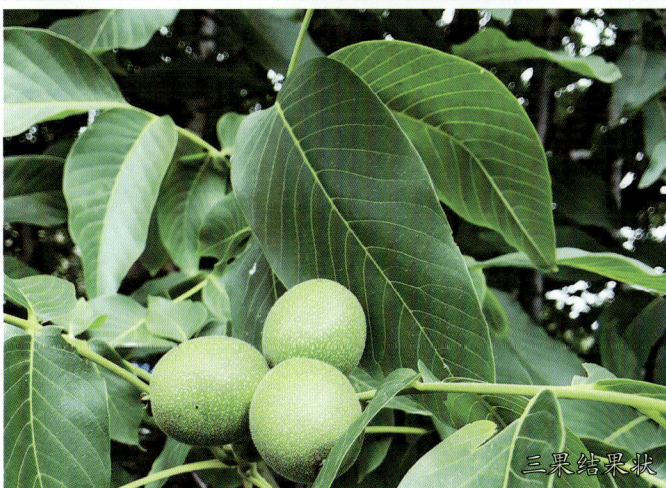
叶片

冲康核桃 3 号

Juglans regia L.'Chongkanghetao 3'

调查编号：LIHXCD003

所属树种：核桃 *Juglans regia* L.

提 供 人：次仁朗杰
电　　话：13889041515
住　　址：西藏自治区林芝市科技局

调 查 人：李好先、曹达
电　　话：13903834781
单　　位：中国农业科学院郑州果树
　　　　　研究所

调查地点：西藏自治区林芝市朗县朗
　　　　　镇冲康村

地理数据：GPS数据（海拔：3200m，
　　　　　经度：E92°53'36.80"，纬度：N29°04'19.68"）

样本类型：枝条、叶片、果实

生境信息

来源于当地，小生境是田间。伴生物种为青稞、核桃；影响因子是耕作、砍伐，地形为平地；土地利用是耕地。土壤质地为砂壤土；种植年限1000年以上，最大树龄为1350年，现存若干株。

植物学信息

1. 植株情况

乔木，树势旺；树姿半开张；树形圆头形；树高22m，冠幅东西25m、南北27m，干高2.4m，干周702cm；主干黑色；树皮块状裂，枝条较密。

2. 植物学特征

1年生枝绿色，有光泽；长度短，节间长度中等，节间平均长1.3cm；节间较粗，平均粗2.6cm；嫩梢上茸毛多，白色，皮目大、少、凸、椭圆形；多年生枝褐色；复叶片长43cm，复叶柄长13cm，小叶数5片，小叶长17.5cm，小叶宽7.5cm；叶片卵圆形，绿色；叶尖微尖；叶缘粗锯。雄花芽多，柱头黄绿色。

3. 果实性状

果实近圆形；果皮绿色；果点浅黄色，密度大；果面茸毛多，青皮薄，易脱青皮；果个大小中等、坚果纵径4.05cm，横径3.88cm，侧径3.94cm，坚果重15.8g。壳面略麻，壳皮颜色浅，缝合线窄、凸、紧密，壳厚度1.1mm。内褶壁膜质，横隔壁革质；取整仁，平均核仁重11.3g，核仁充实、饱满，核仁浅黄色，香甜。

4. 生物学习性

萌芽力强；发枝力强；新梢一年平均长14cm，（夏、秋）梢生长量9cm，生长势强。早实（3～5年）；单枝坐果数以单、双、三果为主，坐果部位为全树坐果；坐果力强；生理落果少；采前落果少；丰产；大小年显著；单株平均产量（盛果期）干果85kg；萌芽期4月中旬，雄花盛开期4月下旬，雌花盛开期4月下旬，雄花序凋落较晚，果实采收期10月中旬，落叶期11月上旬。

品种评价

该品种具有抗病、抗旱、耐寒、耐盐碱、耐贫瘠、广适性等主要优点，主要用途是食用，主要利用部位为种子（果实）。对寒、旱、涝、瘠、盐、风等恶劣环境的抵抗能力强；对修剪反应敏感；繁殖方法为嫁接，对土壤、地势、栽培条件无要求；除此之外，在环境条件影响下，该品种还具有雄花二次开放的特点。

生境

植株

雄花

叶片

三果结果状

枝条

果实内部

冲康核桃 4 号

Juglans regia L.'Chongkanghetao 4'

调查编号：LIHXCD004

所属树种：核桃 *Juglans regia* L.

提 供 人：次仁朗杰
电　　话：13889041515
住　　址：西藏自治区林芝市科技局

调 查 人：李好先、曹达
电　　话：13903834781
单　　位：中国农业科学院郑州果树
　　　　　研究所

调查地点：西藏自治区林芝市朗县朗
　　　　　镇冲康村

地理数据：GPS数据（海拔：3200m，
　　　　　经度：E92°53'36.80"，纬度：N29°04'19.68"）

样本类型：枝条、叶片、果实

生境信息

来源于当地，最大树龄为1000年以上。小生境是田间。伴生物种为青稞、核桃；影响因子是耕作，地形为平地；土地利用是耕地。土壤质地为砂壤土；种植年限1000年以上，现存若干株。

植物学信息

1. 植株情况

乔木，树势旺；树姿半开张；树形圆头形；树高20m，冠幅东西22m、南北24m，干高2.0m，干周658cm；主干黑色；树皮块状裂，枝条较密。

2. 植物学特征

1年生枝绿色，有光泽；长度短，节间长度中等，节间平均长2.2cm；节间较粗，平均粗2.5cm；嫩梢上茸毛多，白色，皮目大、少、凸、椭圆形；多年生枝褐色；复叶片长48cm，复叶柄长19cm，小叶数7片，小叶长14.5cm，小叶宽5.5cm；叶片卵圆形，绿色；叶尖微尖；叶缘全缘。雄花芽数目较多，柱头黄绿色。

3. 果实性状

果实圆形；果皮绿色；果点白色，密度中等；果面茸毛中等，青皮薄，易脱青皮；果个大小中等、坚果纵径3.85cm，横径3.76cm，侧径3.81cm，坚果重13.7g。壳面略麻，壳皮颜色浅，缝合线窄、凸、紧密，壳厚度1.0mm。内褶壁膜质，横隔壁革质；取整仁，平均核仁重8.9g，核仁充实、不饱满，核仁浅黄色，香甜。

4. 生物学习性

萌芽力强；发枝力强；新梢一年平均长14cm，（夏、秋）梢生长量10cm，生长势强。早实（3～5年）；单枝坐果数以单果为主，坐果部位为全树坐果；坐果力强；生理落果少；采前落果少；产量中等；大小年显著；单株平均产量（盛果期）干果70kg；萌芽期4月中旬，雌花盛开期4月下旬，雄花盛开期4月下旬，雄花序凋落期5月初，果实采收期10月中旬，落叶期11月上旬。

品种评价

该品种具有抗病、抗旱、耐寒、耐盐碱、耐贫瘠、广适性等主要优点，主要用途是食用，主要利用部位为种子（果实）。对寒、旱、涝、瘠、盐、风等恶劣环境的抵抗能力强；对修剪反应敏感；繁殖方法为嫁接，对土壤、地势、栽培条件无要求；除此之外，在环境条件影响下，该品种还具有雄花二次开放的特点。

青果

植株

结果枝

青果

雄花

冲康核桃 9 号

Juglans regia L.'Chongkanghetao 9'

调查编号：LIHXCD005

所属树种：核桃 *Juglans regia* L.

提 供 人：次仁朗杰
电　　话：13889041515
住　　址：西藏自治区林芝市科技局

调 查 人：李好先、曹达
电　　话：13903834781
单　　位：中国农业科学院郑州果树
　　　　　研究所

调查地点：西藏自治区林芝市朗县朗
　　　　　镇冲康村

地理数据：GPS数据（海拔：3200m，
　　　　　经度：E92°53'36.80"，纬度：N29°04'19.68"）

样本类型：枝条、叶片、果实

生境信息

来源于当地，最大树龄为1000年以上。小生境是田间。伴生物种为青稞、核桃；影响因子是耕作，地形为平地；土地利用是耕地。土壤质地为砂壤土；种植年限1000年以上，现存若干株。

植物学信息

1. 植株情况

乔木，树势旺；树姿半开张；树形圆头形；树高20m，冠幅东西22m、南北25m，干高2.2m，干周483cm；主干黑色；树皮块状裂，枝条密度中等。

2. 植物学特征

1年生枝绿色，有光泽；长度短，节间较短，节间平均长0.7cm；节间较粗，平均粗2.6cm；嫩梢上茸毛多，白色，皮目大、少、凸、椭圆形；多年生枝褐色；复叶片长35cm，复叶柄长11cm，小叶数5片，小叶长16.5cm，小叶宽8.5cm；叶片椭圆形，绿色；叶尖微尖；叶缘粗锯。雄花芽较多，柱头黄绿色。

3. 果实性状

果实椭圆形；果皮绿色，有光泽；果点浅黄色，密度大；果面茸毛中等，青皮薄，易脱青皮；果个大小中等、坚果纵径4.08cm，横径3.89cm，侧径4.03cm，坚果重15.5g。壳面略麻，壳皮颜色浅，缝合线窄、凸、紧密，壳厚度1.0mm。内褶壁膜质，横隔壁革质；取整仁，平均核仁重11.4g，核仁充实、饱满，核仁浅黄色，香甜。

4. 生物学习性

萌芽力强；发枝力中等；新梢一年平均长7cm，（夏、秋）梢生长量5.5cm，生长势强。早实（3～5年）；单枝坐果数以单果为主，坐果部位为全树坐果；坐果力强；生理落果少；采前落果少；产量中等；大小年显著；单株平均产量（盛果期）干果75kg；萌芽期4月中旬，雄花盛开期4月下旬，雌花盛开期4月下旬，雄花序凋落期5月初，果实采收期9月下旬，落叶期10月中旬。

品种评价

该品种具有抗病、抗旱、耐寒、耐盐碱、耐贫瘠、广适性等主要优点，主要用途是食用，主要利用部位为种子（果实）。对寒、旱、涝、瘠、盐、风等恶劣环境的抵抗能力强；对修剪反应敏感；繁殖方法为嫁接，对土壤、地势、栽培条件无要求。

生境

植株

花芽

花芽

叶片

树干

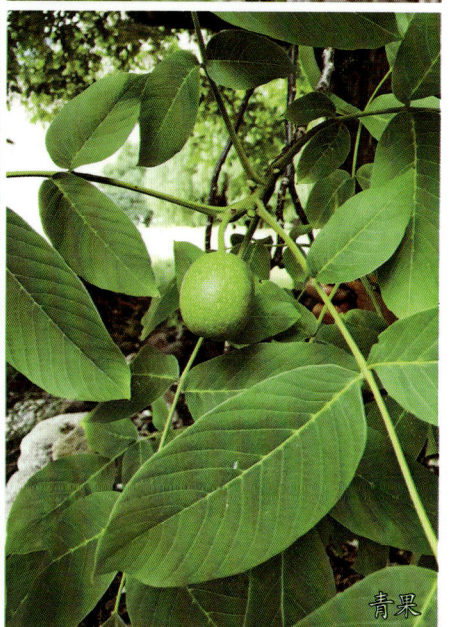

青果

冲康核桃 10号

Juglans regia L.'Chongkanghetao 10'

调查编号：LIHXCD006

所属树种：核桃 *Juglans regia* L.

提 供 人：次仁朗杰
电　　话：13889041515
住　　址：西藏自治区林芝市科技局

调 查 人：李好先、曹达
电　　话：13903834781
单　　位：中国农业科学院郑州果树
　　　　　研究所

调查地点：西藏自治区林芝市朗县朗
　　　　　镇冲康村

地理数据：GPS数据（海拔：3200m，
　　　　　经度：E92°53'36.80"，纬度：N29°04'19.68"）

样本类型：枝条、叶片、果实

生境信息

来源于当地，最大树龄为1000年以上。小生境是田间。伴生物种为青稞、核桃；影响因子是耕作，地形为平地；土地利用是耕地。土壤质地为砂壤土；种植年限1000年以上，现存若干株。

植物学信息

1. 植株情况

乔木，树势旺；树姿半开张；树形圆头形；树高15m，冠幅东西22m、南北20m，干高1.7m，干周290cm；主干黑色；树皮块状裂，枝条较密。

2. 植物学特征

1年生枝绿色，有光泽；长度短，节间长度中等，节间平均长1.2cm；节间粗度中等，平均粗1.5cm；嫩梢上茸毛中等，白色，皮目大、少、凸、椭圆形；多年生枝褐色；复叶片长30cm，复叶柄长5.5cm，小叶数5片，小叶长14.5cm，小叶宽5.5cm；叶片椭圆形，绿色；叶尖微尖；叶缘全缘。雄花芽数目中等，柱头黄绿色。

3. 果实性状

果实椭圆形；果皮绿色；果点黄白色，密度大；果面茸毛中等，青皮薄，易脱青皮；果个大小中等、坚果纵径4.03cm，横径3.83cm，侧径3.94cm，坚果重12.7g。壳面略麻，壳皮颜色浅，缝合线窄、凸、紧密，壳厚度1.3mm。内褶壁膜质，横隔壁革质；易取整仁，平均核仁重8.5g，核仁充实、饱满，核仁浅黄色，略涩。

4. 生物学习性

萌芽力强；发枝力强；新梢一年平均长9cm，（夏、秋）梢生长量6cm，生长势强。早实，开始结果年龄4年，盛果期年龄15年以上；单枝坐果数以单、双、三果为主，坐果部位为全树坐果；坐果力强；生理落果少；采前落果中等；丰产；大小年显著；单株平均产量（盛果期）干果110kg；萌芽期4月中旬，雌花盛开期4月下旬，雄花盛开期4月下旬，雄花序凋落期5月中旬，果实采收期10月中上旬，落叶期11月上旬。

品种评价

该品种具有高产、抗病、抗旱、耐寒、耐盐碱、耐贫瘠、广适性等主要优点，主要用途是食用，主要利用部位为种子（果实）。对寒、旱、涝、瘠、盐、风等恶劣环境的抵抗能力强；对修剪反应敏感；繁殖方法为嫁接，对土壤、地势、栽培条件无要求。

植株

花芽

结果枝

叶片

结果枝

青果

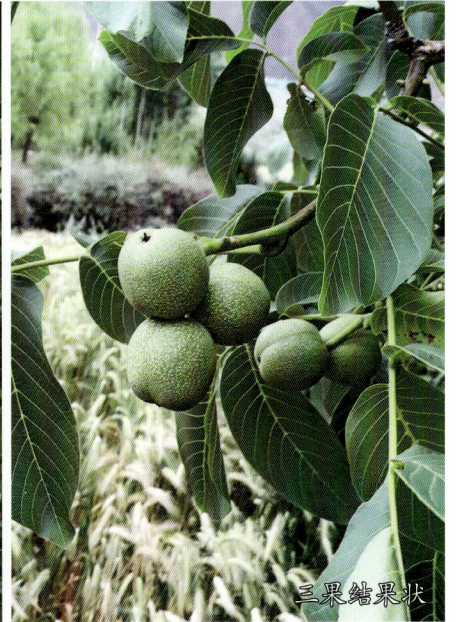

三果结果状

冲康核桃 11号

Juglans regia L.'Chongkanghetao 11'

○ 调查编号：LIHXCD007

○ 所属树种：核桃 *Juglans regia* L.

○ 提 供 人：次仁朗杰
　电　　话：13889041515
　住　　址：西藏自治区林芝市科技局

○ 调 查 人：李好先、曹达
　电　　话：13903834781
　单　　位：中国农业科学院郑州果树研究所

○ 调查地点：西藏自治区林芝市朗县朗镇冲康村

○ 地理数据：GPS数据（海拔：3200m，经度：E92°53'36.80"，纬度：N29°04'19.68"）

○ 样本类型：枝条、叶片、果实

生境信息

来源于当地，最大树龄为1000年以上。小生境是田间。伴生物种为柳树、桃树；影响因子是修路、砍伐，地形为平地；土地利用是人工林。土壤质地为砂壤土；种植年限1000年以上，现存若干株。

植物学信息

1. 植株情况

乔木，树势中等；树姿开张；树形圆头形；树高13m，冠幅东西15m、南北17m，干高1.7m，干周276cm；主干黑色；树皮块状裂，枝条较密。

2. 植物学特征

1年生枝绿色；长度短，节间长度中等，节间平均长0.7cm；节间较粗，平均粗2.2cm；嫩梢上茸毛中等，白色，皮目大、少、凸、椭圆形；多年生枝褐色；复叶片长40cm，复叶柄长7cm，小叶数7片，小叶长18cm，小叶宽10.5cm；叶片椭圆形，绿色；叶尖微尖；叶缘粗锯。雄花芽数目较多，柱头黄绿色。

3. 果实性状

果实椭圆形；果皮绿色；果点浅黄色，密度大；果面茸毛中等，青皮厚度中等，易脱青皮；果个大小中等、坚果纵径3.91cm，横径3.83cm，侧径3.89cm，坚果重13.3g。壳面略麻，壳皮颜色浅，缝合线窄、凸、紧密，壳厚度1.5mm。内褶壁膜质，横隔壁革质；取整仁，平均核仁重9.2g，核仁充实、饱满，核仁浅黄色，香甜。

4. 生物学习性

萌芽力强；发枝力中等；新梢一年平均长6cm，（夏、秋）梢生长量4.5cm，生长势中等。早实（3～5年）；单枝坐果数以双果、三果为主，坐果部位为全树坐果；坐果力强；生理落果少；采前落果少；丰产；大小年显著；单株平均产量（盛果期）干果90kg；萌芽期4月中旬，雌花盛开期4月下旬，雄花盛开期5月初，雄花序凋落期5月中上旬，果实采收期10月中旬，落叶期11月中上旬。

品种评价

该品种具有抗病、抗旱、耐寒、耐盐碱、耐贫瘠、广适性等主要优点，主要用途是食用，主要利用部位为种子（果实）。对寒、旱、涝、瘠、盐、风等恶劣环境的抵抗能力强；对修剪反应敏感；繁殖方法为嫁接，对土壤、地势、栽培条件无要求。

生境

植株

叶片

花芽

花芽

三果结果状

冲康核桃 12号

Juglans regia L.'Chongkanghetao 12'

调查编号：LIHXCD008

所属树种：核桃 *Juglans regia* L.

提 供 人：次仁朗杰
电　　话：13889041515
住　　址：西藏自治区林芝市科技局

调 查 人：李好先、曹达
电　　话：13903834781
单　　位：中国农业科学院郑州果树研究所

调查地点：西藏自治区林芝市朗县朗镇冲康村

地理数据：GPS数据（海拔：3200m，经度：E92°53'36.80"，纬度：N29°04'19.68"）

样本类型：枝条、叶片、果实

生境信息

来源于当地，最大树龄为1000年以上。小生境是田间。伴生物种为柳树、核桃；影响因子是砍伐，地形为平地；土地利用是人工林。土壤质地为砂壤土；种植年限1000年以上，现存若干株。

植物学信息

1. 植株情况

乔木，树势中等；树姿半开张；树形圆头形；树高18m，冠幅东西20m、南北23m，干高2.0m，干周310cm；主干黑色；树皮块状裂，枝条密度中等。

2. 植物学特征

1年生枝绿色；长度短，节间较短，节间平均长0.5cm；节间粗度中等，平均粗1.3cm；嫩梢上茸毛多，白色，皮目大、少、凸、椭圆形；多年生枝褐色；复叶片长32cm，复叶柄长10cm，小叶数5片，小叶长12.5cm，小叶宽6.5cm；叶片椭圆形，绿色；叶尖渐尖；叶缘全缘。雄花芽数目较多，柱头黄绿色。

3. 果实性状

果实椭圆形；果皮绿色，有光泽；果点白色，密度大；果面茸毛较多，青皮薄，易脱青皮；果个大小中等、坚果纵径3.59cm，横径3.63cm，侧径3.60cm，坚果重13.8g。壳面略麻，壳皮颜色浅，缝合线窄、凸、紧密，壳厚度1.2mm。内褶壁革质，横隔壁革质；取整仁，平均核仁重9.9g，核仁充实、饱满，核仁浅黄色，香甜。

4. 生物学习性

萌芽力强；发枝力中等；新梢一年平均长5.5cm，（夏、秋）梢生长量4.5cm，生长势中等。早实（3～5年）；单枝坐果数以单果为主，坐果部位为全树坐果；坐果力强；生理落果少；采前落果少；产量一般；大小年显著；单株平均产量（盛果期）干果65kg；萌芽期4月中旬，雌花盛开期4月下旬，雄花盛开期4月下旬，雄花序凋落期4月下旬，果实采收期9月底，落叶期10月下旬。

品种评价

该品种具有抗旱、耐寒、耐盐碱、耐贫瘠、广适性等主要优点，主要用途是食用，主要利用部位为种子（果实）。对寒、旱、涝、瘠、盐、风等恶劣环境的抵抗能力强；对修剪反应敏感；繁殖方法为嫁接，对土壤、地势、栽培条件无要求。

植株

结果枝

叶芽

青果

枝条

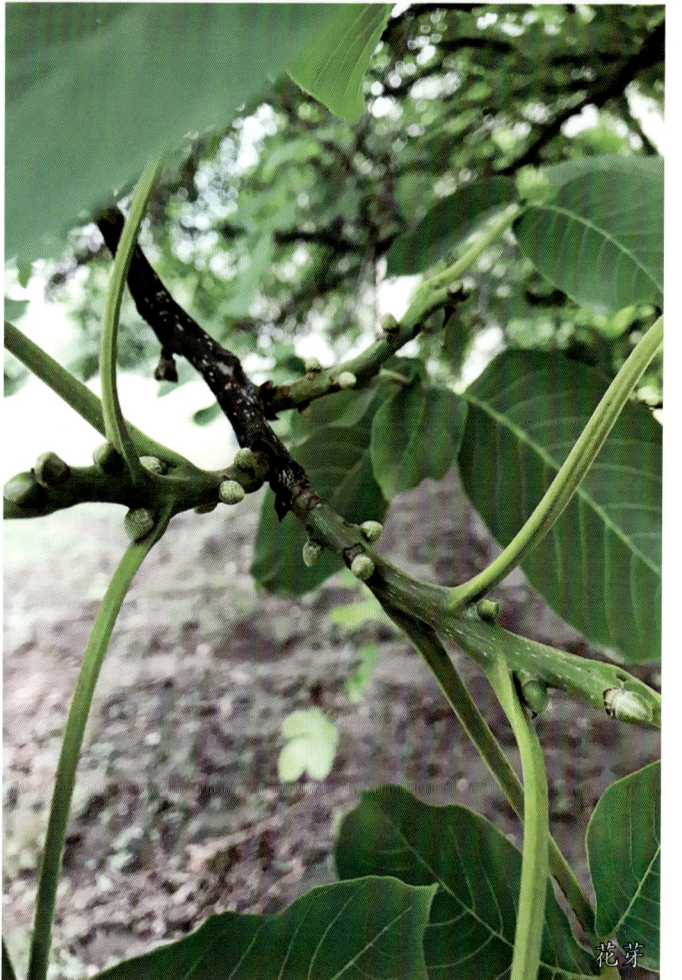

花芽

冲康核桃 13 号

Juglans regia L.'Chongkanghetao 13'

调查编号：LIHXCD009

所属树种：核桃 *Juglans regia* L.

提供人：次仁朗杰
电　话：13889041515
住　址：西藏自治区林芝市科技局

调查人：李好先、曹达
电　话：13903834781
单　位：中国农业科学院郑州果树研究所

调查地点：西藏自治区林芝市朗县朗镇冲康村

地理数据：GPS数据（海拔：3200m，经度：E92°53'36.80"，纬度：N29°04'19.68"）

样本类型：枝条、叶片、果实

生境信息

来源于当地，最大树龄为500年以上。小生境是田间。伴生物种为青稞、柳树；影响因子是修路，地形为平地；土地利用是砍伐。土壤质地为砂壤土；种植年限500年以上，现存若干株。

植物学信息

1. 植株情况

乔木，树势旺；树姿半开张；树形乱头形；树高15m，冠幅东西18m、南北21m，干高1.5m，干周285cm；主干黑色；树皮块状裂，枝条较密。

2. 植物学特征

1年生枝绿色，有光泽；长度短，节间长度中等，节间平均长1.0cm；节间粗度中等，平均粗1.6cm；嫩梢上茸毛多，白色，皮目大、少、凸、椭圆形；多年生枝褐色；复叶片长28cm，复叶柄长5cm，小叶数7片，小叶长10.5cm，小叶宽6.5cm；叶片椭圆形，绿色；叶尖微尖；叶缘全缘。雄花芽数目较多，柱头黄绿色。

3. 果实性状

果实椭圆形；果皮绿色；果点浅黄色，密度大；果面茸毛多，青皮薄，易脱青皮；果个大小中等、坚果纵径3.84cm，横径3.76cm，侧径3.82cm，坚果重12.6g。壳面略麻，壳皮颜色浅，缝合线窄、凸、紧密，壳厚度1.2mm。内褶壁膜质，横隔壁革质；取整仁，平均核仁重8.8g，核仁充实、饱满，核仁浅黄色，略涩。

4. 生物学习性

萌芽力强；发枝力强；新梢一年平均长6.5cm，（夏、秋）梢生长量4.5cm，生长势强。早实（3~5年）；单枝坐果数以单、双果为主，坐果部位为全树坐果；坐果力强；生理落果少；采前落果少；丰产；大小年显著；单株平均产量（盛果期）干果100kg；萌芽期4月中下旬，雌花盛开期4月下旬，雄花盛开期5月初，雄花序凋落期5月上旬，果实采收期9月底，落叶期11月初。

品种评价

该品种具有丰产、抗病、抗旱、耐寒、耐盐碱、耐贫瘠等主要优点，主要用途是食用，主要利用部位为种子（果实）。对寒、旱、涝、瘠、盐、风等恶劣环境的抵抗能力强；对修剪反应敏感；繁殖方法为嫁接，对土壤、地势、栽培条件无要求。

青果

植株

生境

花芽

芽

叶片

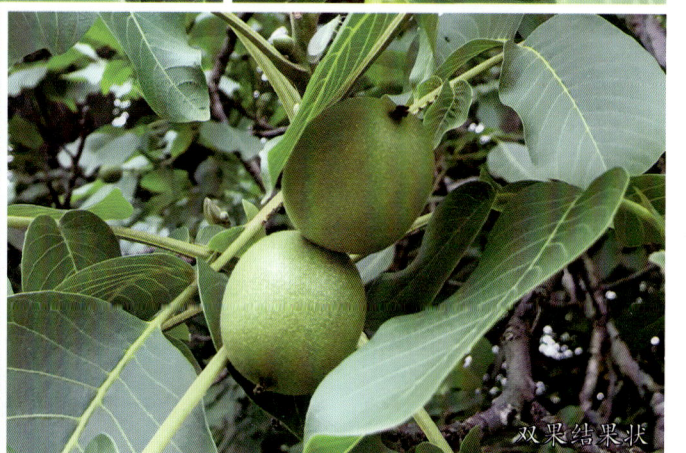

双果结果状

堆巴村核桃 1号

Juglans regia L.'Duibacunhetao 1'

调查编号：LIHXCD010

所属树种：核桃 *Juglans regia* L.

提 供 人：次仁朗杰
电　　话：13889041515
住　　址：西藏自治区林芝市科技局

调 查 人：李好先、曹达
电　　话：13903834781
单　　位：中国农业科学院郑州果树研究所

调查地点：西藏自治区林芝市朗县朗镇堆巴村

地理数据：GPS数据（海拔：3200m，经度：E92°59'10.28"，纬度：N29°02'51.28"）

样本类型：枝条、叶片、果实

生境信息

来源于当地，最大树龄为500年以上。小生境是庭院。伴生物种为核桃；影响因子是砍伐、修路，地形为平地；土壤质地为砂壤土；种植年限500年以上，现存若干株。

植物学信息

1. 植株情况

乔木，树势旺；树姿开张；树形乱头形；树高10m，冠幅东西15m、南北11m，干高1.8m，干周315cm；主干黑色；树皮块状裂，枝条密度中等。

2. 植物学特征

1年生枝绿色；长度短，节间长度中等，节间平均长1.2cm；节间粗度中等，平均粗1.4cm；嫩梢上茸毛中等，白色，皮目小、少、凸、椭圆形；多年生枝褐色；复叶片长36cm，复叶柄长6cm，小叶数5～7片，小叶长18cm，小叶宽8.5cm；叶片椭圆形，绿色；叶尖渐尖；叶缘全缘。雄花芽数中等，柱头黄绿色。

3. 果实性状

果实椭圆形；果皮绿色；果点浅黄色，密度中等；果面茸毛中等，青皮厚度中等，易脱青皮；果个大小中等、坚果纵径3.74cm，横径3.68cm，侧径3.69cm，坚果重12.5g。壳面略麻，壳皮颜色浅，缝合线窄、凸、紧密，壳厚度1.3mm。内褶壁革质，横隔壁革质；取整仁，平均核仁重8.4g，核仁充实、饱满，核仁浅黄色，香甜。

4. 生物学习性

萌芽力强；发枝力强；新梢一年平均长7.5cm，（夏、秋）梢生长量5cm，生长势强。早实，开始结果年龄3年，盛果期年龄15年以上；单枝坐果数以单、双果为主，坐果部位为全树坐果；坐果力强；生理落果少；采前落果中等；产量中等；大小年显著；单株平均产量（盛果期）干果75kg；萌芽期4月中旬，雌花盛开期4月下旬，雄花盛开期4月下旬，雄花序凋落期5月上旬，果实采收期10月中下旬，落叶期11月上旬。

品种评价

该品种具有抗旱、耐寒、耐盐碱、耐贫瘠、广适性等主要优点，主要用途是食用，主要利用部位为种子（果实）。对寒、旱、涝、瘠、盐、风等恶劣环境的抵抗能力强；对修剪反应敏感；繁殖方法为嫁接，对土壤、地势、栽培条件无要求。

植株

生境

叶片

结果枝

花芽

青果

堆巴村核桃 2号

Juglans regia L.'Duibacunhetao 2'

调查编号：LIHXCD011

所属树种：核桃 *Juglans regia* L.

提 供 人：次仁朗杰
电　　话：13889041515
住　　址：西藏自治区林芝市科技局

调 查 人：李好先、曹达
电　　话：13903834781
单　　位：中国农业科学院郑州果树研究所

调查地点：西藏自治区林芝市朗县朗镇堆巴村

地理数据：GPS数据（海拔：3152m，经度：E92°59′10.28″，纬度：N29°02′51.28″）

样本类型：枝条、叶片、果实

生境信息

来源于当地，最大树龄为500年以上。小生境是田间。伴生物种为青稞；影响因子是砍伐，地形为平地；土地利用是耕地。土壤质地为砂壤土；种植年限500年以上，现存若干株。

植物学信息

1. 植株情况

乔木，树势旺；树姿开张；树形圆头形；树高13m，冠幅东西15m、南北14m，干高1.7m，干周290cm；主干黑色；树皮块状裂，枝条密度中等。

2. 植物学特征

1年生枝绿色；长度短，节间较短，节间平均长0.8cm；节间较粗，平均粗2.0cm；嫩梢上茸毛中等，白色，皮目大、少、凸、椭圆形；多年生枝褐色；复叶片长44cm，复叶柄长6cm，小叶数5～7片，小叶长19.5cm，小叶宽9.5cm；叶片长卵圆形，绿色；叶尖微尖；叶缘全缘。雄花芽数较多，柱头黄绿色。

3. 果实性状

果实椭圆形；果皮绿色；果点浅黄色，密度中等；果面茸毛较多，青皮厚度中等，易脱青皮；果个大小中等、坚果纵径4.23cm，横径3.98cm，侧径4.08cm，坚果重15.7g。壳面略麻，壳皮颜色浅，缝合线窄、凸、紧密，壳厚度1.3mm。内褶壁革质，横隔壁革质；易取整仁，平均核仁重12.2g，核仁充实、饱满，核仁浅黄色，香甜。

4. 生物学习性

萌芽力强；发枝力强；新梢一年平均长4.5cm，（夏、秋）梢生长量3cm，生长势强。早实，开始结果年龄3～5年，盛果期年龄15年以上；单枝坐果数以单、双果为主，坐果部位为全树坐果；坐果力强；生理落果少；采前落果少；丰产；大小年显著；单株平均产量（盛果期）干果90kg；萌芽期4月中旬，雌花盛开期4月下旬，雄花盛开期4月下旬，雄花序凋落期4月下旬，果实采收期10月上旬，落叶期10月底。

品种评价

该品种具有丰产、抗旱、耐寒、耐盐碱、耐贫瘠等主要优点，主要用途是食用，主要利用部位为种子（果实）。对寒、旱、涝、瘠、盐、风等恶劣环境的抵抗能力强；对修剪反应敏感；繁殖方法为嫁接，对土壤、地势、栽培条件无要求。

生境

植株

花芽

叶片

树干

结果枝

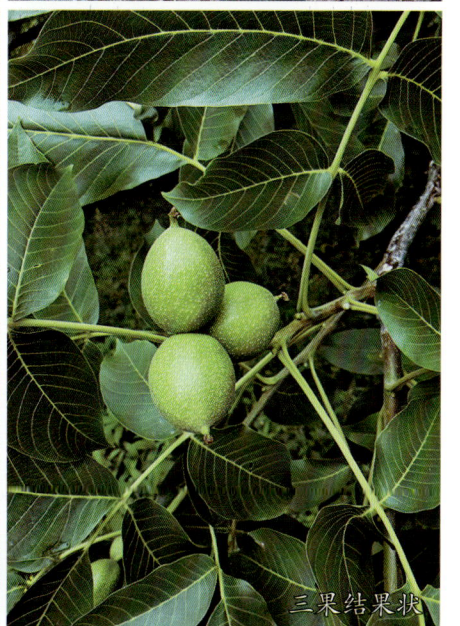

三果结果状

堆巴村核桃3号

Juglans regia L.'Duibacunhetao 3'

调查编号：LIHXCD012

所属树种：核桃 *Juglans regia* L.

提 供 人：次仁朗杰
电　　话：13889041515
住　　址：西藏自治区林芝市科技局

调 查 人：李好先、曹达
电　　话：13903834781
单　　位：中国农业科学院郑州果树研究所

调查地点：西藏自治区林芝市朗县朗镇堆巴村

地理数据：GPS数据（海拔：3152m，经度：E92°59'10.28"，纬度：N29°02'51.28"）

样本类型：枝条、叶片、果实

生境信息

来源于当地，最大树龄为500年以上。小生境是庭院。伴生物种为桃树；影响因子是砍伐、修路，地形为平地；土壤质地为砂壤土；种植年限500年以上，现存若干株。

植物学信息

1. 植株情况

乔木，树势旺；树姿半开张；树形乱头形；树高13m，冠幅东西16m、南北15m，干高2.1m，干周333cm；主干黑色；树皮块状裂，枝条密度中等。

2. 植物学特征

1年生枝绿色；长度短，节间长度中等，节间平均长1.5cm；节间粗度中等，平均粗1.3cm；嫩梢上茸毛中等，白色，皮目小、少、凸、椭圆形；多年生枝褐色；复叶片长25cm，复叶柄长5.5cm，小叶数7片，小叶长9.5cm，小叶宽5.5cm；叶片椭圆形，绿色；叶尖渐尖；叶缘全缘。雄花芽数目中等，柱头黄绿色。

3. 果实性状

果实近圆形；果皮绿色；果点浅黄色，密度中等；果面茸毛中等，青皮较薄，易脱青皮；果个大小中等、坚果纵径4.04cm，横径3.89cm，侧径3.92cm，坚果重13.3g。壳面略麻，壳皮颜色浅，缝合线窄、凸、紧密，壳厚度1.3mm。内褶壁革质，横隔壁革质；取整仁，平均核仁重7.7g，核仁充实、不饱满，核仁浅黄色，香甜。

4. 生物学习性

萌芽力强；发枝力中等；新梢一年平均长8cm，（夏、秋）梢生长量6cm，生长势强。早实，开始结果年龄3～5年，盛果期年龄15年以上；单枝坐果数以单果为主，坐果部位为全树坐果；坐果力强；生理落果少，采前落果少；产量中等；大小年显著；单株平均产量（盛果期）干果60kg；萌芽期4月中旬，雌花盛开期4月下旬，雄花盛开期4月下旬，雄花序凋落期5月上旬，果实采收期10月下旬，落叶期11月上旬。

品种评价

该品种具有抗旱、耐寒、耐盐碱、耐贫瘠、广适性等主要优点，主要用途是食用，主要利用部位为种子（果实）。对寒、旱、涝、瘠、盐、风等恶劣环境的抵抗能力强；对修剪反应敏感；繁殖方法为嫁接，对土壤、地势、栽培条件无要求。

生境

植株

花芽

青果

树干

叶片

鸡蛋核桃

Juglans regia L.'Jidanhetao'

调查编号：LIHXCD013

所属树种：核桃 *Juglans regia* L.

提 供 人：次仁朗杰
电　　话：13889041515
住　　址：西藏自治区林芝市科技局

调 查 人：李好先、曹达
电　　话：13903834781
单　　位：中国农业科学院郑州果树
研究所

调查地点：西藏自治区林芝市朗县朗
镇冲康村

地理数据：GPS数据（海拔：3200m，
经度：E92°53'36.80"，纬度：N29°04'19.68"）

样本类型：枝条、叶片、果实

生境信息

来源于当地，最大树龄为1000年以上。小生境是田间。伴生物种为青稞、核桃；影响因子是修路、耕作，地形为平地；土地利用是耕地。土壤质地为砂壤土；种植年限1000年以上，现存若干株。

植物学信息

1. 植株情况

乔木，树势旺；树姿半开张；树形圆头形；树高17m，冠幅东西20m、南北21m，干高1.5m，干周240cm；主干黑色；树皮块状裂，枝条密度中等。

2. 植物学特征

1年生枝绿色；长度短，节间长度中等，节间平均长1.4cm；节间粗度中等，平均粗1.5cm；嫩梢上茸毛多，白色，皮目大、少、凸、椭圆形；多年生枝褐色；复叶片长36cm，复叶柄长12cm，小叶数5片，小叶长18.5cm，小叶宽7.5cm；叶片长卵圆形，绿色；叶尖微尖；叶缘全缘。雄花芽数较多，柱头黄绿色。

3. 果实性状

果实椭圆形；果皮绿色；果点浅黄色，密度大；果面茸毛中等，青皮厚度中等，易脱青皮；果个大小中等、坚果纵径4.16cm，横径4.07cm，侧径4.11cm，坚果重14.9g。壳面略麻，壳皮颜色浅，缝合线窄、凸、紧密，壳厚度1.2mm。内褶壁膜质，横隔壁革质；取整仁，平均核仁重9.8g，核仁充实、饱满，核仁浅黄色，香甜。

4. 生物学习性

萌芽力强；发枝力强；新梢一年平均长7cm，（夏、秋）梢生长量5cm，生长势强。晚实；单枝坐果数以双果为主，坐果部位为全树坐果；坐果力强；生理落果少；采前落果少；产量中等；大小年显著；单株平均产量（盛果期）干果65kg；萌芽期4月中旬，雌花盛开期4月下旬，雄花盛开期4月下旬，雄花序凋落期5月上旬，果实采收期10月中上旬，落叶期11月上旬。

品种评价

该品种具有抗病、抗旱、耐寒、耐盐碱、耐贫瘠、广适性等主要优点，主要用途是食用，主要利用部位为种子（果实）。对寒、旱、涝、瘠、盐、风等恶劣环境的抵抗能力强；对修剪反应敏感；繁殖方法为嫁接，对土壤、地势、栽培条件无要求。

植林

生境

花芽

芽

叶片

青果

牦牛核桃

Juglans regia L.'Maoniuhetao'

调查编号： LIHXCD014

所属树种： 核桃 *Juglans regia* L.

提 供 人： 次仁朗杰
电　　话： 13889041515
住　　址： 西藏自治区林芝市科技局

调 查 人： 李好先、曹达
电　　话： 13903834781
单　　位： 中国农业科学院郑州果树
　　　　　　研究所

调查地点： 西藏自治区林芝市朗县朗
　　　　　　镇冲康村

地理数据： GPS数据（海拔：3200m，
　　　　　　经度：E92°53'36.80"，纬度：N29°04'19.68"）

样本类型： 枝条、叶片、果实

生境信息

来源于当地，最大树龄为1000年以上。小生境是其他。伴生物种为核桃；影响因子是修路，地形为平地；土地利用是砍伐。土壤质地为砂壤土；种植年限1000多年，现存若干株。

植物学信息

1. 植株情况

乔木，树势中等；树姿半开张；树形圆头形；树高10m，冠幅东西13m、南北15m，干高2.2m，干周278cm；主干黑色；树皮块状裂，枝条密度中等。

2. 植物学特征

1年生枝绿色；长度短，节间长度中等，节间平均长1.4cm；节间粗度中等，平均粗1.5cm；嫩梢上茸毛多，白色，皮目大、少、凸、椭圆形；多年生枝褐色；复叶片长27cm，复叶柄长5cm，小叶数7片，小叶长10.5cm，小叶宽5.5cm；叶片椭圆形、绿色；叶尖微尖；叶缘粗锯。雄花芽数目中等，柱头黄绿色。

3. 果实性状

果实椭圆形；果皮绿色；果点浅黄色，密度大；果面茸毛中等，青皮厚度中等，易脱青皮；果个大小中等、坚果纵径4.08cm，横径3.97cm，侧径3.87cm，坚果重13.5g。壳面略麻，壳皮颜色浅，缝合线窄、凸、紧密，壳厚度1.1mm。内褶壁膜质，横隔壁革质；取整仁，平均核仁重9.3g，核仁充实、饱满，核仁浅黄色、香甜。

4. 生物学习性

萌芽力强；发枝力强；新梢一年平均长12cm，（夏、秋）梢生长量8cm，生长势中等。晚实；单枝坐果数以单、双果为主，坐果部位为全树坐果；坐果力强；生理落果少；采前落果少；产量中等；大小年显著；单株平均产量（盛果期）干果60kg；萌芽期4月中旬，雌花盛开期4月下旬，雄花盛开期4月下旬，雄花序凋落期4月下旬至5月初，果实采收期10月中下旬，落叶期11月上旬。

品种评价

该品种具有抗病、抗旱、耐寒、耐盐碱、耐贫瘠、广适性等主要优点，主要用途是食用，主要利用部位为种子（果实）。对寒、旱、涝、瘠、盐、风等恶劣环境的抵抗能力强；对修剪反应敏感；繁殖方法为嫁接，对土壤、地势、栽培条件无要求。

枝条

花芽

叶片

树干

花芽

双果结果状

乌鸦核桃

Juglans regia L.'Wuyahetao'

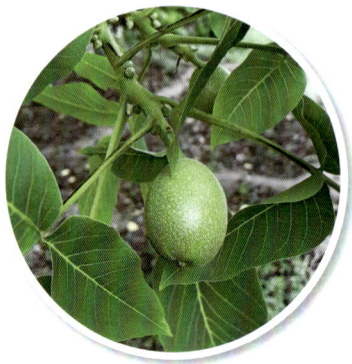

调查编号： LIHXCD015

所属树种： 核桃 *Juglans regia* L.

提 供 人： 次仁朗杰
电　　话： 13889041515
住　　址： 西藏自治区林芝市科技局

调 查 人： 李好先、曹达
电　　话： 13903834781
单　　位： 中国农业科学院郑州果树
　　　　　研究所

调查地点： 西藏自治区林芝市朗县朗
　　　　　镇冲康村

地理数据： GPS数据（海拔：3200m，
　　　　　经度：E92°53'36.80"，纬度：N29°04'19.68"）

样本类型： 枝条、叶片、果实

生境信息

来源于当地，最大树龄为1154年。伴生物种为青稞、核桃；影响因子是耕作，地形为平地；土地利用是砍伐、耕地。土壤质地为砂壤土；种植年限1154年，现存若干株。

植物学信息

1. 植株情况

乔木，树势中等；树姿半开张；树形圆头形；树高12m，冠幅东西11m、南北14m，干高1.1m，干周235cm；主干黑色；树皮块状裂，枝条密度中等。

2. 植物学特征

1年生枝绿色；长度短，节间长度中等，节间平均长1.2cm；节间粗度中等，平均粗1.1cm；嫩梢上茸毛多，白色，皮目大、少、凸、椭圆形；多年生枝褐色；复叶片长30cm，复叶柄长10cm，小叶数7片，小叶长9.5cm，小叶宽5cm；叶片椭圆形，绿色；叶尖微尖；叶缘粗锯。雄花芽数目较多，柱头黄绿色。

3. 果实性状

果实椭圆形；果皮绿色；果点浅黄色，密度大；果面茸毛中等，青皮中等，易脱青皮；果个大小中等、坚果纵径3.65cm，横径3.54cm，侧径3.61cm，坚果重13.7g。壳面略麻，壳皮颜色浅，缝合线窄、凸、紧密，壳厚度1.4mm。内褶壁膜质，横隔壁革质；取整仁，平均核仁重10.2g，核仁充实、饱满，核仁浅黄色，香甜。

4. 生物学习性

萌芽力强；发枝力中等；新梢一年平均长7cm，（夏、秋）梢生长量4.5cm，生长势中等。早实，开始结果年龄为3~5年，盛果期年龄15年以上；单枝坐果数以单果为主，坐果部位为全树坐果；坐果力强；生理落果少，采前落果少；产量中等；大小年显著；单株平均产量（盛果期）干果67.5kg；萌芽期4月中旬，雌花盛开期4月下旬，雄花盛开期4月下旬至5月初，雄花序凋落期4月下旬至5月初，果实采收期9月底，落叶期11月上旬。

品种评价

该品种具有抗病、抗旱、耐寒、耐盐碱、耐贫瘠、广适性等主要优点，主要用途是食用，主要利用部位为种子（果实）。对寒、旱、涝、瘠、盐、风等恶劣环境的抵抗能力强；对修剪反应敏感；繁殖方法为嫁接，对土壤、地势、栽培条件无要求。

植株

花芽

叶片

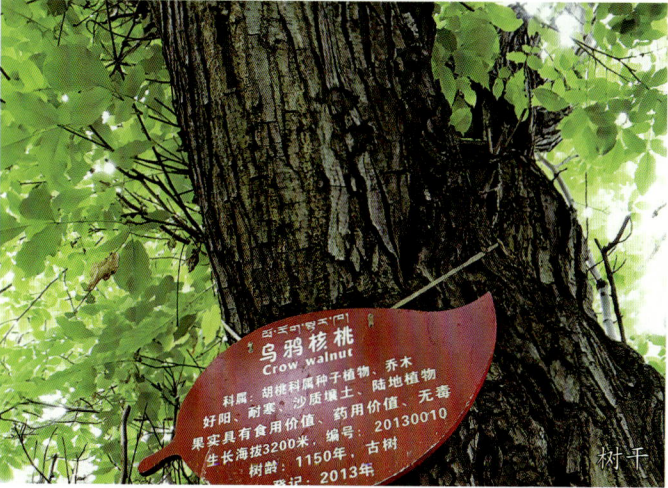

乌鸦核桃
Crow walnut

科属：胡桃科胡桃属种子植物、乔木
好阳、耐寒、沙质壤土、陆地植物
果实具有食用价值、药用价值、无毒
生长海拔3200米，编号：20130010
树龄：1150年，古树
登记：2013年

树干

青果

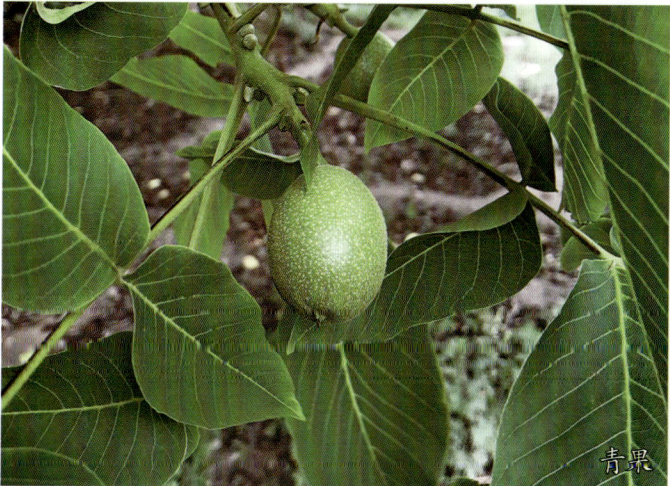

枝条

卓村核桃 1 号

Juglans regia L.'Zhuocunhetao 1'

- 调查编号：LIHXCD016

- 所属树种：核桃 *Juglans regia* L.

- 提 供 人：次仁朗杰
  电　　话：13889041515
  住　　址：西藏自治区林芝市科技局

- 调 查 人：李好先、曹达
  电　　话：13903834781
  单　　位：中国农业科学院郑州果树
  研究所

- 调查地点：西藏自治区林芝市朗县洞
  嘎镇卓村

- 地理数据：GPS数据（海拔：3167m，
  经度：E93°12'31.18"，纬度：N29°01'3.26"）

- 样本类型：枝条、叶片、果实

生境信息

来源于当地，最大树龄为500年以上。小生境是庭院。伴生物种为核桃；影响因子是砍伐，地形为平地；土壤质地为砂壤土；种植年限500年以上，现存若干株。

植物学信息

1. 植株情况

乔木，树势旺；树姿半开张；树形圆头形；树高11m，冠幅东西15m、南北17m，干高2m，干周280cm；主干黑色；树皮块状裂，枝条较密。

2. 植物学特征

1年生枝绿色，有光泽；长度短，节间长度较短，节间平均长0.5cm；节间较粗，平均粗2.2cm；嫩梢上茸毛中等，白色，皮目大、少、凸、椭圆形；多年生枝褐色；复叶片长41cm，复叶柄长6cm，小叶数7～9片，小叶长11.5cm，小叶宽6.5cm；叶片椭圆形，绿色；叶尖渐尖；叶缘全缘。雄花芽数中等，柱头黄绿色。

3. 果实性状

果实椭圆形；果皮绿色；果点黄白色，密度中等；果面茸毛中等，青皮厚度中等，易脱青皮；果个大小中等、坚果纵径4.11cm，横径3.99cm，侧径4.03cm，坚果重14.7g。壳面略麻，壳皮颜色浅，缝合线窄、凸、紧密，壳厚度1.3mm。内褶壁膜质，横隔壁革质；取整仁，平均核仁重11.3g，核仁充实、饱满，核仁浅黄色，略涩。

4. 生物学习性

萌芽力强；发枝力强；新梢一年平均长6.5cm，（夏、秋）梢生长量4.5cm，生长势强。早实，开始结果年龄3～5年，盛果期年龄15年以上；单枝坐果数以双果为主，坐果部位为全树坐果；坐果力强；生理落果少；采前落果少；丰产；大小年显著；单株平均产量（盛果期）干果90kg；萌芽期4月中旬，雄花盛开期4月下旬，雌花盛开期4月下旬，雄花序凋落期4月下旬，果实采收期10月中下旬，落叶期11月上旬。

品种评价

该品种具有丰产、优质、抗病、抗旱、耐寒、耐盐碱、耐贫瘠、广适性等主要优点，主要用途是食用，主要利用部位为种子（果实）。对寒、旱、涝、瘠、盐、风等恶劣环境的抵抗能力强；对修剪反应敏感；繁殖方法为嫁接，对土壤、地势、栽培条件无要求；除以上特点外，该品种在环境条件影响下，还具有雄花二次开放的特点。

植株

枝条

叶片

结果枝

三果结果状

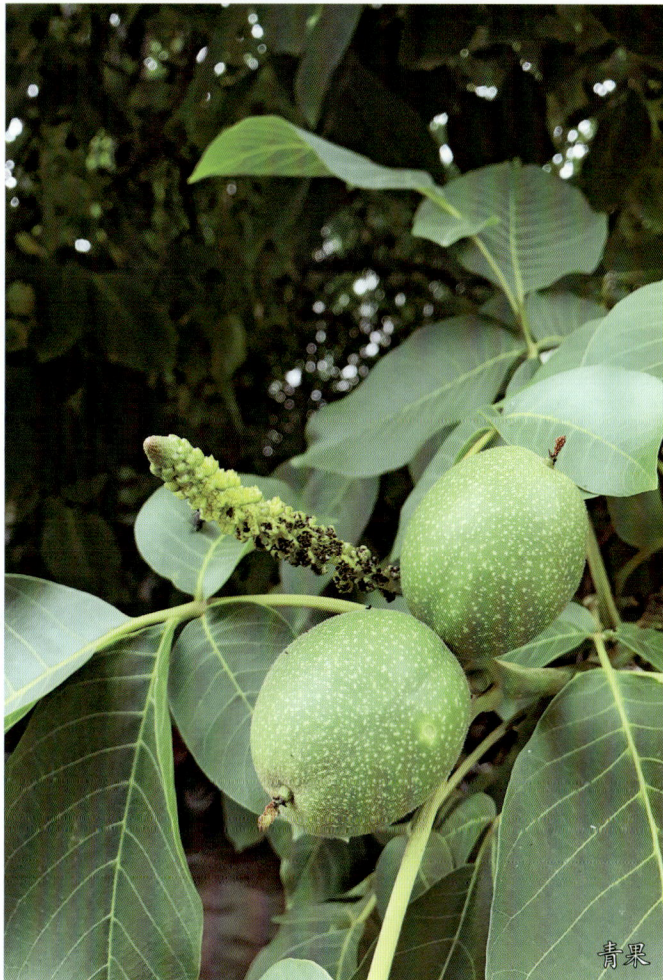

青果

卓村核桃 2 号

Juglans regia L.'Zhuocunhetao 2'

调查编号： LIHXCD017

所属树种： 核桃 *Juglans regia* L.

提 供 人： 次仁朗杰
电　　话： 13889041515
住　　址： 西藏自治区林芝市科技局

调 查 人： 李好先、曹达
电　　话： 13903834781
单　　位： 中国农业科学院郑州果树
研究所

调查地点： 西藏自治区林芝市朗县洞
嘎镇卓村

地理数据： GPS数据（海拔：3167m，
经度：E93°12'31.18"，纬度：N29°01'3.26"）

样本类型： 枝条、叶片、果实

生境信息

来源于当地，小生境是庭院。伴生物种为核桃；影响因子是砍伐，地形为平地；土壤质地为砂壤土；种植年限20年以上，现存若干株。

植物学信息

1. 植株情况

乔木，树势旺；树姿开张；树形圆头形；树高7m，冠幅东西9m、南北10m，干高2.1m，干周150cm；主干黑色；树皮块状裂，枝条密度中等。

2. 植物学特征

1年生枝绿色，有光泽；长度中等，节间较长，节间平均长3.5cm；节间中等，平均粗1.6cm；嫩梢上茸毛中等，白色，皮目大、少、凸、椭圆形；多年生枝灰褐色；复叶片长38cm，复叶柄长10cm，小叶数7片，小叶长12cm，小叶宽5.5cm；叶片椭圆形，绿色；叶尖渐尖；叶缘全缘。雄花芽数中等，柱头黄绿色。

3. 果实性状

果实椭圆形；果皮绿色；果点浅黄色，密度大；果面茸毛中等，青皮厚度中等，易脱青皮；果个大小中等、坚果纵径3.85cm，横径3.77cm，侧径3.81cm，坚果重13.4g。壳面略麻，壳皮颜色浅，缝合线窄、凸、紧密，壳厚度1.0mm。内褶壁膜质，横隔壁革质；取整仁，平均核仁重10.2g，核仁充实、饱满，核仁浅黄色，香甜。

4. 生物学习性

萌芽力强；发枝力强；新梢一年平均长8cm，（夏、秋）梢生长量6cm，生长势强。早实，开始结果年龄3～5年，盛果期年龄15年以上；单枝坐果数以双果、三果为主，坐果部位为全树坐果；坐果力强；生理落果少；采前落果少；高产；大小年显著；单株平均产量（盛果期）干果100kg；萌芽期4月中旬，雌花盛开期4月下旬，雄花盛开期4月下旬，雄花序凋落期4月下旬，果实采收期10月中旬，落叶期11月中上旬。

品种评价

该品种具有高产、优质、抗病、抗旱、耐寒、耐盐碱、耐贫瘠、广适性等主要优点，主要用途是食用，主要利用部位为种子（果实）。单枝坐果数较多，有5～6个，具有穗状结果的特点；对寒、旱、涝、瘠、盐、风等恶劣环境的抵抗能力强；对修剪反应敏感；繁殖方法为嫁接，对土壤、地势、栽培条件无要求。

植株

叶片

结果枝

穗状结果状

三果结果状

花芽

卓村核桃 3 号

Juglans regia L.'Zhuocunhetao 3'

調查編号：LIHXCD018

所屬樹種：核桃 *Juglans regia* L.

提 供 人：次仁朗杰
电　　话：13889041515
住　　址：西藏自治区林芝市科技局

调 查 人：李好先洞、曹达
电　　话：13903834781
单　　位：中国农业科学院郑州果树
　　　　　研究所

调查地点：西藏自治区林芝市朗县洞
　　　　　嘎镇卓村

地理数据：GPS数据（海拔：3167m，
　　　　　经度：E93°12'31.18"，纬度：N29°01'3.26"）

样本类型：枝条、叶片、果实

生境信息

来源于当地，最大树龄为100年以上。小生境是田间。伴生物种为核桃；影响因子是砍伐，地形为平地；土壤质地为砂壤土；种植年限100年以上，现存若干株。

植物学信息

1. 植株情况

乔木，树势旺；树姿开张；树形圆头形；树高6m，冠幅东西10m、南北13m，干高1.5m，干周265cm；主干黑色；树皮块状裂，枝条较密。

2. 植物学特征

1年生枝绿色；长度短，节间长度较短，节间平均长0.3cm；节间粗度中等，平均粗1.7cm；嫩梢上茸毛中等，白色，皮目大、少、凸、椭圆形；多年生枝褐色；复叶片长28cm，复叶柄长8cm，小叶数7～9片，小叶长14.5cm，小叶宽7cm；叶片椭圆形，绿色；叶尖微尖；叶缘有粗锯。雄花芽数目较多，柱头黄绿色。

3. 果实性状

果实椭圆形；果皮绿色；果点黄白色，密度大；果面茸毛较多，青皮厚度中等，易脱青皮；果个大小中等、坚果纵径4.01cm，横径3.89cm，侧径3.93cm，坚果重14.3g。壳面略麻，壳皮颜色浅，缝合线窄、凸、紧密，壳厚度1.1mm。内褶壁膜质，横隔壁革质；取整仁，平均核仁重10.7g，核仁充实、饱满，核仁浅黄色，香甜。

4. 生物学习性

萌芽力强；发枝力强；新梢一年平均长5cm，（夏、秋）梢生长量4cm，生长势强。早实，开始结果年龄3～5年，盛果期年龄15年以上；单枝坐果数以单、双果为主，坐果部位为全树坐果；坐果力强；生理落果少；采前落果少；丰产；大小年显著；单株平均产量（盛果期）干果75kg；萌芽期4月中旬，雌花盛开期4月下旬，雄花盛开期5月初，雄花序凋落期5月中上旬，果实采收期10月中旬，落叶期11月上旬。

品种评价

该品种具有丰产、优质、抗病、抗旱、耐寒、耐盐碱、耐贫瘠、广适性等主要优点，主要用途是食用，主要利用部位为种子（果实）。对寒、旱、涝、瘠、盐、风等恶劣环境的抵抗能力强；对修剪反应敏感；繁殖方法为嫁接，对土壤、地势、栽培条件无要求；除此之外，单枝坐果有4个果、3个果。

植株

花芽

叶片

结果枝

青果

结果枝

卓村核桃 4 号

Juglans regia L.'Zhuocunhetao 4'

调查编号： LIHXCD019

所属树种： 核桃 *Juglans regia* L.

提 供 人： 次仁朗杰
电　　话： 13889041515
住　　址： 西藏自治区林芝市科技局

调 查 人： 李好先、曹达
电　　话： 13903834781
单　　位： 中国农业科学院郑州果树
　　　　　研究所

调查地点： 西藏自治区林芝市朗县洞
　　　　　嘎镇卓村

地理数据： GPS数据（海拔：3167m，
　　　　　经度：E93°12′31.18″，纬度：N29°01′3.26″）

样本类型： 枝条、叶片、果实

生境信息

来源于当地，最大树龄为200年以上。小生境是庭院。伴生物种为核桃；影响因子是砍伐、修路，地形为平地；土壤质地为砂壤土；种植年限200年以上，现存若干株。

植物学信息

1. 植株情况

乔木，树势中等；树姿半开张；树形圆头形；树高15m，冠幅东西19m、南北22m，干高2.3m，干周605cm；主干黑色；树皮块状裂，枝条较密。

2. 植物学特征

1年生枝绿色，长度短，节间长度中等，节间平均长1.2cm；节间粗度中等，平均粗1.3cm；嫩梢上茸毛较少，白色，皮目大、少、凸、椭圆形；多年生枝灰褐色；复叶片长36cm，复叶柄长10cm，小叶数7~9片，小叶长10.5cm，小叶宽5.5cm；叶片椭圆形，绿色；叶尖渐尖；叶缘全缘。雄花芽数目较多，柱头黄绿色。

3. 果实性状

果实椭圆形；果皮绿色；果点黄白色，密度大；果面茸毛较多，青皮较薄，易脱青皮；果个大小中等、坚果纵径4.25cm，横径4.19cm，侧径4.21cm，坚果重14.3g。壳面略麻，壳皮颜色浅，缝合线窄、凸、紧密，壳厚度1.1mm。内褶壁膜质，横隔壁革质；取整仁，平均核仁重12.2g，核仁充实、饱满，核仁浅黄色，略涩。

4. 生物学习性

萌芽力弱；发枝力弱；新梢一年平均长5.5cm，（夏、秋）梢生长量4cm，生长势中等。早实，开始结果年龄3~5年，盛果期年龄15年以上；单枝坐果数以单、双果为主，坐果部位为全树坐果；坐果力中等；生理落果少；采前落果少；产量中等；大小年显著；单株平均产量（盛果期）干果75kg；萌芽期4月中旬，雌花盛开期4月下旬，雄花盛开期4月下旬，雄花序凋落期4月下旬，果实采收期10月中旬，落叶期11月中上旬。

品种评价

该品种具有抗病、抗旱、耐寒、耐盐碱、耐贫瘠、广适性等主要优点，主要用途是食用，主要利用部位为种子（果实）。对寒、旱、涝、瘠、盐、风等恶劣环境的抵抗能力强；对修剪反应敏感；繁殖方法为嫁接，对土壤、地势、栽培条件无要求。

生境

植株

花芽

枝条

叶片

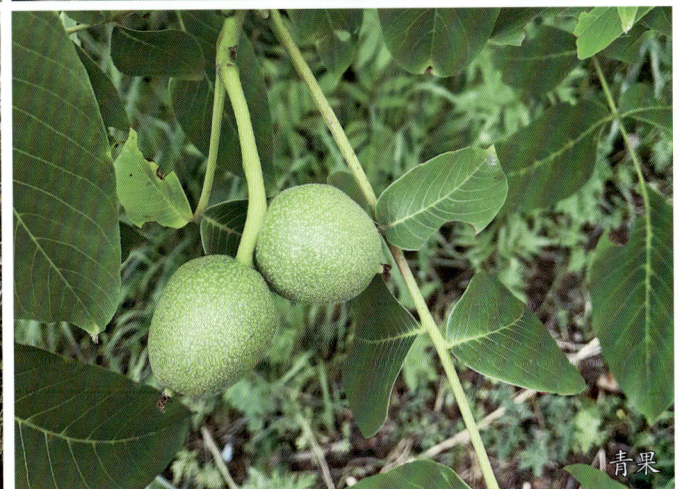

青果

卓村核桃 5 号

Juglans regia L.'Zhuocunhetao 5'

调查编号：LIHXCD020

所属树种：核桃 *Juglans regia* L.

提 供 人：次仁朗杰
电　　话：13889041515
住　　址：西藏自治区林芝市科技局

调 查 人：李好先、曹达
电　　话：13903834781
单　　位：中国农业科学院郑州果树
　　　　　研究所

调查地点：西藏自治区林芝市朗县洞
　　　　　嘎镇卓村

地理数据：GPS数据（海拔：3167m，
　　　　　经度：E93°12'31.18"，纬度：N29°01'3.26"）

样本类型：枝条、叶片、果实

生境信息

来源于当地，最大树龄为200年以上。小生境是庭院。伴生物种为核桃；影响因子是砍伐、修路，地形为平地；土壤质地为砂壤土；种植年限200年以上，现存若干株。

植物学信息

1. 植株情况

乔木，树势中等；树姿开张；树形圆头形；树高5.5m，冠幅东西8m、南北9m，干高2.2m，干周680cm；主干黑色；树皮块状裂，枝条密度中等。

2. 植物学特征

1年生枝绿色，长度短，节间长度较长，节间平均长3.5cm；节间较细，平均粗0.6cm；嫩梢上茸毛中等，白色，皮目大、少、凸、椭圆形；多年生枝褐色；复叶片长32cm，复叶柄长5cm，小叶数9片，小叶长10.5cm，小叶宽4.5cm；叶片卵圆形，绿色；叶尖渐尖；叶缘全缘。雄花芽数目较少，柱头黄绿色。

3. 果实性状

果实椭圆形；果皮绿色；果点黄白色，密度大；果面茸毛多，青皮较薄，易脱青皮；果个大小中等，坚果纵径4.14cm，横径4.07cm，侧径4.13cm，坚果重15.5g。壳面略麻，壳皮颜色浅，缝合线窄、凸、紧密，壳厚度1.4mm。内褶壁膜质，横隔壁革质；取整仁，平均核仁重12.4g，核仁充实、饱满，核仁浅黄色，香甜。

4. 生物学习性

萌芽力弱；发枝力弱；新梢一年平均长5.5cm，（夏、秋）梢生长量4cm，生长势中等。早实，开始结果年龄3～5年，盛果期年龄15年以上；单枝坐果数以双果、三果为主，坐果部位为全树坐果；坐果力强；生理落果少；采前落果少；产量一般；大小年显著；单株平均产量（盛果期）干果65kg；萌芽期4月中旬，雌花盛开期4月中下旬，雄花盛开期4月中下旬，雄花序凋落期4月下旬，果实采收期10月中旬，落叶期11月上旬。

品种评价

该品种具有抗病、抗旱、耐寒、耐盐碱、耐贫瘠、广适性等主要优点，主要用途是食用，主要利用部位为种子（果实）。对寒、旱、涝、瘠、盐、风等恶劣环境的抵抗能力强；对修剪反应敏感；繁殖方法为嫁接，对土壤、地势、栽培条件无要求。

植株

生境

叶片

青果

参考文献

蔡建荣, 陈美兰. 2013.云南核桃种质资源现状及开发利用[J]. 内蒙古林业调查设计, 36(5): 117–123.

陈善波, 王丽, 王莎, 等. 2017. 四川穗状核桃资源调查与果实品质评价研究[J]. 四川林业科技, 38(2)：1–7.

郭映智. 1991. 青海的果树[M]. 西宁: 青海人民出版社, 99–110.

李耀阶. 1987. 青海木本植物志[M]. 西宁: 青海人民出版社, 139–140.

李国和, 杨冬生, 胡庭兴, 等. 2006. 秦巴山区核桃种质的形态特征和生化特性[J]. 四川林业科技, 27(6): 14–18.

刘小利, 顾文毅, 魏海斌. 2015. 青海高原核桃种质资源调查及坚果表型多样性分析[J]. 北方园艺, (13): 34–36.

陆斌, 宁德鲁. 2011. 美国核桃产业发展综述及其借鉴[J]. 林业调查规划, 6,36(3): 98–102,105.

马和平, 朱雪林, 刘务林, 等. 2011. 西藏核桃种质资源研究[J]. 果树学报, 28(1): 151–155.

宋晨歌. 2015. 河北省核桃种质资源调查与分析[D]. 保定: 河北农业大学.

欧茂华. 2012. 贵州省核桃种质资源及其利用评价[J]. 安徽农业科学, 40(32): 15792–15793, 15870.

沈德绪. 1992. 果树育种学[M]. 北京: 农业出版社, 313– 315.

魏海斌, 朱春云, 刘小利, 等. 2015. 青海核桃种质资源表型多样性研究[J]. 北方园艺,(12):20–23

吴燕民, 刘英, 董凤祥, 等. 2000. 应用 RAPD 对我国栽培核桃不同地理生态类型的研究[J]. 北京林业大学学报, 22(5): 23–27.

王红霞, 张志华, 玄立春. 2007. 我国核桃种质资源及育种研究进展[J].河北林果研究, 22(4): 387–391.

王磊, 李霞, 杨辽, 等. 1998. 新疆野核桃种质资源数量分类研究[J]. 北方园艺, (1): 3– 5.

吴国良, 刘群龙, 郑先波, 等. 2009. 核桃种质资源研究进展[J]. 果树学报, 26(4)：539–545.

郗荣庭, 张毅萍. 1992. 中国核桃[M]. 北京: 中国林业出版社.

郗荣庭, 张毅萍. 1996. 中国果树志·核桃卷[M]. 北京：中国林业出版社.

奚声珂. 1987. 我国核桃属（*Juglans*）种质资源与核桃（*Juglans regia* L.）育种[J]. 林业科学, 8,23(3):342–349.

杨文衡. 1984. 我国的核桃[J]. 河北农业大学学报, 7(2) : 1–9.

俞德浚. 1979. 中国果树分类学[M] . 北京: 农业出版社.

张美勇, 徐颖, 刘嘉芬. 2008. 山东省核桃栽培历史及栽培区划[J]. 落叶果树, (1): 1–6.

朱益川, 李述均, 吴万波, 等. 2011. 四川黑水早实核桃资源的研究[J].四川林业科技,(10): 62–66.

GALE M G. 2009. Breeding and Biotechnology in Genetic Improvement of Walnuts [R]. 6th International Walnut Symposium, 25–27 February 2009 Melbourne, Australia.

JANICK J, JAMES N M. 1996. Fruit breeding. Volume Ⅲ [M]. New York: John Wiley & Sons Inc: 241.

附录一
各树种重点调查区域

树种	重点调查区域	
	区域	具体区域
石榴	西北区	新疆叶城，陕西临潼
	华东区	山东枣庄，江苏徐州，安徽怀远、淮北
	华中区	河南开封、郑州、封丘
	西南区	四川会理、攀枝花，云南巧家、蒙自，西藏山南、林芝、昌都
樱桃		河南伏牛山，陕西秦岭，湖南湘西，湖北神农架，江西井冈山等；其次是皖南，桂西北，闽北等地
核桃	东部沿海区	辽东半岛的丹东、庄河、瓦房店、普兰店，辽西地区，河北卢龙、抚宁、昌黎、遵化、涞水、易县、阜平、平山、赞皇、邢台、武安，北京平谷、密云、昌平，天津蓟县、宝坻、武清、宁河，山东长清、泰安、章丘、苍山、费县、青州、临朐，河南济源、林州、登封、濮阳、辉县、柘城、罗山、商城，安徽亳州、涡阳、砀山、萧县，江苏徐州、连云港
	西北区	山西太行、吕梁、左权、昔阳、临汾、黎城、平顺、阳泉，陕西长安、户县、眉县、宝鸡、渭北，甘肃陇南、天水、宁县、镇原、武威、张掖、酒泉、武都、康县、徽县、文县，青海民和、循化、化隆、互助、贵德，宁夏固原、灵武、中卫、青铜峡
	新疆区	和田、叶城、库车、阿克苏、温宿、乌什、莎车、吐鲁番、伊宁、霍城、新源、新和
	华中华南区	湖北郧县、郧西、竹溪、兴山、秭归、恩施、建始，湖南龙山、桑植、张家界、吉首、麻阳、怀化、城步、通道，广西都安、忻城、河池、靖西、那坡、田林、隆林
	西南区	云南漾濞、永平、云龙、大姚、南华、楚雄、昌宁、宝山、施甸、昭通、永善、鲁甸、维西、临沧、凤庆、会泽、丽江，贵州毕节、大方、威宁、赫章、织金、六盘水、安顺、息烽、遵义、桐梓、兴仁、普安，四川巴塘、西昌、九龙、盐源、德昌、会理、米易、盐边、高县、筠连、叙永、古蔺、南坪、茂县、理县、马尔康、金川、丹巴、康定、泸定、峨边、马边、平武、安州、江油、青川、剑阁
	西藏区	林芝、米林、朗县、加查、仁布、吉隆、聂拉木、亚东、错那、墨脱、丁青、贡觉、八宿、左贡、芒康、察隅、波密
板栗	华北	北京怀柔，天津蓟县，河北遵化、承德，辽宁凤城，山东费县，河南平桥、桐柏、林州，江苏徐州
	长江中下游	湖北罗田、京山、大悟、宜昌，安徽舒城、广德，浙江缙云，江苏宜兴、吴中、南京
	西北	甘肃南部，陕西渭河以南，四川北部，湖北西部，河南西部
	东南	浙江、江西东南部，福建建瓯、长汀，广东广州，广西阳朔，湖南中部
	西南	云南寻甸、宜良，贵州兴义、毕节、台江，四川会理，广西西北部，湖南西部
	东北	辽宁，吉林省南部
山楂	北方区	河南林县、辉县、新乡，山东临朐、沂水、安丘、潍坊、泰安、莱芜、青州，河北唐山、沧州、保定，辽宁鞍山、营口等地
	云贵高原区	云南昆明、江川、玉溪、通海、呈贡、昭通、曲靖、大理，广西田阳、田东、平果、百色，贵州毕节、大方、威宁、赫章、安顺、息烽、遵义、桐梓
柿	南方	广东五华、潮汕，福建安溪、永泰、仙游、大田、云霄、莆田、南安、龙海、漳浦、诏安，湖南祁阳
	华东	浙江杭州，江苏邳县，山东菏泽、益都、青岛
	北方	陕西富平、三原、临潼，河南荥阳、焦作、林州，河北赞皇，甘肃陇南，湖北罗田
枣	黄河中下游流域冲积土分布区	河北沧州、赞皇和阜平，河南新郑、内黄、灵宝，山东乐陵和庆云，陕西大荔，山西太谷、临猗和稷山，北京丰台和昌平，辽宁北票、建昌等
	黄土高原丘陵分布区	山西临县、柳林、石楼和永和，陕西佳县和延川
	西北干旱地带河谷丘陵分布区	甘肃敦煌、景泰，宁夏中卫、灵武，新疆喀什

树种	重点调查区域	
	区域	具体区域
李	东北区	黑龙江，吉林，辽宁，内蒙古东部
	华北区	河北，山东，山西，河南，北京，天津
	西北区	陕西，甘肃，青海，宁夏，新疆，内蒙古西部
	华东区	江苏，安徽，浙江，福建，台湾，上海
	华中区	湖北，湖南，江西
	华南区	广东，广西
	西南及西藏区	四川，贵州，云南，西藏
杏	华北温带区	北京，天津，河北，山东，山西，陕西，河南，江苏北部，安徽北部，辽宁南部，甘肃东南部
	西北干旱带区	新疆天山，伊犁河谷，甘肃秦岭西麓、子午岭、兴隆山区，宁夏贺兰山区，内蒙古大青山、乌拉山区
	东北寒带区	大兴安岭、小兴安岭和内蒙古与辽宁、吉林、华北各省交界的地区，黑龙江富锦、绥棱、齐齐哈尔
	热带亚热带区	江苏中部、南部，安徽南部，浙江，江西，湖北，湖南，广西
	西南高原区	西藏芒康、左贡、八宿、波密、加查、林芝，四川泸定、丹巴、汶川、茂县、西昌、米易、广元，贵州贵阳、惠水、盘州、开阳、黔西、毕节、赫章、金沙、桐梓、赤水，云南呈贡、昭通、曲靖、楚雄、建水、永善、祥云、蒙自
猕猴桃	重点资源省份	云南昭通、文山、红河、大理、怒江，广西龙胜、资源、全州、兴安、临桂、灌阳、三江、融水，江西武夷山、井冈山、幕阜山、庐山、石庆尖、黄岗山、万龙山、麻姑山、武功山、三百山、军峰山、九岭山、官山、大茅山，湖北宜昌，陕西周至，甘肃武都，吉林延边
梨	辽西京郊地区	辽宁鞍山、海城、绥中、盘山，京郊大兴、怀柔、平谷、大厂
	云贵川地区	云南迪庆、丽江、红河、富源、昭通、思茅、大理、巍山、腾冲，贵州六盘水、河池、金沙、毕节、赫章、威宁、凯里，四川乐山、会理、盐源、昭觉、德昌、木里、阿坝、金川、小金、江油、汉源、攀枝花、达川、简阳
	新疆、西藏地区	库尔勒、喀什、和田、叶城、阿克苏、托克逊、林芝、日喀则、山南
	陕甘宁地区	延安、榆林、庆阳、张掖、酒泉、临夏、甘南、陇西、武威、固原、吴忠、西宁、民和、果洛
	广西地区	凭祥、百色、浦北、灌阳、灵川、博白、苍梧、来宾
桃	西北高旱区	新疆，陕西，甘肃，宁夏等地
	华北平原区	位于淮河、秦岭以北，包括北京、天津、河北大部、辽宁南部、山东、山西、河南大部、江苏和安徽北部
	长江流域区	江苏南部、浙江、上海、安徽南部、江西和湖南北部、湖北大部及成都平原、汉中盆地
	云贵高原区	云南、贵州和四川西南部
	青藏高原区	西藏、青海大部、四川西部
	东北高寒区	黑龙江海伦、绥棱、齐齐哈尔、哈尔滨，吉林通化和延边延吉、和龙、珲春一带
	华南亚热带区	福建、江西、湖南南部、广东、广西北部
苹果	东北区	辽宁铁岭、本溪，吉林公主岭、延边、通化，黑龙江东南部，内蒙古库伦、通辽、奈曼旗、宁城
	西北区	新疆伊犁、阿克苏、喀什，陕西铜川、白水、洛川，甘肃天水，青海循化、化隆、尖扎、贵德、民和、乐都，黄龙山区、秦岭山区
	渤海湾区	辽宁大连、普兰店、瓦房店、盖州、营口、葫芦岛、锦州，山东胶东半岛、临沂、潍坊、德州，河北张家口、承德、唐山，北京海淀、密云、昌平
	中部区	河南、江苏、安徽等省的黄河故道地区，秦岭北麓渭河两岸的河南西部、湖北西北部、山西南部
	西南高地区	四川阿坝、甘孜、凤县、茂县、小金、理县、康定、巴塘，云南昭通、宣威、红河、文山，贵州威宁、毕节，西藏昌都、加查、朗县、米林、林芝、墨脱等地
葡萄	冷凉区	甘肃河西走廊中西部，晋北，内蒙古土默川平原，东北中北部及通化地区
	凉温区	河北桑洋河谷盆地，内蒙古西辽河平原，山西晋中、太古，甘肃河西走廊、武威地区，辽宁沈阳、鞍山地区
	中温区	内蒙古乌海地区，甘肃敦煌地区，辽南、辽西及河北昌黎地区，山东青岛、烟台地区，山西清徐地区
	暖温区	新疆哈密盆地，关中盆地及晋南运城地区，河北中部和南部
	炎热区	新疆吐鲁番盆地、和田地区、伊犁地区、喀什地区、黄河故道地区
	湿热区	湖南怀化地区，福建福安地区

附录二
各省（自治区、直辖市）主要调查树种

区划	省（自治区、直辖市）	主要落叶果树树种
华北	北京	苹果、梨、葡萄、杏、枣、桃、柿、李
	天津	板栗、李、杏、核桃
	河北	苹果、梨、枣、桃、核桃、山楂、葡萄、李、柿、板栗、樱桃
	山西	苹果、梨、枣、杏、葡萄、山楂、核桃、李、柿
	内蒙古	苹果、枣、李、葡萄
东北	辽宁	苹果、山楂、葡萄、枣、李、桃
	吉林	苹果、板栗、李、猕猴桃、桃
	黑龙江	苹果、板栗、李、桃
华东	上海	桃、李、樱桃
	江苏	桃、李、樱桃、梨、杏、枣、石榴、柿、板栗
	浙江	柿、梨、桃、枣、李、板栗
	安徽	梨、桃、石榴、樱桃、李、柿、板栗
	福建	葡萄、樱桃、李、柿子、桃、板栗
	江西	柿、梨、桃、李、猕猴桃、杏、板栗、樱桃
	山东	苹果、杏、梨、葡萄、枣、石榴、山楂、李、桃、板栗
华中	河南	枣、柿、梨、杏、葡萄、桃、板栗、核桃、山楂、樱桃、李
	湖北	樱桃、柿、李、猕猴桃、杏树、桃、板栗
	湖南	柿、樱桃、李、猕猴桃、桃、板栗
华南	广东	柿、李、杏、猕猴桃
	广西	樱桃、李、杏、猕猴桃
西南	重庆	梨、苹果、猕猴桃、石榴、板栗
	四川	梨、苹果、猕猴桃、石榴、桃、板栗、樱桃
	贵州	李、杏、猕猴桃、桃、板栗
	云南	石榴、李、杏、猕猴桃、桃、板栗
	西藏	苹果、桃、李、杏、猕猴桃、石榴
西北	陕西	苹果、杏、枣、梨、柿、石榴、桃、葡萄、樱桃、李、板栗
	甘肃	苹果、梨、桃、葡萄、枣、杏、柿、李、板栗
	青海	苹果、梨、核桃、桃、杏、枣
	宁夏	苹果、梨、枣、杏、葡萄、李、板栗
	新疆	葡萄、核桃、梨、桃、杏、石榴、李

附录三
工作路线

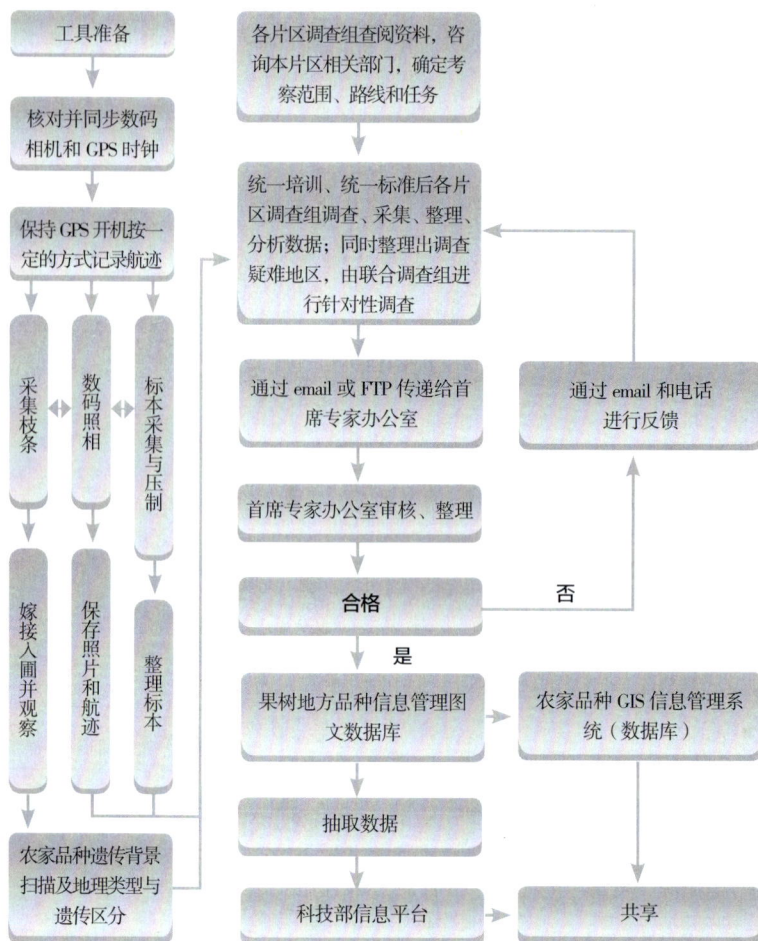

工具准备
↓
核对并同步数码相机和 GPS 时钟
↓
保持 GPS 开机按一定的方式记录航迹
↓

采集枝条 ↔ 数码照相 — 标本采集与压制
↓ ↓ ↓
嫁接入圃并观察 — 保存照片和航迹 — 整理标本
↓
农家品种遗传背景扫描及地理类型与遗传区分

各片区调查组查阅资料，咨询本片区相关部门，确定考察范围、路线和任务
↓
统一培训、统一标准后各片区调查组调查，采集、整理、分析数据；同时整理出调查疑难地区，由联合调查组进行针对性调查
↓
通过 email 或 FTP 传递给首席专家办公室　　　通过 email 和电话进行反馈
↓
首席专家办公室审核、整理
↓
合格　　否
↓ 是
果树地方品种信息管理图文数据库　→　农家品种 GIS 信息管理系统（数据库）
↓ ↓
抽取数据
↓ ↓
科技部信息平台　　　共享

附录四
工作流程

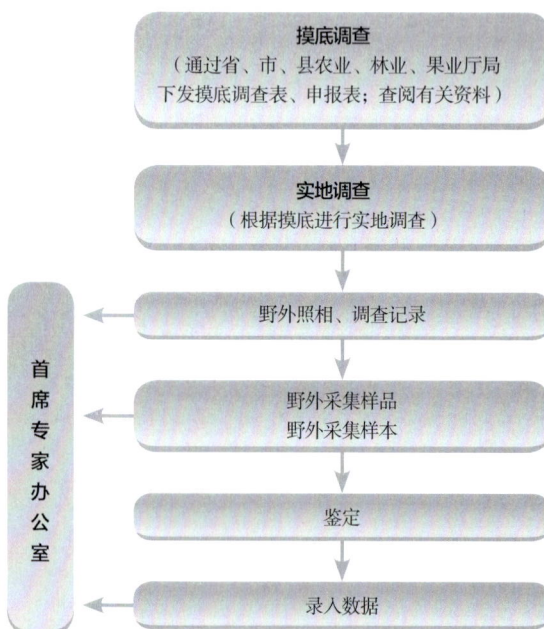

摸底调查
（通过省、市、县农业、林业、果业厅局下发摸底调查表、申报表；查阅有关资料）
↓
实地调查
（根据摸底进行实地调查）
↓
野外照相、调查记录
↓
野外采集样品
野外采集样本
↓
鉴定
↓
录入数据

首席专家办公室

核桃品种中文名索引

核桃品种调查编号索引